动物胚胎工程

主　编　臧荣鑫　霍生东

参　编　曹随忠　陶金忠

科学出版社

北　京

内 容 简 介

本教材立足生物工程、动物医学等专业人才培养需求,主要阐述以哺乳动物胚胎为对象进行相关操作的基本概念、理论基础和技术。全书共十一章,通过对动物配子的产生、成熟、胚胎发育、胚胎生产等方面内容的介绍,揭示动物配子发育和胚胎发育过程所涉及的分子调控和基因表达机制,为进行胚胎生产提供理论依据并指导生产实践。教材内容注重理论与实践结合,重点突出,同时注重新技术、新理论的介绍,培养学生解决问题的新思路。

本教材适合生物工程、生物技术、生物科学、动物科学和动物医学等相关专业本科生进行学习,也可作为研究生和广大科技工作者的参考用书。

图书在版编目(CIP)数据

动物胚胎工程/臧荣鑫,霍生东主编. —北京:科学出版社,2023.4
ISBN 978-7-03-075063-1

Ⅰ.①动… Ⅱ.①臧… ②霍… Ⅲ.①动物胚胎学-高等学校-教材
Ⅳ.①Q954.4

中国国家版本馆 CIP 数据核字(2023)第 039697 号

责任编辑:刘 丹 赵萌萌 / 责任校对:严 娜
责任印制:赵 博 / 封面设计:金舵手世纪

科学出版社 出版
北京东黄城根北街 16 号
邮政编码:100717
http://www.sciencep.com
天津市新科印刷有限公司印刷
科学出版社发行 各地新华书店经销
*
2023 年 4 月第 一 版 开本:787×1092 1/16
2024 年 4 月第三次印刷 印张:13
字数:308 000
定价:59.00 元
(如有印装质量问题,我社负责调换)

前　　言

　　动物胚胎工程是一门研究将动物配子和胚胎进行工程化操作的学科。通过研究动物配子的产生、成熟，胚胎的发育，胚胎生产等方面的内容，揭示动物配子发育和胚胎发育过程所涉及的分子调控及基因表达机制，为进行胚胎生产提供理论依据并指导生产实践。其基本任务是应用动物胚胎工程的相关技术，提高胚胎的利用效率，对胚胎进行合理的操作，获得最适的胚胎存在形式，充分利用我国丰富的胚胎资源和发挥动物的遗传能力，为人类提供更多更好的胚胎产品。

　　1951 年美籍华人张民觉和澳大利亚学者 Austin 分别提出了精子获能的概念。精子获能的发现，使得从事哺乳动物体外受精研究以来一直未能成功的关键问题得到了解决，此后"试管动物"陆续产生，相关技术不断发展。1996 年 7 月 5 日，英国爱丁堡罗斯林研究所 Wilmut 领导的一个科研小组，利用克隆技术培育出一只小母羊 Dolly。克隆羊 Dolly 的诞生，引发了世界范围内关于动物克隆技术的热烈争论。这一重大成果使得半个多世纪以来科学工作者不懈努力地进行的体细胞核移植试验在哺乳动物中获得了成功。正是精子获能现象的发现和体细胞核移植的成功，伴随现代生物技术的迅速发展及广泛应用于动物胚胎工程，使得胚胎工程技术不再局限于简单的胚胎移植。

　　本教材在编写过程中，虽然各位编者都尽了最大努力以求完美，但由于动物胚胎工程技术发展迅速，以及编者水平有限，书中难免存在着不妥之处，敬请广大读者批评指正，以便我们在下次修订时改正。

编　者

2023 年 2 月

目　　录

绪　　论

一、动物胚胎工程的概念

动物胚胎工程是一门研究对动物配子和胚胎进行工程化操作的学科。通过研究动物配子的产生、成熟和胚胎的发育、胚胎生产等方面的内容，揭示动物配子发育和胚胎发育过程所涉及的分子调控和基因表达机制，为进行胚胎生产提供理论依据并指导生产实践。

二、动物胚胎工程的发展概况

1. 国外动物胚胎工程技术简史　　早在 17 世纪，生物学家借助显微镜观察到细胞（cell），特别是动物机体的雌雄生殖细胞——卵子（egg）和精子（sperm）之后，人们开始认识到生命始于受精卵的科学内涵，从而出现了专门从事胚胎发育观察的学者，诞生出胚胎学（embryology）。在胚胎发育过程中，受精卵经过不断分裂增殖，进而发育成各种组织器官，成长为一个完整的生物有机体。

19 世纪 30 年代末，德国植物学家施莱登（Matthias Jakob Schleiden，1804～1881）和生理学家施旺（Theodor Schwann，1810～1882）在前人发现细胞的基础上，提出了细胞学说（cell theory）。该学说认为，所有生物有机体都是由细胞组成，细胞是生物有机体的基本单位，细胞只能由其他细胞通过分裂产生。这一学说作为 19 世纪自然科学三大发现之一，对当时正在兴起的胚胎学产生了巨大影响，可以说是细胞学说导致了胚胎学的产生。

19 世纪 70～80 年代，Oscar Hertwig 等对海胆受精过程的重大发现（即如果卵子要发育成胚胎，卵子的细胞核必须与精子相互融合完成受精过程才能启动发育）、Edouard van Beneden 对马蛔虫配子发生过程中染色体数目减半的发现和 20 世纪初关于减数分裂（meiosis）的命名，共同奠定了胚胎学的理论基石。

George 是世界上第一个提出动物胚胎移植的人，但是没有成功。1890 年 4 月，Walter Heape 用兔作为实验动物，成功地获得了世界上第一个动物胚胎移植后代。Heape 兔胚胎移植的成功，极大地影响着繁殖生物学和畜牧业的发展。1897 年，Heape 发表了人工授精（artificial insemination，AI）的文章。1898 年，Heape 对马进行了人工授精研究。1900 年，Heape 的杰出接班人 F. H. A. Marshall 和 John Hammond 总结了他的主要工作内容，提出了哺乳动物性季节，也就是现在所说的发情周期。19 世纪末，在欧洲，Wilhelm Roux 将胚胎学引入实验室中，在比利时成立了哺乳动物胚胎学研究中心，成了大家公认的实验胚胎学之父。

1911～1913 年，奥地利维也纳的 Biedl 等进行了兔的胚胎移植实验，但由于战争，直到 1922 年才报道了其研究结果。虽然他们做了 70 多个实验，但由于需要把输卵管的胚胎移植到子宫，结果只有一只受体兔妊娠，这充分证明了胚胎和受体的同步性是非常重要的。1936 年，Pincus 发表的文章认为妊娠的那一只也是可疑的。为了检测哺乳动物体外培养的可行性，1912 年，Brachet 第一次进行了兔胚胎体外培养。1930 年，Pincus 报道了移植 21 枚胚胎产下 3 只仔兔的成功实验。1933 年，Vicholas 报道将小鼠输卵管的胚胎移植获得成功。同时，Hartman 和他的同事在 1930 年 3 月 15 日第一次回收了牛的 2 细胞胚胎，这使家畜胚胎移植迈出了关键的一步。1932 年和 1933 年，Warwick、Berry 和 Horlache 第一次把胚胎移植技术用在绵羊和山羊上，Dr. Berry 也因此成了第一个国际胚胎移植协会胚胎移植先驱奖的获得者。1940 年，Charles Jhibault 对兔进行了体外受精和早期发育的研究，这对体外受精的发展起到了极大的推动作用。Charles Jhibault 也于 1989 年获得了国际胚胎移植协会胚胎移植先驱奖。

1930 年，Cole 和 Hart 首次发现了马绒毛膜促性腺激素（eCG），这使胚胎移植研究得到了进一步的发展。20 世纪 40 年代，美国和英国主要研究牛的胚胎移植，苏联（1950 年）和波兰（1957 年）则在绵羊方面进行了胚胎移植研究。1948 年，张明觉用超数排卵技术从 2 只母兔中获得了 88 枚受精卵，给 7 只受体母兔移植，成功地产出 76 只小兔，这次试验的成功具有划时代的意义。1950 年 12 月 19 日，33 岁的美国人 Elwyn Willetl 成功地获得了世界上第一头胚胎移植犊牛。1951 年，张明觉第一次获得了体外受精胚。1956 年，Whitten 成功地体外培养了老鼠胚胎并移植成功。Briggs 和 King 于 1952 年将青蛙的囊胚移植到去核的青蛙卵中，首次成功地进行了核移植，被移植囊胚顺利地发育成小蝌蚪。

1952 年，英国学者 Audrey Smith 发表了第一篇用甘油冷冻胚胎的文章。1960 年，Leibo 将老鼠胚胎冷冻后解冻并移植获得成功。60 年代初，全部研究采用的是手术回收胚胎和移植，Mutter 等于 1964 年和 Sugie 于 1965 年相继报道了非手术移植胚胎获得成功。70 年代中期，非手术移植完全取代了手术移植。1969 年，Rowson 等进行了同源血清和 TCM-199 两种培养液的比较。1975 年圣诞节，第一头性别鉴定犊牛出生。1975 年，Bromhall 在牛津大学报道了哺乳动物胚胎显微操作。70 年代主要进行了卵母细胞体外成熟和受精的研究。1977 年，日本的 Iritani 和 Nivva 首次获得了牛卵母细胞体外受精胚胎。1978 年，Steptoe 和 Edwards 报道了世界上第一个试管婴儿 Louise Brown 的出生。1970 年，Mullen 等通过二分割 2 细胞胚胎，获得小鼠同卵双生后代。

1978 年，Moustafa 等又成功地将小鼠桑椹胚一分为二，移植后获得同卵双生仔鼠。1979 年，Willadsen 首次报道通过分割 2 细胞胚胎获得绵羊的同卵双生后代，显微分割技术打开了胚胎性别鉴定的大门。80 年代胚胎性别鉴定技术发展很快，但由于经济原因没有在生产实践中大规模应用。1981 年，Illmensee 和 Hoppe 首次获得胚胎细胞核移植小鼠。1981 年 6 月，第一头体外胚犊牛由 Ben Brackett 和他的同事研究成功。1986 年，Willadsen 通过核移植生产出第一只胚胎克隆羊。1987 年，世界第一头克隆牛降生。

1983～1984 年，体外受精的猪和羊也相继出生。在超声波记录仪指导下进行活体采卵是在荷兰首先开始的。Gordon 对精子的准备、卵子的成熟培养、受精和早期胚胎发育均进行了体外研究。90 年代，体外胚胎生产已成为一项常规技术，X、Y 精子的分离，生产性控胚胎也引起了人们的极大兴趣。1990 年，Reed 首先成功建立了家畜胚胎早期性别鉴定的聚合酶链反应（PCR）法。Valdez 于 1992 年首次用乙二醇冷冻胚胎移植获得成功。

1974 年，成立了国际胚胎移植协会（IETS），随后相继成立了美国胚胎移植协会、加拿大胚胎移植协会、欧洲胚胎移植协会。在 80 年代，美国、加拿大及欧洲胚胎移植地方组织成员迅速增加，随着地方胚胎移植组织的成立，一些新的商业胚胎移植从业者不再继续加入 IETS，而是加入他们所在的地方组织。整个 90 年代 IETS 的变化不大，但是成员的职业构成则有很大的改变。在 2001 年一年一度的 IETS 会议上，500 多篇摘要中大部分是转基因、克隆、基因表达、体外技术及其他，而不是单一的胚胎移植，也就是说，IETS 新的主体是基础研究、政府机构、产业化和学术研究机构，而不是胚胎移植从业者。因此，在本次会议上将胚胎移植改为胚胎技术即胚胎工程。美国胚胎移植协会调查显示，在 2000～2003 年的四年中，供体数目变化不大，和整个欧洲相近，有 25 000 头供体进行超排和冲卵，加拿大和美国相似。巴西胚胎移植发展很快，1995 年近 40 000 头胚胎移植牛，到 1999 年就发展到了 74 000 头。

最早的商业性犊牛出生于 1971 年 6 月 28 日。1971 年，在加拿大卡尔加里成立的 Alberta Livestock Transplants（ALT）是最早建立的最大的商业性公司。最早的商业化胚胎移植程序是腹部手术暴露子宫和卵巢，同时对供体进行全身麻醉。由于手术冲卵影响奶牛的乳房，因此起初应用于奶牛方面的胚胎移植很少。直到 70 年代后期，非手术冲卵成功实行，奶牛胚胎移植才得以大力发展。1977 年，胚胎移植开始进入正式商业化应用，1978 年，北美移植妊娠牛达 1 万头。80 年代初，由于缺乏胚胎冷冻和解冻技术，每天所得的胚胎必须通过同期发情受体牛移植。80 年代后期，随着胚胎冷冻技术的成功应用和完善（用二甲基亚砜或甘油作为冷冻保护剂），胚胎移植才成为非常有效的家畜品种改良技术，牛胚胎移植的商业化运作也开始迅速发展。此后，北美每年约有 10 万头胚胎移植牛出生，其中 70% 为肉牛。到 1990 年，美国荷斯坦牛核心母牛群的 27.5% 和最好种公牛的 44% 来自胚胎移植后代。在欧洲，牛冷冻胚胎的使用率达 47.8%，其中法国为 14 416 枚，荷兰为 12 798 枚。美国、法国等发达国家每年参加后裔鉴定的青年公牛 80% 来自胚胎移植所产后代。2001 年，全世界移植体内胚胎 529 000 枚，体外胚胎已达 42 000 枚，体外占体内胚胎的 7.9%。发展中国家生产的胚胎中，10% 为体外胚。据不完全统计，目前全世界年产胚胎移植后代牛 35 万头。到 2003 年，胚胎移植在国际贸易中已有 25 年的历史，很多国家胚胎移植技术已形成标准。全世界每年数万枚胚胎在各国之间进行交易。据美国胚胎移植协会（AETA）和综合性经济贸易协定（CETA）统计，在过去的 10 年里，每年从北美出口的牛胚胎就有 3 万～4 万枚。2020 年美国年出口量 1.8 万余枚，居第一位；加拿大次之，为 7321 枚；之后是澳大利亚和新西兰。2020 年全球牛胚胎进口国中，中国年进口量已达 6000 多枚，居第一位；美国年进口量达 2500 多枚，居第二位；之后分别是德国、英国、日本等国家。

2. 我国动物胚胎工程技术发展简史　　我国的胚胎移植研究起步较晚，于 20 世纪 70 年代初才开始。1973 年首先在家兔上获得成功。1974 年，中国科学院遗传与发育生物学研究所在绵羊胚胎移植上获得成功。20 世纪 80 年代，胚胎移植进入了实验阶段，掀起了全国的研究高潮，20 多个省近 30 个单位相继开展了胚胎移植研究工作。1978 年，手术胚胎移植奶牛诞生，1980 年，非手术牛胚胎移植成功。1992 年，牛冷冻胚胎移植成功，同年马的胚胎移植也获得了成功。1987 年山羊的冷冻胚胎移植成功，同年胚胎分割移植成功。

　　"八五"期间，中国农业大学等单位承担的"应用 MOET 技术提高中国荷斯坦牛生产性能的研究"经过 5 年的努力，取得了较高的遗传进展和育种效益，为我国大规模实施牛胚胎移植提供了理论依据。内蒙古自治区改良工作站承担的国家"八五"重点星火计划项目"牛、羊胚胎移植技术的开发和应用"共超排供体牛 177 头次，冲胚 1030 枚，移植受体牛 1300 头，移植妊娠率为 46.08%；超排供体羊 396 只次，冲胚 3864 枚，移植受体羊 3072 只，移植妊娠率 70.38%。同时对牛羊胚胎移植技术操作规程、如何提高牛羊胚胎移植妊娠率等胚胎工程技术进行了重点研究，为全国家畜胚胎移植技术开发和应用开辟了一条集科研、生产、推广为一体的产业化发展模式。

　　20 世纪 80 年代，由于国内设备和条件差，操作人员技术不熟练，特别是国产激素质量不过关，供体牛的胚胎收集率和受体牛的妊娠率低下，浪费了很多财力和物力，胚胎移植研究方面进展不大。从 1985～1988 年国内胚胎移植的统计资料看，每年胚胎移植数量仅有 400～500 头，平均受胎率为 37.7%，均低于国际水平。为此，有关部门先后在西安（1983 年）、南昌（1985 年）、唐山（1986 年）、北京（1988 年）召开了 4 次全国性胚胎移植技术座谈会和研讨会，推动了胚胎移植技术的发展。

　　20 世纪 90 年代初期，我国的胚胎移植工作逐渐进入了生产应用初始阶段，1991～1995 年，年平均超排处理供体牛 400 头，移植受体牛 1000 余头。生产应用比较好的地区是内蒙古、新疆、黑龙江和北京。供体牛的冲胚数平均为 5.04 枚，妊娠率冻胚为 40%～50%，鲜胚为 50%～60%。1996 年以来，牛胚胎移植技术分别列入科技部攻关、"863"中试和农业农村部重点项目，由中国农业科学院畜牧所与黑龙江、北京、河北等地承担的科技部"九五"重点攻关项目，5 年累计处理奶牛 827 头，平均获得可用胚 5.9 枚；处理供体肉牛 545 头，平均获可用胚 5.06 枚。奶牛移植胚胎 3964 枚，妊娠率为 51.5%；肉牛移植胚胎 4971 枚，妊娠率为 51.8%。共培育出年产奶 8000kg 以上的高产奶牛 1000 余头，生产出利木赞、安格斯等优良肉用种牛 500 多头。

　　内蒙古家畜改良工作站"九五"期间承担农业农村部重点项目"应用胚胎生物技术建立良种肉牛繁育体系和生产体系"。1996～1999 年共生产肉牛胚胎 1701 枚（安格斯、海福特），从加拿大进口良种肉牛胚胎 2300 枚，共移植受体 3512 头，在区外 8 省份（宁夏、吉林、山东、安徽、黑龙江、甘肃、贵州、新疆）和区内 11 个旗县 14 个移植点移植受体，移植妊娠率为 51.2%。新疆家畜生物工程实验中心自 1988 年组建以来，到 2001 年，累计处理供体牛 1500 余头，生产胚胎 8000 余枚，进口冻胚 3000 余枚。20 世纪 90 年代后期，河北、山东和河南等省也积极开展胚胎移植产业化方面的研究，国家"九·五"课题"肉牛规模化养殖及产业化技术研究与开发"由 3 省共同承担。在 1996～1998 年，共引进优良肉牛冻胚 700 多枚，生产出纯种肉牛 200 多头。1998 年，新疆新科力生物技术研究所与宁夏农业科学院畜牧研究所联合承担了国家"863"中试项目"牛胚胎移植技术产业化研究"，1998～2001 年这 4 年，共生产牛胚胎 5449 枚，从国外引进胚胎 1762 枚，共移植 5272 头次。其中鲜胚 1936 头次，妊娠率为 63.25%；冻胚 3336 头次，妊娠率为 50.11%。与此同时，内蒙古大学以旭日干院士为首的课题小组也承担了国家"863"中试项目，在澳大利亚和加拿大生产体外受精胚胎，取得了丰硕的成果。

　　进入 21 世纪，我国已全面进行胚胎工程产业化的研究和应用，不仅在胚胎移植方面，在胚胎性别鉴定、性别控制和克隆方面也进行了大量的应用研究。由陕西杨凌科元生物工程有限公司承担的国家发展和改革委员会高技术产业化示范工程"肉牛胚胎工程系列技术产业化"项目于 2000 年开始实施，同年在我国内蒙古锡林郭勒盟，由中国农业大学、内蒙古家畜改良站和英国屹昌科技集团联合开展了万枚优质种羊胚胎移植工程。2002 年，由中国农业大学张沅教授主持的科技部"十五"奶业重大科技专项"奶牛良种快速繁育关键技术研究与产业化开发"正式启动，同年农业部（现农业农村部）又启动了"万枚高产奶牛胚胎移植富民工程"项目。项目选定在奶业发展基础较好的北京、新疆、黑龙江、内蒙古、宁夏、陕西、山西、河北和山东 9 个省（自治区、直辖市）实施。项目共组织供体牛 3000 多头，受体牛近 50 000 头，移植高产奶牛胚胎 15 757 枚，总妊娠率平均为 47.7%。为了带动全国的胚胎移植工作，2003 年该项目继续实施。在该项目的带动下，2002 年，全国仅奶牛胚胎移植就达 4 万多头。

目前，我国大部分省（自治区、直辖市）畜牧部门都成立了以胚胎工程技术为主的胚胎工程中心，以加快胚胎工程产业化项目的进程。同时，以胚胎移植为主的生物科技商业性公司也纷纷建立起来。

总之，我国目前利用进口冷冻胚胎进行移植及利用常规的超数排卵技术生产胚胎冷冻后进行冻胚移植，或者直接进行鲜胚移植的技术已经成熟。现在，我国胚胎工程技术的研究主要集中在利用活体采卵技术，大规模产业化地生产体外受精胚胎（IVF 胚胎）；利用胚胎性别鉴定技术或分离 X、Y 精子的性别控制技术生产已知性别的胚胎。胚胎移植逐渐从引进冻胚移植为主向冻胚和鲜胚并举的方向发展，由体内生产的胚胎为主向着体内胚胎和体外胚胎生产并举的方向发展，由未知性别胚胎向已知性别胚胎移植的方向发展。

我国的胚胎工程技术已经走出了实验室，正在走向生产单位，走向千家万户，正向着规模化、产业化的方向大踏步地迈进。

三、学习动物胚胎工程的目的和方法

（一）学习目的

主要是通过理论学习和教学实习，掌握动物胚胎工程的基本理论和实际操作技能，初步具有独立分析及进行胚胎相关操作的能力，为胚胎工程相关技术的发展和提高人民生活质量服务。

（二）学习方法

1. 以生命伦理为基本遵循原则　动物胚胎工程的很多内容既涉及动物伦理学的基本关注问题，如动物的福利、权利、内在价值和道德地位等，也关联研究伦理学的主要议题，如科学研究的自由度、科学研究和技术应用的社会评价与知情同意及对人类受试者的特别保护等，同时还衍生了许多新的伦理观点，如厌恶的智慧（wisdom of repugnance）、物种界限（species boundary）和人类尊严（human dignity）等全新的伦理主张。在我们的学习过程中，应该时刻保持对生命伦理的敬畏，在伦理范畴内进行学习和思考。

2. 把握最新的研究动态　动物胚胎工程的形成和发展经历了很短的时间，其理论、方法及操作步骤等胚胎工程技术都在迅速发展，只有时刻掌握最新研究技术，将多组学、生物信息学和精准治疗等技术运用到动物胚胎工程的实践中，才能更好地服务人民。

第一章 哺乳动物的配子

哺乳动物的配子包括雄配子（精子）和雌配子（卵子），伴随动物个体的发生发育，雌雄配子开始发生发育。配子是由原始生殖细胞（primordial germ cell）分化而来。原始生殖细胞在雄性动物中分化为精原细胞（spermatogonium），在雌性动物中分化为卵原细胞（oogonium），然后分别经过精子发生（spermatogenesis）和卵子发生（oogenesis）形成成熟精子和卵子。

第一节 精　　子

一、精子发生

（一）精细管上皮的细胞组成

精子发生（spermatogenesis）的部位是曲精细管。精细管外层为含有肌样细胞层的固有膜（基膜），内层为精细管上皮。精细管上皮由 2 种基础细胞组成，即足细胞（sertoli cell，又称支持细胞）和不同发育阶段的生殖细胞（germ cell）。紧靠精细管基膜的生殖细胞为精原细胞，精原细胞经多次分裂产生特殊的细胞（初级和次级精母细胞及精细胞），最终成为精子。随着精子发生的进展，更高级别的生殖细胞逐渐移向精细管管腔方向。

足细胞是一种外形极不规则的高柱状细胞，其基底面位于曲精细管的基膜上，顶端可达管腔，侧面和管腔面有很多凹窝，凹窝里埋着各级生殖细胞。足细胞的核开始时位于细胞的基底部，随着精子的形成逐渐移向管腔一端，同时变长。细胞质内有丰富的内质网、溶酶体和脂滴，有各种形状的致密小体和高尔基体。在顶部细胞质中有纵向排列的微管、微丝和棒状的线粒体。这些细胞器的分布和排列与精子发生过程中更高级别的生殖细胞逐渐移向管腔有密切的关系。此外，相邻的足细胞之间形成足细胞-足细胞间隙连接（gap junction），这种紧密的连接将精细管分隔为 2 个明显的室：基底室（basal compartment），内含精原细胞和前细线期的初级精母细胞；近腔室（abluminal compartment），内有更高级别的精母细胞和精细胞，可与精细管腔自由相通。

足细胞对精子的发生具有如下几个重要的生理功能。

（1）营养和支持作用　　对生殖细胞的营养和支持作用。

（2）内分泌、旁分泌调节作用　　足细胞分泌雄激素结合蛋白（androgen binding protein，ABP）、生长因子等，对精子的发生起重要的调节作用。

（3）细胞通信作用　　相邻足细胞之间的间隙连接，允许一些小分子物质如 cAMP、离子等通过，使这些细胞的代谢活动趋于一致；足细胞的协调活动，对精子发生的同步化十分重要。

（4）精子释放作用　　在精子发生晚期的精细胞向着精细管管腔移动及已形成的精子释放到管腔的过程中，足细胞起重要作用。

（5）吞噬作用　　某些情况下，在精子发生的某个特定阶段，有些生殖细胞会发生退化；形成的精子释放到管腔后，残余的细胞质仍滞留在足细胞周围。足细胞可通过主动吞噬作用清除这些退化的生殖细胞和残留的细胞质。

（6）构成血-睾屏障（blood-testis barrier）　　精细管外周的肌样细胞层，构成不完全的血-睾屏障，而足细胞间的紧密连接构成主要的血-睾屏障。这种屏障可选择性地允许某些物质渗透而拒绝另一些物质渗透，以便保证精子发生所需的最佳微环境。同时具有免疫隔离作用，防止精细胞所含有的某些特殊抗原进入血液循环，避免机体产生抗精子抗体。

（二）精子发生的过程

在早期胚胎发育过程中，大量来自外胚层的胚胎细胞进入生殖细胞系，成为原始生殖细胞（primordial germ cell，PGC），即配子发生的干细胞。这些原始生殖细胞的征集需要一种来自外胚层信号的作用，可能是骨形态发生蛋白-4（bone morphogenetic protein-4）。在胚胎（胎儿）发育的较晚阶段，原始生殖细胞迁移到尚未分化的性腺原基。PGC 经过几次有丝分裂形成所谓的生殖母细胞或称性原细胞（gonocyte）。当胚胎性别分化后，在雄性胎儿，性原细胞分化为精原细胞。在雄性动物接近初情期时，精原细胞开始增殖和分化，进入精子发生过程（图 1-1）。

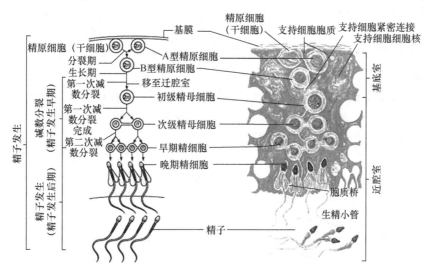

图 1-1　精子的生成过程

1. 精原干细胞的增殖和分化　　在灵长类动物（包括人）中，精原细胞可分为 3 种类型：深色 A 型（Ad 型）、浅色 A 型（Ap 型）和 B 型。Ad 型精原细胞有一圆形或椭圆形的核，核内有许多相当细的染色质颗粒，可被苏木精染成深蓝色。Ap 型精原细胞的核呈卵圆形，核内有较粗的染色质颗粒，不易被着色。Ad 型精原细胞被认为是"储存的干细胞"，在一般情况下不分裂，或只分裂为相同的 Ad 型细胞。在需要产生精子或其他类型精原细胞被有害因素破坏时，Ad 型则进行有丝分裂，产生 Ad 型和 Ap 型精原细胞。Ad 型精原细胞成为储备，Ap 型精原细胞则发育为 B 型精原细胞，所以 Ap 型精原细胞称为"更新的干细胞"。在非灵长类动物，精子发生的干细胞是单个的 A 型精原细胞（A-single spermatogonium）（As 型）。As 型精原细胞可自我更新，每个 As 细胞，通过有丝分裂产生 2 个干细胞。进入精子发生过程时，一部分 As 细胞分化为配对的 A 型精原细胞（a-paired spermatogonium）（Apr 型）。Apr 型分裂产生的子细胞通过细胞间桥（intercellular bridge）保持连接，成对存在。Apr 进一步发育，分裂成链状排列的 A 型精原细胞（a-aligned spermatogonium）（Aal 型）。开始是 4 个细胞的链，然后出现 8 个、16 个，偶尔有 32 个细胞的链。从 As 型精原细胞到 Apr 型精原细胞是精原细胞发育过程中的第一个分化步骤。第二个分化步骤则是 Aal 型精原细胞分化成 A1 型精原细胞，A1 型再分裂成 A2 型，然后再进行 5 次分裂，分别成为 A3 型、A4 型、中间型和 B 型精原细胞及初级精母细胞（primary spermatocyte）。总体上讲，在精原细胞发育期间有 9～11 次有丝分裂。

2. 精母细胞的减数分裂　　B 型精原细胞的最后一次有丝分裂，形成前细线期的初级精母细胞。这一步通常被认为是进入减数分裂（成熟分裂）的入口。但实际上 A 型精原细胞就已经上了通往减数分裂的单行道。刚形成的初级精母细胞经过一段休止期，进入生长期，直径逐渐增大。初级精母细胞进入第一次减数分裂，即减数分裂 I，包括前期（prophase）、中期（metaphase）、后期（anaphase）和末期（telophase）4 个时期。其中前期所需时间很长，变化复杂，要经过细线期（leptotene）、偶线期（zygotene）、粗线期（pachytene）、双线期（diplotene）和终变期（diakinesis）5 个时期。经过减数分裂 I，染色体数减半，每个初级精母细胞分裂成 2 个单倍体的次级精母细胞（secondary spermatocyte）。次级精母细胞的间期很短，它们很快进入第二次减数分裂（减数分裂 II），这是一次染色体数目不减少的均等分裂，结果每个次级精母细胞形成 2 个精子细胞（spermatid）。

3. 精子形成（spermiogenesis）　　精子细胞形成后，需经过一系列分化变化才最终成为精子。这种分化包括形态和体积的变化、核的变化、细胞质的变化、顶体的形成、线粒体鞘的形成、中心粒的发育和尾部的形成等。

（1）细胞核的变化　　精子细胞在变形为精子的过程中，其细胞核体积变小，形状由圆形变为流线型，这有利于精子运动，减少运动时的能量损失。同时，核内染色质高度浓缩、致密化，染色质细丝由细变粗，核蛋白的成分也发生显著变化，由碱性蛋白（鱼精蛋白）取代组蛋白与 DNA 结合。

（2）细胞质和细胞器的变化　　精子形成过程中，在核发生变化的同时，核前端形成顶体，大部分细胞质变得多余而被抛弃，仅留下一薄层细胞质被质膜覆盖在顶体和核上。

精子顶体是由高尔基复合体形成的。精子细胞的高尔基复合体由一系列的膜组成，以后产生许多小液泡，它们组成一个集合体。在精子形成的开始阶段，一个或几个液泡扩大，其中出现一个小的致密小体，称为顶体前颗粒（proacrosomal granule）。有时也发现数个液泡和数个颗粒，但最终形成一个大的液泡，称为顶体囊（acrosomal vesicle）。许多顶体前颗粒合并形成一个大的颗粒，称为顶体颗粒（acrosomal granule）。这些颗粒富含糖蛋白，细胞化学显示过碘酸希夫（PAS）反应阳性。

随着顶体前颗粒的不断并入，顶体颗粒不断增大。由于液泡失去液体，液泡壁扩展于核的前半部，形成一个双层膜结构，称为顶体帽（acrosomal cap），内含一个顶体颗粒。

以后顶体颗粒中的物质分散到整个顶体帽中，顶体帽发育成熟，成为顶体（acrosome）。剩余的高尔基体迁移到核后部的细胞质中，并逐渐退化，最终成为"高尔基体残留物"，在精子形成后与多余的细胞质一起被足细胞清除。

精子细胞的中心体是由 2 个中心粒组成的。在精子形成的早期，2 个中心粒移向核的正后方，与顶体的位置恰好相对，其中一个中心粒位于核后的凹窝中，称为近端中心粒（proximal centriole）。在近端中心粒的后方是远端中心粒（distal centriole），它与精子的主轴平行。远端中心粒形成精子尾部的轴丝。近端中心粒将来参与受精卵内纺锤体的形成，以促使卵裂。

随着顶体囊的形成，精子细胞的线粒体向质膜下的细胞质皮层迁移，此时的细胞质膜变厚且不规则。以后线粒体向尾部的中段集中，并且伸长、体积变小，绕着尾部轴丝形成螺旋状的线粒体鞘。

从尾部中段开始，除轴丝外，还形成外周致密纤维和螺旋形的纤维鞘，前者起源于顶体形成期精子细胞的内质网，后者起源于顶体帽后缘的微管束。

4. 精子释放（spermiation）　　如前所述，精子细胞埋于足细胞表面凹窝及足细胞-足细胞连接所形成的近腔室中，在足细胞微管、微丝的作用下，随着精子发生进程，更高级别的生精细胞逐渐移向管腔。精子形成后，精子从足细胞之间被释放到管腔中，这个过程叫精子释放。

二、精子的结构和化学组成

（一）精子的结构

1. 精子的一般形态结构　　哺乳动物精子的形态在不同物种间有差异，但都有共同的结构特征，即主要由头部、颈部和尾部组成。其中尾部由前向后又分为中段、主段和末段（图 1-2）。

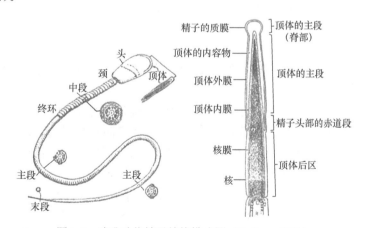

图 1-2　哺乳动物精子结构模式图（Hafez，1980）

精子形态的差异主要在头部，牛、绵羊、猪、马、兔、蓝狐、象、貂等的精子头部为扁的卵圆形，人、豚鼠、虎等的精子头部呈梨状，小鼠、大鼠和仓鼠的为镰刀状，大熊猫的呈豆瓣形。

2. 精子各部位的超微结构

（1）头部　由细胞核构成，在电镜下观察，细胞质由高度凝集的染色质组成。核的中央常有不规则的孔隙或称核空泡。核膜为 2 层，核膜孔较稀少。

细胞核的前端大约 2/3 的部分由顶体覆盖。顶体为囊泡状结构，位于质膜与核膜之间，与质膜贴近的一层称顶体外膜，靠近核膜的一层称顶体内膜。在细胞核顶端部分的顶体称为顶体帽，顶体的后部较为狭窄，称为赤道段。顶体帽与核之间有一空隙称为顶体下腔。顶体内含有大量酶组成的颗粒。在头部后端未被顶体覆盖的部分称为核后帽。

（2）颈部　颈部又称连接段，很短，起自近端中心粒，止于远端中心粒，通常呈圆柱状或漏斗状。近端中心粒固着于核后端的浅窝（植入窝）中，为短的圆桶状，与精子尾部的长轴垂直或微斜。远端中心粒则变为基粒，由它产生精子尾部轴丝。颈部的外面由漏斗状结构包围，漏斗状的扩大部分固着于核的尾端，另一端与精子尾部的中段相连。这种漏斗状结构的壁由 9 条纵行的粗纤维组成，它们紧包着中央腔。这 9 条粗纤维由致密区和浅带区相间组成，称为节柱。

（3）尾部　尾部由中段、主段和末段组成。从基粒到环（annulus）之间为中段，主要由轴丝及其外围的线粒体鞘组成。轴丝由远端中心粒（基粒）延伸而成，由 9＋2 型纤维构成，即位于中央的 2 条单纤维和四周的 9 对成双的纤维组成同心环，纵向排列。在 9＋2 结构的轴丝外围，还有 9 条粗纤维组成的纤维带包围，其大小和形态在不同动物中有差异，但均为前端最粗，向后渐细。纤维带来自颈部的 9 条节柱。在粗纤维带外面是螺旋形的线粒体鞘。线粒体鞘外围是质膜。线粒体鞘最后一圈的质膜内褶形成小的密环，称为终环（end ring）或称环，这是中段和主段的连接处。

主段是尾部最长的部分，主要结构是轴丝，外面没有线粒体鞘，而被一筒状致密的纤维鞘包围。在纤维鞘的背、腹各有一嵴。纤维鞘内的粗纤维不再是 9 条而变成 7 条，另 2 条被背嵴和腹嵴取代。随着主段进入末段，7 条粗纤维也逐渐消失，因此末段由裸露的轴丝埋于含极少细胞质的基质中，其外仅包有质膜。

（二）精子的化学组成

精子的核主要由 DNA 和核蛋白组成，成熟精子的核蛋白是富含精氨酸和半胱氨酸的鱼精蛋白。

精子质膜主要由脂类和蛋白质组成。其中脂类成分主要有磷脂酰胆碱、磷脂酰乙醇胺、鞘磷脂、磷脂酰丝氨酸、磷脂酰肌醇、溶血磷脂酰胆碱和胆固醇。尾部脂类成分含量大于头部，并多以脂蛋白、脂糖和磷脂形式存在。膜蛋白成分除脂蛋白外还有糖蛋白。

精子顶体中含有许多水解酶类，如透明质酸酶、唾液酸苷酶、酸性磷酸酶、β-N-乙酰氨基葡萄糖苷酶、芳香硫酸脂酶、放射冠穿透酶、β-葡糖醛酸酶、前顶体素等。

精子的颈部和尾部也含有多种酶类，与精子的代谢有关。例如，三磷酸腺苷酶、磷酸葡糖异构酶、己糖激酶、乙酰葡糖胺酶、Ca^{2+}-ATF 酶和多种转氨酶等。

精子含有钠、钾、钙、镁、铁、铜、锌、硫、磷、氯等多种无机成分，它们或以磷酸盐、硫酸盐、氯化物形式存在，或与蛋白质结合。

此外，精子还含有抗原物质，包括精子包被抗原、质膜抗原、顶体抗原、细胞质和线粒体抗原及核抗原等。

（1）精子包被抗原（sperm coating antigen，SCA）　　精子通过雄性生殖管道时包被在精子表面的胞外分子如乳铁蛋白（lactoferrin），其中有的具重要生理功能，特别是附睾合成的，对精子通过附睾时的成熟有作用，这种抗原即所谓的前进运动蛋白（forward motility protein，FMP）。

（2）质膜抗原　　有多种质膜抗原，它们可引起精子凝集、精子非活动化和精子毒性。最早描述的豚鼠精子自体抗原 T，具有精子毒性和促少精症活性，是一种脂蛋白，也有糖成分。自体抗原，抑制顶体反应及已发生顶体反应的精子结合豚鼠透明带。它们也刺激毛细管实验中的精子迁移。

（3）顶体抗原　　豚鼠自体抗原 S 和 P 是最早描述的 2 个顶体抗原，前者为糖蛋白，后者为蛋白质，都具高度可溶性和免疫性及促睾丸炎性（protesticular inflammation），定位于顶体。另外 2 个精子自身抗原是透明质酸酶和顶体素，两者在受精中均有重要作用。

（4）细胞质和线粒体抗原　　精子细胞质和线粒体中许多酶具有抗原性，如乳酸脱氢酶 LDH-X（LDH-C4）具有自身抗原性，在一定程度上可引起不育；又如山梨醇脱氢酶和小鼠睾丸特异性细胞色素 c 也是。

（5）核抗原　　包括 2 种精子特异性鱼精蛋白和 1 种精子特异性聚合酶。

三、精子的代谢和活动力

（一）精子的代谢

精子为维持其生命和运动，必须利用其自身及精清中的营养物进行复杂的代谢过程。这种新陈代谢主要表现在糖酵解、呼吸及脂类和蛋白质代谢。

1. 糖酵解　　精清所含有的糖类是维持精子存活的主要能量来源。果糖酵解是无氧时精子获得能量的主要途径。果糖经过酵解变成丙酮酸或乳酸，并释放出能量。精子糖酵解的能力在不同动物中有很大差异。例如，牛的精子可分解果糖、葡萄糖和甘露糖，但几乎不能利用半乳糖和蔗糖。猪精液中果糖含量很少，猪精子无氧时利用果糖酵解产生乳酸的能力很低。

2. 精子的呼吸　　在有氧条件下，精子消耗氧进行呼吸。精子呼吸产生的能量比糖酵解所产生的能量大 4～10 倍。山梨醇、甘油磷酰胆碱、缩醛磷脂、果糖、葡萄糖及糖酵解的产物丙酮酸和乳酸等均可作为精子呼吸的代谢底物。精子呼吸的过程是按照一般组织的代谢过程即三羧酸循环来进行的。分解的最终产物是 CO_2 和水，并释放出大量能量，这些能量大多以 ATP 形式存在，主要贮存于线粒体鞘。

3. 脂类代谢　　在有氧条件下，精子内源性的磷脂可以被氧化，以支持精子的呼吸和生活力。精子也可利用精清中的磷脂，磷脂氧化分解为脂肪酸，脂肪酸进一步氧化，释放出能量。但是，精子的代谢以糖类代谢为主，当糖类代谢基质耗竭时，脂类的代谢就显得非常重要。脂类代谢产物甘油具有促进精子耗氧和产生乳酸的作用。甘油本身也可被精子氧化代谢，精子也能利用一些低级的脂肪酸，如乙酸。

4. 蛋白质代谢　　由于氨基酸氧化酶的脱氨作用，精子能使一部分氨基和氨基酸氧化。但是，精子中蛋白质的分解意味着精子品质已变性。在有氧时，牛的精子能使某些氨基酸氧化成氨和过氧化氢，这对精子有毒性作用。精液腐败时就出现这种变化。所以正常的精子生活力的维持和运动是不需要从蛋白质成分中获取能量的。

（二）精子的活动力

活动力（motility）是精子最显著的特征，可作为评定精液品质的简单而有效的方法。精子的活动力表现为不同的运动形式，与精子的代谢密切相关。精子代谢产生的能量，大部分用于其活动力，小部分用于维持膜的完整性。

精子运动主要靠其尾部的摆动。尾部轴丝外围的 9 条粗纤维的收缩是摆动的主要原动力，内侧较细的纤维配合外侧粗纤维将这种收缩有节律地从颈部开始，沿着尾部的纵长传开。由于尾部的摆动，精子向前泳动。泳动的速度因精液性质和温度而异，在 37℃时每秒前进 100μm。

精子尾部纤丝收缩的能量主要来自精子代谢所产生的 ATP。组织化学证明，在尾部轴丝中有一种能使 ATP 去磷的酶，即三磷酸腺苷酶。酶的作用，使 ATP 水解释放出大量的能量，使得尾部轴丝中类似肌动球蛋白（actomyosin）物质的分子排列发生改变，从而引起轴丝收缩。ATP 的分解受内源性 cAMP 的水平调节。精子的活动力与精子的受精力密切相关。

第二节　卵　　子

一、卵子的结构

（一）卵子的形态结构

哺乳动物卵子多呈球形，主要由含卵黄质的细胞质和一个卵核构成（图 1-3），卵核内有 1～2 个核仁。卵核又称生发泡或卵核泡（germinal vesicle）。卵母细胞恢复成熟分裂时生发泡破裂（germinal vesicle breakdown，GVBD）。所以，排出的卵子一般不表现卵核形态。卵细胞膜外围由透明带（zona pellucida，ZP）包裹，在膜和透明带之间有空隙，称为卵周隙（perivitelline space）。透明带的周围由卵丘细胞（cumulus cell）构成放射冠。卵丘细胞（颗粒细胞）伸出突起，穿过透明带与卵膜发生联系。哺乳动物卵子属于少黄卵、均黄卵类型。

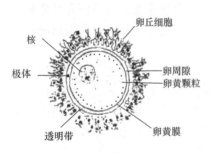

图 1-3　哺乳动物的卵子模式图

卵质内不同程度地含卵黄或脂肪滴及数量不等的线粒体、内质网。由于不同动物卵质脂滴含量不同，折光度有差异，光镜下表现的明暗度也不同。鼠类卵子较透明，猪、马、犬、狐、貉等动物卵子的脂滴较丰富，色较暗，牛、羊和兔卵子脂滴含量中等。

透明带厚度一般为 11～18μm，随动物种类有一定差异。透明带为均质半透膜，由糖蛋白、黏蛋白、多糖等成分组成，易被蛋白水解酶分解。放射冠在排卵后不同时间消失，如鼠、犬、猫、貉、狐等放射冠可维持到受精后 2～4 细胞胚胎期，牛、羊、猪、马、兔等在排卵后不久即可消失。在马、犬、狐、貉等动物中，第一次减数分裂尚未完成时就排出第一极体，牛、羊、猪、小鼠等则在第二次减数分裂中期排出第一极体。第一极体位于卵周隙内。卵子受精后才完全成熟，排出第二极体。

（二）卵子的大小

哺乳动物卵子大小种间有差异，但差异不是很大。卵子直径最小的 60μm，最大的 180μm。例如，鼠类卵子直径（不包括透明带）为 75～90μm，牛 140μm 左右，绵羊 140～150μm，山羊 120μm 左右，猪 120～140μm，马 105～141μm，兔、猫、狐和貉 120～130μm，犬 135～145μm，人 120～150μm。卵子成熟分裂后由于排出极体，细胞质有所减少，体积稍有下降，但不显著。

二、卵子发生及其调节

（一）卵子发生

卵子发生要经历一个漫长而复杂的变化过程。它从胚胎发生早期开始，经过胚胎期、出生直至性成熟才完成。其具体过程是，由原始生殖细胞形成卵原细胞，卵原细胞经增殖形成初级卵母细胞，再逐渐达到充分生长；经成熟期（减数分裂）形成次级卵母细胞（未受精卵），受精时被精子穿入而激活，最终完成减数分裂全过程。

1. 原始生殖细胞的起源和迁移　原始生殖细胞（primordial germ cell，PGC）最早是在胚盘原条尾端形成，之后伴随着原条细胞从原沟处内卷，到达尿囊附近的卵黄囊背侧内胚层。随后，PGC 以阿米巴样运动，沿胚胎后肠和肠系膜迁移到胚胎两侧的生殖嵴上皮内。迁移过程中 PGC 不断分裂增殖，如小鼠在 11～12 日胚龄时，大约有 5000 个 PGC，接近 14 日胚龄时已有 20 000 多个。

2. 卵原细胞的形成　到达生殖嵴上皮的 PGC 进一步迁移到未分化性腺的原始皮质中，与其他来自中胚层的生殖上皮细胞结合在一起形成原始性索（sex cord）。PGC 在原始性索中占位后很快发生形态学变化而转化为卵原细胞（oogonium），并进入卵原细胞的增殖期。增殖期的长短因动物不同而异，如牛从 45 日胚龄到 110 日胚龄，绵羊为 35～90 日胚龄，猪为 30 日胚龄至出生后第 7 天。

3. 初级卵母细胞的形成和原始卵泡发生　卵原细胞增殖到一定时期，有些细胞开始进入第一次减数分裂前期的细线期。在进入细线期前期时，DNA 进行复制。进入第一次减数分裂时称为初级卵母细胞（primary oocyte）。初级卵母细胞从细线期进入偶线期（zygotene），同源染色体配对并联会，由偶线期再进入粗线期（pachytene）。在小鼠中，从细线期到粗线期大约经历4d。由粗线期进一步发展到第一次减数分裂前期的双线期（diplotene）。到达双线期后期时其染色体散开，此时称为核网期。发育至核网期后，原来的细胞分裂周期被打断，此时的卵母细胞的核较大，称为生发泡（germinal vesicle）。生发泡由核膜、灯刷染色体（lampbrush chromosome）、核仁和核质组成，是卵母细胞的主要特征之一。它除在卵子生成的最后阶段外，一直处于静止状态。此时，卵母细胞周围包有一层扁平的前颗粒细胞，形成原始卵泡，并由它们形成未生长或静止的初级卵泡库。原始卵泡不断离开非生长库变成初级卵泡，此时包围卵母细胞的前颗粒细胞已分化为单层立方状颗粒细胞。此后，卵泡进入生长和发育阶段，而卵母细胞也一直在卵泡内生长发育，直至成熟排卵。

卵原细胞从增殖期首次进入第一次减数分裂前期的时间，也因动物种类不同而异。牛是在 80～130 日胚龄时，绵羊为 52～100 日胚龄，猪为 40 日胚龄至出生后 15d，兔为出生后 2～16d，小鼠在 12 日胚龄时，就有 5% 的卵原细胞进入细线期前期。

在胎儿期，卵原细胞经过分裂而增殖，之后经第一次减数分裂，形成几百万个卵母细胞。第一次减数分裂在前期停滞，之后由于卵母细胞的闭锁，出生时的数量已大为减少。动物达到初情期时，卵母细胞的数量再度减少。以后，在每个发情期都有数个或数十个卵泡发育，但一生中只有数十或数百个可能在卵巢上继续发育成熟至排卵。所有的卵母细胞都来自生殖嵴上的原始干细胞，而围绕初级卵母细胞的卵泡细胞则由生殖上皮向内生长发育而成，具有内分泌功能的细胞——卵泡的壁细胞和卵巢的间质细胞则来自卵巢髓质。

（二）卵子发生的调节

20 世纪 80 年代以来，由于体外研究手段的改进和分子生物学技术的迅速发展，极大地促进了对哺乳动物卵子发生调控机制的研究，而与卵母细胞成熟相伴随的卵泡的生长和发育是一个独特的生理现象，将在讨论卵泡发育时加以说明。

1. 卵母细胞第一次减数分裂能力的获得　充分生长的卵母细胞在核转录结束和合成必需的蛋白质后，就获得了减数分裂的能力，该能力的获得常发生在从 G II 期向 G I 发展的过程中。卵母细胞一旦受到性成熟期促性腺激素的刺激，可立即重新启动减数分裂。不同种类的动物，其卵母细胞完成生长并获得减数分裂能力的时期不完全相同。小鼠、大鼠等啮齿类动物在卵泡腔开始出现时，卵母细胞已获得了减数分裂的能力，因此卵泡腔的出现是啮齿类动物卵母细胞将要成熟的一个重要形态学特征。但在猪、牛、绵羊、山羊等家畜中则不同，在卵泡腔已经出现，卵泡直径达到 2～3mm 时，其中的卵母细胞才完成其生长过程，并获得了减数分裂的能力。

2. 卵母细胞第一次减数分裂的调节　停止生长并获得了减数分裂能力的卵母细胞，接受促卵泡素（FSH）或促黄体素（LH）刺激后，一方面促进卵丘细胞产生和/或释放 Ca^{2+}，通过胞桥连接运送到卵母细胞内，诱导生发泡破裂（GVBD）发生；另一方面，FSH 能促进卵母细胞分泌促卵丘因子，通过胞桥连接运送到卵丘细胞内，这种因子能促使卵丘细胞合成透明质酸和使卵丘扩展。LH 能促进颗粒细胞与卵丘细胞分离，使一些阻滞卵母细胞成熟的抑制性物质，如卵母细胞成熟抑制物（oocyte maturation inhibitor，OMI）和 cAMP 不能进入卵内，有助于卵母细胞减数分裂的启动。

促成熟因子（maturation-promoting factor，MPF）和细胞静止因子（cytostatic factor，CSF）对卵母细胞的减数分裂成熟起着十分重要的调节作用。MPF 普遍存在于真菌、两栖类和哺乳动物细胞中，是细胞周期 M 期的一种调节因子，因此也称为 M 期促进因子（M phase-promoting factor）。MPF 是一种丝氨酸/苏氨酸蛋白激酶，有活性的 MPF 能引起细胞核发生一系列变化，它可作用于核纤层蛋白，与核包膜破裂有关；还可作用于 H 组蛋白，其磷酸化可使染色体发生超聚作用（染色体浓缩）。当卵母细胞减数分裂进行到 M II 时，MPF、活性达到峰值，并受 CSF 的调控而得以稳固和维持，因而使卵母细胞再次休止于 M II。在细胞周期中，MPF 活性有周期性变化。MPF 活性的波动说明其在不同分裂时期的调节功能不同。例如，在小鼠卵母细胞成熟开始时，出现 MPF 的活性，引起 GVBD 和染色体浓缩；随着成熟的进行，MPF 活性逐步增高，达峰值时，纺锤丝的牵引，使中期染色体排列在赤道板上（进入 M I 期）。此后 MPF 活性下降，激发核从中期向后期、末期推进，最后导致同源染色体向两极分开。在第一极体分出后，MPF 的活性在 M II 阶段又重新出现并处于高水平。

哺乳动物卵母细胞成熟过程中还出现一种调节物质，称为促分裂原活化的激酶（简称 MAP 激酶），也属于丝氨酸/苏氨酸激酶的一种。MAP 激酶能将 MPF 修饰过的一些基质磷酸化，可防止小鼠卵母细胞在 M I 和 M II 之间出现间期。

3. 卵子激活的调节 从卵巢中排出的次级卵母细胞在 M II 期休止，其基因活性和蛋白质合成处于相对静止状态，必须通过受精或人工激活，才能诱导它完成第二次减数分裂。卵子被激活后，发生多精子入卵的阻滞，雌、雄原核发育与融合，氨基酸运输与蛋白质合成，DNA 合成，有丝分裂开始等一系列有序的变化。卵子未被激活时，则退化死亡。

卵子激活的机制是：当精子膜与卵子膜结合后，磷脂酶 C（PLC）裂解 PIP2 产生 IP3 和 DAG。IP3 作为细胞内第二信使作用于钙库（内质网），与钙库中对 IP3 敏感的特异受体相结合，结合量达到一定阈值时，开放钙通道，使钙库内 Ca^{2+} 释放至胞质中，这一反应称为 IP3 诱导的 Ca^{2+} 释放；胞质 Ca^{2+} 升高时，对 IP3 不敏感的受体达到一定阈值，开放其管辖的钙通道，使钙库中 Ca^{2+} 释放至胞质中，这一反应称为钙诱导的 Ca^{2+} 释放。此外，细胞外 Ca^{2+} 与胞质 Ca^{2+} 及钙库的 Ca^{2+} 可进行交换，钙库和脂膜上的钙泵不断维持细胞内外 Ca^{2+} 的平衡。上述两种钙释放机制协调作用的结果导致胞质 Ca^{2+} 在受精激活后出现重复多次的脉冲性升高。

在细胞内游离 Ca^{2+} 波动升高的同时，DAG 激活蛋白激酶 C（PKC）。有活性的 PKC 促使 Na^+ 与 H^+ 交换，导致卵子内 pH 升高。卵内 Ca^{2+} 浓度与 pH 的升高，可激活一系列代谢过程，如蛋白质合成、DNA 复制及形态发生变化和物质在胞质中的运输等。DAG 激活 PKC，还能诱发皮质反应和透明带反应，起着阻止多精子受精的作用。

胞质内 Ca^{2+} 的跃升，可激活钙蛋白酶（calpain II）的活性，这种酶可降解 IP3。Ca^{2+} 升高还可激活周期素 B 降解酶的活性，使周期素 B 降解。IP3 和周期素 B 降解后，导致 MPF 和 CSF 失活，启动 M II 卵的分裂，使卵子最终完成第二次减数分裂的过程。

现有的研究结果可以充分说明，IP3 是启动 Ca^{2+} 释放的主要途径。IP3 可能启动内质网的 Ca^{2+} 通道，而同时产生的 DAG 可能激活 Na^+-H^+ 交换的离子通道，而且这种 Na^+-H^+ 交换也需要 Ca^{2+}。由此表明，PLC 的激活是 Ca^{2+} 释放的关键，由其产生 IP3 和 DAG，引发卵子的激活。

由于 PLC 种类繁多，可通过各种途径被激活，不同动物激活 PLC 的机制可能不同，因此目前关于激活 PLC 的机制仍然不十分清楚。

根据目前的研究结果，有人认为卵子的精子受体蛋白具有蛋白酪氨酸激酶活性，因此与精子结合之后可通过经典的酪氨酸激酶途径启动 IP3 和 DAG 的产生。但也有研究表明，该受体既没有跨膜结构，也没有激酶域。为此，第二种模型认为，Bindin 受体与蛋白酪氨酸激酶偶联，因此可激活该激酶。第三种模型认为，信息分子的传递并非由精子的结合引起，而是由精卵质膜的融合所引起，两者的膜融合之后，卵子激活皮质反应，精子受体酪氨酸激酶被激活，从而激活 IP3 途径。第四种模型主要来自对精子因子的研究，认为精子因子激活 PLC 途径或者直接引起 Ca^{2+} 释放。

卵子的人工激活又称孤雌激活，其刺激有物理的，如高渗、低渗、升温、降温、针刺、电刺激、振荡；还有化学的，如乙醇、各种盐类、弱有机酸处理等。人工激活诱导卵子出现的反应和精子激活类似，如皮质颗粒释放、完成第二次减数分裂和卵裂等，其激活机制与精子激活也基本一样。采用电激活时，单独一次电刺激只能诱导一次 Ca^{2+} 升高，多次电刺激才能使 Ca^{2+} 多次升高。因此，人工激活时必须模拟正常受精过程中 Ca^{2+} 重复多次脉冲式升高的规律，才能达到预期的激活效果。

三、卵泡生长及发育

（一）卵泡的类别

初级卵母细胞及其周围一层或多层卵泡细胞共同组成卵泡。从原始卵泡发育成能够排卵的成熟卵泡，要经历一个复杂的过程。根据卵泡生长阶段不同，可将它们划分为以下不同的类型或等级。

1. 原始卵泡（primordial follicle）　绝大多数动物的原始卵泡形成于胎儿期，其核心为一个初级卵母细胞，周围是单层扁平的卵泡细胞。初级卵母细胞是由出生前的卵原细胞发育而来的，出生前大量卵泡发生闭锁。母猴出生时约有 68 000 个原始卵泡，初情期之前有很多退化，4 岁后，原始卵泡明显开始减少，10～14 岁时平均有 25 000 个，20 岁时平均仅 3000 个。

所有的雌性哺乳动物在出生时卵巢上都有大量的卵子，但随着初情期的到来，卵子的数量急剧减少，目前对这种减少的机制尚不清楚。不过如果这些卵子是正常的，则可对其进行体外培养，借此可以极大地提高雌性动物的繁殖性能。动物出生后早期，一定数量的卵泡开始生长，但大多数处于静止状态。开始生长的卵泡经过初级卵泡、次级卵泡形成有腔卵泡，大多数卵泡在此阶段闭锁。如果在初情期后有促性腺激素的刺激，有些卵泡通过周期性地选择及生长，达到排卵。通过上述过程的周期性重复，最后卵泡的储备耗竭，动物的生育活动停止。

2. 初级卵泡（primary follicle）　卵泡细胞发育成为立方形，周围包有一层基底膜，卵泡的直径约 40μm。

3. 次级卵泡（secondary follicle）　卵泡细胞已变成复层不规则的多角形细胞。卵母细胞和卵泡细胞共同分泌黏多糖，并在 FSH 的作用下构成厚 3～5μm 的透明带，包在卵母细胞周围。卵母细胞有微绒毛伸入透明带内。

4. 三级卵泡（tertiary follicle）　在 FSH 及 LH 的刺激下，卵泡细胞间形成很多间隙，并分泌卵泡液，积聚在间隙中。以后间隙逐渐汇合，形成一个充满卵泡液的卵泡腔，这时称为有腔卵泡。卵泡腔周围的上皮细胞形成粒膜（membrana granulosa）。在卵的透明带周围，柱状上皮细胞排列成放射状，形成放射冠（corona radiate）。放射冠细胞有微绒毛伸入透明带内。

5. 成熟卵泡（mature follicle）　又称赫拉夫卵泡（Graafian follicle）。这时的卵泡腔中充满由颗粒细胞分泌物及渗入卵泡的血浆蛋白所形成的黏稠卵泡液。卵泡壁变薄，卵泡体积增大，扩展到卵巢皮质层的表面，甚至突出于卵巢表面之上。粒膜层外围的间质细胞在卵泡生长过程中分化为卵泡鞘。卵泡鞘分为内、外两层，内层初期为改变了的梭状成纤维细胞，以后增大成多面形的类上皮细胞，是产生雌激素的主要组织，外层为纤维细胞。初级卵母细胞位于粒膜上一个小突起内，此突起称为卵丘（cumulus oophorus）。随着卵泡的发育，卵丘和粒膜的联系越来越小，甚至和粒膜分开。初级卵母细胞被一层不规则的细胞群所包围，游离于卵泡液中。

上述分类主要是基于卵母细胞外包裹的卵泡细胞层数、是否出现卵泡腔和卵泡的大小等因素。各类卵泡中包裹的卵母细胞都是初级卵母细胞，只是成熟卵泡中初级卵母细胞在排卵前完成第一次减数分裂，形成次级卵母细胞（受精前的卵子）。在了解各类卵泡的同时更重要的是了解不同发育阶段卵泡中卵母细胞发育的状态。

不同动物个体卵巢上卵泡的数量差异很大，以牛为例，其数量从 0（完全不育）到700 000 个不等。卵巢上原始卵泡的数量在各种动物中相对稳定，牛在 4～6 岁前为 140 000 个左右，之后迅速减少，10～14 岁时减少到 25 000 个左右，20 岁时已近于 0。从出生后60d 到 10～14 岁，每头牛卵巢上的生长卵泡为 150～250 个，有腔卵泡为 5～30 个。15 岁以后其数量分别减少至 70 个和 12 个。

（二）初级卵母细胞的形成及卵泡的发育

初级卵母细胞受卵巢内调节因子的调节开始生长，它的生长与包围在外周的卵泡细胞的分裂增殖是同步协调进行的。在小鼠中，卵母细胞生长的同时，卵泡细胞由单层分裂增殖为 3 层。卵泡细胞数量增加，卵泡的直径加大，但尚未形成卵泡腔。透明带和卵泡膜最早出现在有两层卵泡细胞的无腔卵泡（直径约 100μm）。当卵泡直径达到 125μm以后，卵泡细胞迅速分裂增殖，当卵泡直径达到 250μm 时出现卵泡腔隙。以后腔隙越来越大，并融合为一个完整的大卵泡腔。卵母细胞及其周围的卵丘细胞被挤至卵泡的一侧而成为卵丘，突出于卵泡腔内。在卵泡的生长发育过程中，卵母细胞与卵泡细胞之间存在间隙连接和桥粒两类连接结构。卵母细胞的生长发育与其周围的卵泡细胞有密不可分的关系。随着卵泡的发育成熟，卵泡腔逐渐增大，卵泡细胞分成两部分，包围在卵母细胞周围的卵泡细胞称为卵丘细胞（cumulus cell），卵丘细胞外的卵泡细胞则称为颗粒细胞（granulosa cell）。卵丘细胞伸出胞质突起，伸进透明带，为卵母细胞的生长提供所需要的物质。随着卵泡的生长，透明带和卵泡膜也相应增厚。

（三）次级卵母细胞的形成及卵泡的发育

哺乳动物在初情期之后的每个发情周期中，随着卵泡的发育和增大，充分生长的初级卵母细胞恢复减数分裂，从第一次减数分裂的核网期进行到第二次减数分裂的中期（MⅡ），在排卵之前（马、犬、狐除外）形成一个次级卵母细胞（secondary oocyte）和一个第一极体（polar body Ⅰ，pb Ⅰ），并再次停滞于这一时期，这一过程称为减数分裂成熟。在体内，减数分裂的恢复受促性腺激素的调节，在体外无激素的情况下也能自发性发生。排卵后到达输卵管内的 MⅡ的次级卵母细胞即为成熟的未受精卵，发生受精或孤雌激活后，卵子才排出第二极体，完成减数分裂的全过程。

生长充分的初级卵母细胞的生发泡，在受到卵泡内外因子的作用后，发生生发泡破裂（germinal vesicle breakdown，GVBD）。伴随着细胞核的变化，胞质中的细胞器和包含物也同时发生迁移活动和数量变化。例如，皮质颗粒数量增多，并进一步向卵质膜下移动和散开而呈单层排列，还有少量提前向卵周隙内释放；线粒体群由皮质区向中央区迁移并散开，均匀分布；高尔基复合体消失；粗面内质网数量减少；卵黄散开；小脂滴减少，大脂滴相对增多。随着卵母细胞成熟，微绒毛由倒伏变为竖起；卵质膜与卵丘细胞、卵丘细胞与颗粒细胞之间的胞桥连接结构被破坏，从而使卵母细胞与卵丘细胞及颗粒细胞之间的直接或间接联系完全中断。由于 pb I 释放，微绒毛竖起和少量皮质颗粒外排等，从而卵周隙逐渐扩大。

（四）卵母细胞与体细胞的关系

卵母细胞依赖于其周围的体细胞完成生长发育，调控减数分裂，调节卵母细胞基因组的转录，而且卵母细胞通过其产生的各种因子，与其周围的体细胞进行的双向交流不仅在卵泡生成中作用于周围的体细胞而发挥作用，而且对排卵、受精及受精后的胚胎发育等也都具有重要作用。原始卵泡在形成时，卵母细胞就已经与周围的体细胞建立了密切的细胞联系。在卵泡生成过程中粒细胞增生，卵母细胞和粒细胞之间的交流受旁分泌因子的调节。间桥连接对卵泡发育也是极为重要的。LH 峰值之后及卵丘-卵母细胞复合体（COC）释放进入输卵管之前，卵母细胞重新开始减数分裂，发生 GVBD。受精之后，完成第二次减数分裂，雌雄原核发生染色质重组。卵泡生成过程中卵母细胞与体细胞之间的联系对雌性配子的生成极为重要，同时对受精之后胚胎的发育也是极为重要的。

虽然对启动初级卵泡发育的因子尚不十分清楚，但体细胞产生的抗米勒管激素（AMH）及活化素可能参与该过程。卵母细胞与周围体细胞信号的双向交流对腔前卵泡发育到初级卵泡阶段是极为重要的。对小鼠的研究表明，卵母细胞产生的转化生长因子β（TGF-β）、超家族成员生长分化因子 9（GDF9）、卵母细胞表面表达的 KIT 受体及粒细胞产生的 KIT 配体（KITL）可能是腔前卵泡发育最为重要的调节因子。卵泡周围的体细胞形成多层后，卵泡的发育可能主要受卵泡外激素作用的调节，其中 FSH 及其受体的作用对排卵前卵泡的形成至关重要。如果敲除小鼠的 ZP-2 或 ZP-3 基因，则有腔卵泡和排卵前卵泡的发育会出现异常，而且卵丘-卵母细胞复合体的形成及排卵也会出现异常，说明在此阶段卵母细胞仍然具有调控体细胞的功能。敲除 ZP-2 或 ZP-3 基因的小鼠，如果以其卵子进行体外受精，则形成的囊胚不能完成发育，表明透明带基质蛋白在调节粒细胞信号转导方面具有重要作用。

卵母细胞产生的 GDF9 是一种极为重要的调节因子，其在卵泡发育中的主要作用包括以下几方面。

1）通过诱导透明质酸合成酶 2（hyaluronan synthase 2）、正五聚蛋白 2（pentraxin 2）和肿瘤坏死因子-诱导因子 6（tumor necrosis factor-induced factor 6）及尿激酶型纤溶酶原激活物（urokinase-type plasminogen activator），促进卵丘-卵母细胞复合体的形成及维持其完整性。

2）刺激前列腺素/孕酮合成，刺激排卵前颗粒细胞的信号转导。

3）通过抑制 LH 受体表达，抑制粒细胞的黄体化。

卵母细胞产生的另一种 TGF-β 超家族成员——骨形态发生蛋白 15（BMP15）可以

与 GDF9 发挥协同作用,维持 COC 的完整性。许多因素参与排卵前卵泡对 LH 的反应性。例如,CCAAT/增强子结合蛋白 β、环加氧酶 2 和孕酮受体等,这些因子可能通过调节前列腺素和孕酮的生成而发挥作用。

在卵泡发育过程中,卵母细胞蓄积了影响早期胚胎发育的母体因子,其中胚胎需要的母体抗原(maternal antigen that embryos require,MATER)对胚胎发育超过 2 细胞阶段是必需的,同时在胚胎基因组转录中也发挥重要作用。另外一种因子 DNMT1O 是卵母细胞特异性 DNA 甲基转移酶,其对胚胎发育的基因组印迹是十分重要的。这两种情况下,在卵母细胞生长发育和卵泡发育中卵母细胞积累其表达的基因产物,一直到排卵之后才完成该过程。

四、卵泡发育的动力学特点

某个卵泡何时开始发育可能是一个随机现象。卵泡在开始发育的阶段完全不依赖促性腺激素,即使在切除垂体后,卵泡也会发育到一定阶段。此后,卵泡必须依赖于促性腺激素才能继续生长发育。一组获得对促性腺激素发生反应能力的卵泡,在相对集中的时间内同步生长,形成一个生长卵泡群体,称为一个卵泡波(follicular wave)。生长卵泡持续发育 2~3d,通过生理选择后,只有优势卵泡(dominant follicle)可以继续发育,其余卵泡则发生退化和闭锁。在发情周期中,只有在黄体溶解时存在的优势卵泡才能成为该发情周期中的排卵卵泡。因此,优势卵泡的命运有两个,或者闭锁,或者排卵,其决定因素是优势卵泡的生长期是否与黄体溶解相一致。一般来说,动物的排卵数量具有其种属特异性,决定排卵数量的基本生理过程有两个:卵泡的补充过程导致一批卵泡发育,卵泡的选择过程产生一定数量的优势卵泡。在一个卵泡波中,优势卵泡的数量一般与排卵卵泡的数量相当。根据卵巢上优势卵泡的发育情况,可将优势卵泡的发育分为两种类型:一种是仅在卵泡期卵巢上才有的大卵泡,灵长类、猪和大鼠的卵泡发育属于这一类;另一种是在发情周期内大部分时间卵巢上都有的大卵泡,反刍类和马的卵泡发育属于这一类。现以牛和羊为例,将卵泡发育的动力学特点叙述如下。

(一)牛卵泡发育的动力学特点

牛在大多数发情周期中可出现 2~3 个卵泡波,但只有最后一个卵泡波的优势卵泡可发育成熟并排卵,其余卵泡则全部闭锁。优势卵泡在哪侧卵巢生长发育并无明显的规律,其生长速度和最大体积不受同一卵巢上是否有黄体存在的影响。如为二波周期,则排卵的间隔时间平均为 20d,两个卵泡波分别出现在发情周期的第 0 天(排卵)和第 10 天,不排卵及排卵的优势卵泡其最大直径间没有显著差异。如为三波周期,则排卵间隔时间为 13d,3 个波分别出现在发情周期的第 0 天、第 9 天和第 16 天。第 1 波不排卵优势卵泡的存在时间显著长于第 2 波(17d∶13d),平均直径显著大于第 2 和第 3 波的同类卵泡(16.0mm∶12.9mm∶13.9mm),三波周期的排卵卵泡显著小于二波周期的排卵卵泡(13.9mm∶16.5mm)。

每个卵泡波中通常只有一个卵泡得以生长而成为优势卵泡。优势卵泡在生长期能引起同波的次要卵泡及前一波的优势卵泡退化,同时也能抑制下一卵泡波的出现,因此不排卵优势卵泡都是在下一个优势卵泡出现后才开始退化。从后一优势卵泡出现到前一优势卵泡开始退化平均需要 3d，相当于从出现一个优势卵泡到该波次卵泡发育的间隔时间。排卵优势卵泡在排卵之前一直具有这种抑制作用。

在发情周期的前半期，黄体的发育和大小在二波和三波周期之间无显著差异，但黄体的退化在这两个周期之间差异很大。在二、三波周期中，黄体退化分别发生在发情周期的第（16.5±0.4）天和第（19.2±0.5）天，分别相当于排卵卵泡出现的第 7 天和第 3 天。与二波周期相比，三波周期长 2.4d，黄体期长 2.7d，但从黄体退化到排卵的时间间隔无显著差异（3.9d∶3.5d）。因此，三波周期较长是黄体期较长的结果。三波周期的排卵卵泡迟出现 6d（16d∶10d），而它的排卵卵泡从出现到排卵的间隔时间却比二波周期短 4d（7d∶11d），这使得三波周期只净增加了 2d。所以当某个发情周期中发生了 3 个卵泡波时，就意味着黄体寿命较长和后两个卵泡波较短。另外，黄体溶解时排卵卵泡越大，从黄体溶解到 LH 排卵峰的时间间隔就越短，发情前期也越短。

牛在整个怀孕期，尤其是在怀孕的前半期，卵巢上仍然有规律地出现非排卵卵泡波。在卵泡波中 FSH 对卵泡的生长发育和选择起着十分重要的作用。发情周期中卵泡波的出现与 FSH 峰值的出现完全一致，而优势卵泡选择的时间与 FSH 浓度的第一次明显下降完全一致。在黄体期，由于孕酮的作用，LH 的分泌受到抑制，优势卵泡的代谢活动停止，开始退化而闭锁。优势卵泡不再产生雌激素时，FSH 再度升高达到峰值，启动下次卵泡波，重新开始出现新的卵泡波周期。

（二）羊卵泡发育的动力学特点

绵羊的卵泡从静止状态发育至排卵前的状态一般需要 6 个月。在此过程中，每天有 2～3 个卵泡离开静止卵泡群而开始生长。绵羊的卵泡生成一般可分为基础阶段和紧张阶段两个部分。在卵泡生成的基础阶段，卵泡发育至直径达 2mm，完全不依赖促性腺激素，即使切除垂体后，其卵泡也会发育至此阶段。在紧张阶段，卵泡从 2mm 发育至排卵前大小，必须依赖于促性腺激素。

对重庆具有高繁殖率的大足黑山羊地方种群研究发现，该种群黑山羊发情周期中一般出现 3 个卵泡发育波。第 1 个卵泡波持续的时间最长，第 3 个卵泡波最短；卵泡波交叉的时间一般为 3～4d，最长的 6d。最后一个卵泡波的优势卵泡可发育成熟并排卵，其余卵泡全部闭锁。大足黑山羊在最后一个卵泡波中一般约有 3 个卵泡排卵，左侧卵巢的卵泡个数一般比右侧的多。

五、卵泡发育的调节

卵泡的生成及发育是一个独特的生理现象，在此过程中，原始卵泡的直径在排卵前增加 200～600 倍，而且每个发情周期中大量的原始卵泡生长发育的结果却只有一个或几个卵泡排卵。因此，在动物的繁殖生涯中，99.9% 的原始卵泡不能排卵，说明卵泡的生长、发育和排卵卵泡的选择是一个极其复杂的生理过程。

卵泡的生长及发育过程经历以下几个阶段：①补充，一批卵泡获得对促性腺激素发生反应的能力，依赖于促性腺激素继续生长；②选择，"补充"的卵泡中只有几个不被淘汰、闭锁而继续发育；③优势化，少数优势卵泡不发生闭锁，发育至排卵，由于优势卵泡能够抑制或阻止其他卵泡的生长，因此卵泡形成优势化是卵泡生成发育至排卵的关键步骤。

（一）优势卵泡发育的内分泌调节

发情周期每侧卵巢静脉中雌二醇（E2）浓度的变化是说明卵泡选择和优势化过程的最佳内分泌学指标。发情周期中没有多个卵泡波出现的动物，卵巢均匀地产生 E2，说明优势卵泡的选择是不断发展的；如 E2 的产生是不均匀的，则说明选择和优势化过程随卵泡波的出现此起彼伏。绵羊与牛相同，在发情周期中都有几段时间血中 E2 浓度升高，说明存在卵泡波的周期性变化。

（二）促性腺激素的作用

FSH 和 LH 是调节卵泡生长和发育的主要蛋白激素，它们与其受体结合后，激活cAMP 依赖性生理过程，促进了粒细胞和壁细胞类固醇激素生成酶的活性，使血液和卵泡液中 E2 升高。优势卵泡合成及释放 E2 的能力要比其他卵泡强。粒细胞和壁细胞还具有许多其他激素和非激素因子的受体位点，LH 和 FSH 对这些受体位点可发挥升或降的调节作用，因此是卵泡生成的主要调节因子。

腔前卵泡的粒细胞就具有 FSH 受体，但直到形成有腔卵泡后才有 LH 受体；从发育的腔前阶段开始，壁细胞就有 LH 受体，但一直没有 FSH 受体，因此在卵泡发育的最初阶段，它就能分别对 LH 和 FSH 发生反应；在卵泡生成中，FSH 诱导粒细胞产生其自身和 LH 受体，而且对整个卵泡生成中促性腺激素受体的维持都是必不可少的。

FSH 和 LH 能促进脂蛋白的摄取，将胆固醇从脂蛋白中游离出来，通过激活线粒体内的侧链裂解酶系统，将其代谢为孕烯醇酮，通过激活 3β-羟甾醇脱氢酶系统将孕烯醇酮转变为孕酮和睾酮。但是，在大多数动物，是粒细胞而不是壁细胞具有这种酶活性。在牛的发情周期中，每天有 20～60 个有腔卵泡产生雄激素，但只有 1～3 个能将雄激素代谢为雌激素。芳香化酶系统的活性受 FSH 的调节，它是卵泡发育及优势化过程中的关键步骤。

（三）其他激素和卵巢内调节因子的调节

卵泡细胞除合成类固醇激素外，还可以生成抑制素、催产素、松弛素、活化素等激素，这些激素也参与促性腺激素对卵泡生长发育的调节。卵巢内还有许多调节因子，它们可通过内分泌、旁分泌及自分泌作用来调节卵泡的生成及发育，同时也参与粒细胞和壁细胞功能的调节。卵巢内调节因子大多对卵泡的生长起抑制作用，这些因子可能本身就主要是由优势卵泡分泌的。因此，整个发情周期中周期性地出现优势卵泡是各种激素和卵巢内调节因子共同调节作用的结果。

（四）优势卵泡的补充及选择

1. 卵泡的补充　　切除垂体或短期抑制血液中 FSH 的浓度，能明显抑制腔前卵泡及有腔卵泡的发育。因此，FSH 在卵泡的补充中起主要作用。

2. 卵泡的选择及优势化　　卵泡的选择过程主要受三个关键因素的调节，即腔前卵泡获得对促性腺激素反应的能力，优势卵泡抑制因子发生精确的调节作用，优势卵泡和垂体之间的反馈作用。

　　所有动物的腔前卵泡均可发生闭锁，因此排卵卵泡的选择可能是在卵泡发育的腔前阶段开始的。从理论上讲，每个生长的腔前卵泡在选择阶段接受的促性腺激素的刺激可能相同，但由于每个卵泡中粒细胞或壁细胞的数量不同和/或促性腺激素受体的数量不同，因此有些卵泡不再继续生长而闭锁。腔前卵泡能否对促性腺激素发生反应主要取决于每个卵泡固有的对促性腺激素的反应能力。

　　优势卵泡可以对调控选择过程的各种激素及非激素因子做出更精确的反应，修饰促性腺激素诱导的选择过程，同时它们也能产生抑制除自身以外其他卵泡生长的因子。此外，在卵泡生长过程中，优势卵泡由于在血管分布上的特点，接受促性腺激素的量可能较其他卵泡更多。

　　优势卵泡与垂体之间可能还存在特殊的反馈作用，牛优势卵泡的抑制素活性及 E2 含量均比其他卵泡高。在优势卵泡的抑制素和 E2 及垂体的 FSH 之间存在典型的长反馈通路。抑制素能抑制垂体 FSH 的合成和释放，E2 可显著增强 FSH 和 LH 的作用。由于 E2 含量在优势卵泡中明显比其他卵泡高，这样优势卵泡可在抑制素诱导的低 FSH 环境中生存，而其他 E2 低的卵泡则发生闭锁。

　　综上所述，在卵泡的补充、选择及优势化的过程中，FSH 主要调节补充过程，FSH、E2、抑制素及卵巢内调节因子控制选择过程。

第二章 受 精

卵子（雌配子）和精子（雄配子）相遇，精子进入卵子内部，激活卵子，精原核与卵原核融合而形成一个新个体（合子），这个生物学现象称为受精（fertilization）。在受精过程中，精子激活卵子，使它发育完全成熟并开始分裂，而且精子把父方的遗传物质（细胞核内染色体的 DNA）引入卵子内部，使子代成为具有亲代的一些特性的新个体，促进物种的进化，因此受精在生物学上具有非常重大的意义。

第一节 配子在受精前的准备

一、配子的运行

精子和卵子相遇并结合的部位是在输卵管壶腹部，在受精前雌、雄配子必须在雌性生殖道内相对运行到达输卵管壶腹部。在运行过程中，同时发生着复杂的形态和生化变化。

（一）精子在雌性生殖道内的运行

自然交配时公畜的射精部位因家畜种类不同而有差异，因而精子运行的起始部位也不尽相同，如牛、羊等反刍动物属阴道受精型，精液射入阴道内；猪则属于子宫受精型，精液直接射入子宫内；对马属动物来说，虽属子宫授精型，但其射精部位在子宫颈管，射精后雌性很快将精液从子宫颈吸入子宫内。由于受精部位不同，各种动物的精子必须要在雌性生殖道中通过理化性质完全不同的环境才能到达受精部位。

进入阴道或子宫内的精子起初悬浮于精清中，随后逐渐与母畜生殖道分泌物相混。当精子到达受精部位时，几乎完全悬浮于单纯的母畜生殖道分泌物中。

1. 精子运行机制 通常一部分精子在数分钟内很快通过子宫颈，大部分则暂时储存于子宫颈隐窝的黏膜皱褶内，然后再缓慢地释放出来。

（1）精子在子宫颈内的运行 精子在子宫颈内的运行与宫颈肌的收缩作用、精子的主动泳动及来自精液和雌性生殖道内一系列酶系作用有关。

宫颈肌的收缩作用。宫颈肌的收缩作用能推动精子向前运行。这种收缩受前列腺素（PG）的调节。宫颈中的 PG，一部分来自子宫，一部分来自精清。在精液中，其浓度在牛、马、猪中约为 100μg/mL，在绵羊和山羊中约为 40μg/mL。精清中 PG 含量不足，即可成为雄性不育的原因之一。在绵羊冷冻精液稀释液中加入前列腺素在一定程度上能够提高受胎率。

精子的主动泳动。接近排卵时，子宫颈黏液中的低分子质量有机物质，包括游离氨基酸、葡萄糖、麦芽糖和甘露糖等，为精子运行提供能量。所有家畜的精子都能以果糖、葡萄糖和甘露糖作为能源。精子的主动泳动对于精子在雌性生殖道内的长距离运行并不是主要的，但可促进精子在宫颈黏液中的穿透性。

来自精液和雌性生殖道内一系列酶系作用。精子容易通过临近排卵期的子宫颈黏液，而不能通过黄体期的子宫颈黏液，这是由于发情时宫颈中高黏稠度的类黏蛋白被蛋白水解酶分解而变得稀薄。蛋白水解酶包括顶体素（acrosin）、精浆蛋白水解酶和蛋白水解酶抑制物。顶体素来源于精子的顶体部分，射精时的精子中，来自精浆的精浆蛋白酶抑制物吸附于精子的顶体上而使顶体素失活。当精子通过雌性生殖道时，抑制物被破坏，顶体素随之活化。精浆蛋白水解酶包括精浆酶和精浆纤溶酶原激活因子，它们均来自前列腺的分泌物。蛋白水解酶抑制物主要是精囊腺的产物，它起着抑制顶体素的作用。此外，雌性生殖道黏液中也含有这种抑制物，但其浓度有周期性变化。在排卵期，或以雌激素处理时，浓度最低，而在性周期的其他时期，或用孕酮处理时，浓度即升高。宫颈中蛋白水解酶抑制物浓度的降低，还有利于射精后精液凝块的液化，这也对精子顺利地运行至子宫起促进作用。

（2）精子在子宫体内的运行　　子宫肌的收缩对精子在子宫内的运行起着重要作用。其收缩的方向、幅度及频率受神经激素的调节。在发情期子宫收缩的幅度最大，雌激素水平升高是引起子宫收缩的主要原因。子宫收缩波的方向，在发情早期一般是朝向输卵管的，但在发情期末，由于雌激素水平的下降，则朝向子宫颈方向收缩。母牛在发情期由收缩引起的子宫内压差为 1066.58～3066.41Pa。就子宫肌收缩的频率而言，已知发情早期和晚期，去甲肾上腺素和肾上腺素均能增加收缩的频率。子宫肌的收缩还受催产素和前列腺素的影响。交配前后性行为的刺激，包括视觉、听觉、嗅觉、爬跨等动作，以及生殖器对子宫颈的机械性扩张等，均可通过脑传至垂体神经部，引起催产素的释放。催产素一方面能直接促进子宫肌收缩，另一方面又能促进 PG 的合成和释放，从而更加促进子宫肌的收缩。在发情期，雌激素能增强子宫肌对催产素的感受性。

（3）精子在输卵管内的运行　　进入输卵管的精子，其数量只有宫颈精子的0.001%。精子和卵子在输卵管内逆向运行，相会于输卵管壶腹部。直接对精子在输卵管内运行的方式和机制研究很少，推测某些方面与卵子的运行有相似之处，如输卵管壶腹部-峡部连接处上方的蠕动和逆蠕动引起的回旋式活动与峡部的缩张和纤毛的摆动引起的液流，促使精子向壶腹部受精部位运行。此外，获能精子主动运动的加强，也对精子通过峡部进入壶腹部有促进作用。

精子在输卵管峡部后段滞留的时间长短与从交配到排卵间隔时间的长短有一定关系。在该部位滞留时，精子可以通过顶体区吸附在输卵管壁上，不能吸附的精子或者死亡，或者失去受精能力。在母畜接近排卵时，精子脱离输卵管壁，开始主动向壶腹部泳动而与卵子结合。进入输卵管峡部的精子中，只有极少数可继续向壶腹部泳动。

除上述机制外，精子在雌性生殖道中的运动还可能与卵子释放的某些因子对精子的吸引有关。在许多非哺乳类动物中，精子具有趋化现象。例如，海胆的卵子可释放一种具有趋化吸引作用的物质来吸引精子。哺乳动物也可能存在这种现象，如人的精子可聚集在人的卵泡液中，说明卵泡液中可能存在吸引精子的趋化因子，而且这种聚集与卵子能否受精有很大关系。

2．精子运行速度、到达输卵管壶腹部的时间和精子数　　哺乳动物精子从射精部位运行至壶腹部的速度一般都很快，仅需数分钟至数十分钟，不同动物之间差异并不明显

（表 2-1）。精子运行速度受许多因素的影响，除受激素的影响外，还与授精方式的不同有关，如牛在人工授精时仅需 2.5min，而自然交配时则需 15min。此外，免疫学作用对精子的运行也有一定影响，已知精子含有种特异性的精子表面抗原，在子宫颈黏液中可形成相应抗体，抗原抗体反应可使子宫腔内的精子发生凝集而降低其活动性。

表 2-1 动物一次射精量、运行时间和精子数量变化

动物	射精量/mL	一次射精的精子总数/×10⁶	精子从射精部位运行到受精部位的最快时间/min	到达受精部位的精子数/个
牛	3～8	7000	2～13	<5000
绵羊	0.8～1	3000	6	500～600
猪	100～300		15～30	1000
马	50～150	10 000	24	—
小鼠	>0.1	50	10～15	<100
大鼠	>0.1	—	2～60	很少
仓鼠	0.1	58	15～30	50～100
豚鼠	0.15	80	15	25～50
兔	1	700	4～10	250～500
猫	0.1～0.3	—	—	40～120
犬	10	—	数分钟	50～100

射出的精子并不是很快地同时都到达受精部位。在精子运行的全过程中，雌性生殖道有"栏筛"样结构部位，又名精子库，起着暂时潴留、筛选、淘汰不良或死精子的作用。阴道受精型动物的精子库主要是子宫颈管的隐窝和宫管结合部，而子宫受精型动物的精子库则主要是宫管结合部。最终进入子宫颈的精子大部分是那些活力高、可继续前进运动的精子，而活力低的则被截留和排除。绵羊精子能通过子宫颈的精子库者仅为一次射出精子数的 0.33%。进入宫管结合部的活精子，可在此停留 24h 以上，在这一期间，精子源源不断地向输卵管释放。可见宫管结合部不仅具有暂存精子的作用，还发挥着调节和限制进入输卵管精子数目的功能。据报道，异种动物的精子也不能通过宫管结合部。输卵管峡部是第三个"栏筛"，其功能与宫管结合部一样。

家畜一次射精的精子数可达数亿个，但通过以上 2 个或 3 个"栏筛"，最后到达输卵管壶腹部的数目已很少，一般仅有数十个至数百个（表 2-1）。因而，在人工授精或体外受精时，必须考虑适宜的有效精子数，以保证正常受精的发生和避免异常的多精子受精。

3. 精子在雌性生殖道内的存活时间与维持受精能力的时间 哺乳动物的精子在雌性生殖道内的存活时间比维持受精能力的时间稍长（表 2-2）。精子的存活时间受多种因素的影响，如精液品质、母畜的发情状况和生殖道环境等。在家畜，通常可存活 1～2d，马可达 6d，但若与鸟类相比还是十分短暂的，如公鸡的精子在母鸡生殖道内可存活 32d 之久。由于家畜精子的存活时间短，而维持受精能力的时间更短，因此在生产实践中，必须认真确定配种时间和次数及多次配种之间的间隔时间，以确保具有受精能力的精子

在受精部位等待卵子的到来，从而达到受精的目的并提高受胎率。

表 2-2　精子在雌性动物生殖道内的存活时间与维持受精能力的时间

动物	存活时间（以活力为准）/h	维持受精能力的时间/h
牛	—	28～50
绵羊	48	30～48
猪	—	24～72
马	144	72～120
小鼠	13	6～12
大鼠	17	14
豚鼠	41	21～22
兔	43～50	30～32
犬	—	48

（二）卵子在输卵管内的运行

1. 卵子被"捡拾"　　输卵管伞部和漏斗部是由可勃起的结构组成，含有大量血管，表面上还有很多皱襞。母畜发情时，它们充血而伸展，并借肌内层的活动使伞部和卵巢接触；及至临近排卵时，卵巢囊和伞部的活动性及收缩运动增加。卵巢也借卵巢固有韧带的收缩而缓慢地前后移动并围绕其纵轴转动。排卵后，由于卵泡液具有黏性，卵丘细胞分泌黏性的糖蛋白，卵子与其周围的卵丘细胞就附在卵巢表面，然后通过伞部及其纤毛的运动而被扫入输卵管漏斗和腹腔口内，此即卵子被"捡拾"。

卵子从一侧卵巢排出后，可进入对侧输卵管内，猪切除一侧卵巢，同时将另侧输卵管结扎后，有的仍能受精怀孕，就证明了这一点。卵子可能是借肠道蠕动和腹腔液流动而横越腹腔的。

2. 卵子运行机制　　卵子在输卵管内的运行与输卵管的活动、输卵管内纤毛活动和输卵管上皮的分泌活动有关。

（1）输卵管的活动　　输卵管肌层的收缩和卵巢系膜、输卵管系膜、输卵管伞部系膜及子宫输卵管韧带等收缩活动，能继续改变卵巢与伞部及输卵管各段之间的相对位置，同时，也在一定程度上，控制着卵子的运送速度或运行方式。例如，壶腹部-峡部连接处的蠕动收缩，使卵子快速前进；宫管结合部至壶腹部-峡部连接处的蠕动和逆蠕动，则使卵子运行受阻。输卵管的分段收缩，会使卵子相对停止在局部范围；环形肌的痉挛性收缩，使卵子在括约肌处完全受阻；韧带收缩引起输卵管弯曲，则调节卵子的运行速度。精子在壶腹部-峡部连接处前方的旋转式活动和卵子在壶腹部的回旋运动，也都与输卵管的蠕动和逆蠕动所组成的不规则运动有关。

输卵管的活动受神经和激素的调节。已知其收缩活动受长、短两种肾上腺素能神经纤维的支配。长纤维由腹下神经丛发出，短纤维则由近子宫阴道交接处的神经元发出。肾上腺素能神经支配壶腹部-峡部连接处的环形肌舒缩，使峡部起着生理上括约肌的作用，这对调控受精卵和精子的运行十分重要。在多种动物中已证明，输卵管平滑肌纤维上有 α 兴奋性和 β 抑制性肾上腺素受体，而以 α 受体为主，其活性受激素的调节。在发情周期中，雌激素占优势时，输卵管肌纤维对去甲肾上腺素和电刺激的反应是兴奋性的；而孕酮占优势时，则为抑制性的。因而提出，雌激素能提高 α 受体的活性，从而使峡部收缩；而排卵后释放的孕激素，则提高了 β 受体的活性，促使峡部舒张，从而允许受精卵运行到子宫。大鼠、兔、猪和人峡部的神经末梢还能分泌前列腺素，PGE_1 和 $PGF_{2\alpha}$ 能促进输卵管的收缩，而 PGE_2 则促进其舒张。

（2）输卵管内纤毛活动　　在输卵管壶腹部纤毛的分布较多，峡部较少。上皮纤毛的摆动也是卵子在输卵管内运行的主要原因之一。纤毛的摆动受雌激素的激发，当孕酮升高时更能加快纤毛摆动，使原有频率（1500 次/min）提高近 20%。实验性切除卵巢、垂体、垂体柄，或丘脑下部有疾患时，均能使兔和猴输卵管上皮的纤毛活动完全消失；若用雌激素处理，则可恢复。推测哺乳动物纤毛可能有两种摆动方向，这与卵子和精子在雌性生殖道内逆向运行有关。

（3）输卵管上皮的分泌活动　　输卵管上皮分泌物的流向，在一定程度上影响卵子运行的方向，分泌物的流向又与纤毛摆动的方向有关。分泌活动主要受卵巢类固醇激素的调节，在发情期，受雌激素的影响，分泌物增加，黄体期由于孕酮的作用，分泌物减少。

3. 卵子在输卵管内的运行速度和维持受精能力的时间　　卵子在输卵管全程的运行时间因不同家畜而异，一般为 3～6d，牛约 90h，绵羊约 72h，猪为 50h 左右，马约 98h。卵子在输卵管不同区段运行的速度也有差别，在从输卵管伞底部至壶腹部的这一段运行很快，仅需 5（3.5～6）min；而在壶腹部-峡部连接处内则滞留约 2d。通过峡部的卵子如未受精，即迅速退化。

卵子维持受精能力的时间一般来说要比精子的短，不超过 24h，不同动物有些差异，如犬可长达 6d。卵子维持受精能力时间的长短还与输卵管的生理状况及卵子品质有关。卵子的受精能力是逐渐降低的，很难精确确定其可以受精的寿命。延迟输精，往往因为卵子老化而不能受精，或使胚胎异常发育而出现早期死亡。

二、精子在受精前的变化

哺乳动物刚射出的精子尚不具备受精的能力，只有在雌性生殖道内运行过程中发生进一步充分成熟的变化后，才获得受精能力，此现象称为精子获能（capacitation）。精子获能首先由张民觉和奥斯汀分别于 1951 年提出，至今已逾半个世纪，人们对获能的分子机制并未完全了解，但此概念的提出不但加深了人们对体内精卵结合的认识，也为体外受精的成功奠定了基础。

（一）精子获能

在一般情况下，交配往往发生在发情开始或发情盛期，排卵则发生在发情结束前后，这既保证了精子能先于卵子到达受精部位，也留给了精子获能所需的充足时间。精子在获能的过程中发生一系列变化，包括膜流动性增加、蛋白酪氨酸磷酸化、胞内 cAMP 浓度升高、表面电荷降低、质膜胆固醇与磷脂的比例下降、游动方式变化等。其重要意义在于使精子超激活和准备发生顶体反应，以利其通过卵子的透明带。

1. 获能时精子的形态和生化变化 精子在通过雌性生殖道及获能过程中形态上并未发生明显改变。猪附睾尾精子在获能液中培养 2h 后，精子出现"闪亮"效应；继续培养至 5h，呈现出超激活运动，即鞭打状的强力推进运动，表明精子已获能。将获能精子置于透射电镜下，可见顶体膨大，向头的后方弯曲，使两顶体外膜靠拢，此即顶体的初期变化。

从生化水平上研究，精子获能包括两个连续变化的过程，即消除覆盖在精子质膜表面的附睾和精清蛋白及精子质膜的糖蛋白变化；同时伴随着发生物质代谢和膜电荷的变化，表现为精子活力增强、耗氧量增加、尾部线粒体内氧化磷酸化过程旺盛等。

（1）脂类的变化 精子在通过雌性生殖道时，其质膜的组成发生改变主要表现在磷脂含量和脂肪酸的成分发生变化。精子在通过子宫或获能时磷脂含量的变化和磷脂库的重建对启动顶体反应极为重要。此外，质膜中胆固醇减少、获能时的外流使得精子头部膜的流动性和通透性增加。胆固醇/磷脂比例的高低可能影响获能时间的长短。

（2）蛋白质的变化 精子在获能时，其表面的分子结构发生改变，这些改变与大分子蛋白质在精子质膜内的移动有关。例如，与透明带精子有关的精子膜抗原，在获能时从精子尾部迁移至顶体部。羊精子在雌性生殖道内不同部位释放或吸收不同的糖蛋白，说明这些糖蛋白参与了获能过程。

（3）离子的变化 在精子的获能及以后的顶体反应中，细胞内的各种离子的浓度发挥着重要而精细的调节作用。例如，Ca^{2+} 对激活磷脂酶和精、卵质膜的融合就发挥着极为重要的作用。Ca^{2+} 通过 Na^+/Ca^{2+} 的逆向转运和 Ca^{2+}-ATP 酶而发挥调节作用。获能时，由于逆向转运或对 Ca^{2+}-ATP 酶的抑制，精子细胞内 Ca^{2+} 升高，使去能因子失活。此外在发生顶体反应时，Ca^{2+} 也可通过其他 Ca^{2+} 通道迅速进入细胞内。当精子内 Ca^{2+} 浓度达到阈值时，便可诱发顶体反应。

（4）精子运动形式的变化 在发生顶体反应以前，获能的精子可能出现超激活运动。这种精子尾部摆动振幅加大，精子逐渐呈直线运动，多见于输卵管壶腹部。出现超激活运动的原因，主要是精子尾部质膜成分改变，膜流动性增加，加强了 Ca^{2+} 向细胞内流动，Ca^{2+} 又激活了 cAMP 系统和 Mg^{2+}-ATP 酶，加强了尾部外周致密纤维的运动和微管的滑动，从而使精子尾部运动能力增强。

各种因子作用，使 Ca^{2+} 和 HCO_3 进入精子，促进腺苷酸环化酶活性提高，引起 cAMP 增加，激活蛋白激酶 A，进而激活蛋白酪氨酸激酶（其能引起蛋白磷酸化酶失活），该酶引起蛋白磷酸化，最后导致获能。

2. 获能部位 在体内，广义上的获能部位包括子宫和输卵管，宫管结合部可能是精子获能的主要部位，获能最终是在输卵管内完成的。精子在宫管结合部可停留几十个小时，如牛为 18～20h，绵羊为 17～18h，猪为 36h，马更长，可超过 100h。输卵管上皮细胞有助于精子的存活和获能，在体外将精子与输卵管上皮细胞共培养会延长精子的存活及保有受精能力的时间。

3. 获能因子 使精子获能的因子较多，有子宫液中的肽酶（大鼠）和 β-淀粉酶（大鼠、兔），输卵管液中的 β-淀粉酶、碳酸氢根离子（兔）和氨基多糖（牛、山羊），还有卵丘细胞分泌的葡萄糖苷酸酶（仓鼠）和卵泡液中的特殊成分（牛）。获能因子主要存在于发情期前后输卵管液中，与母畜体内雌激素和孕酮的比例有关，在雌激素水平上升的发情期，精子获能率较高。输卵管液中的获能因子主要是氨基多糖类。氨基多糖类的肝素可与精子结合，导致精子吸收 Ca^{2+}，调节 cAMP 的代谢，从而使精子获能。精子获能不仅在同种动物的生殖道分泌物中完成，在不同种动物生殖道分泌物中也可以完成，说明精子载体无种间特异性。在体外，可以采用特殊的精子洗涤液洗涤精子或采用高离子强度溶液、钙离子载体、肝素、血清蛋白等诱导精子获能。体外诱导精子获能还受环境温度、pH 和渗透压的影响。

4. 获能所需时间　　在活体内，精子获能所需时间因动物种类不同而异。

5. 精子获能的异质性和可逆性　　同一次射出的所有精子，其成熟程度不同，精子膜结构内在分子存在多样性，对雌性生殖道环境的反应性可能有差异，表现为一些精子获能快，另一些则较慢，这种现象称为精子获能的异质性。精子获能还是一个可逆的过程。已经发现有几种哺乳动物的精浆可以抑制获能的兔精子对兔卵的受精。这种使获能精子又暂时失去受精能力的作用称为去能（decapacitation）。获能的精子在雌兔生殖道中停留 6h 后，又可重新获能。精浆中可能存在多种去能因子，其抑制精子获能的机制与 Ca^{2+} 转运的控制有关，如牛精浆中的 Ca^{2+} 转运抑制蛋白、钙抑制蛋白（calcium-inhibiting protein）可以抑制精子 Na^+/Ca^{2+}-ATP 酶活性，从而加速精子内 Ca^{2+} 的外流。

（二）顶体反应

顶体反应（acrosome reaction，AR）是指精子头部前端与卵子透明带接触以后，通过配体-受体相互作用，顶体质膜和顶体外膜融合，顶体内小泡囊泡化，顶体内膜暴露，顶体内酶被激活并释放的胞吐过程。顶体反应与精子获能是两个有区别的概念。精子获能后主要的变化在尾部，表现为超激活运动；顶体反应则发生在精子的头部。只有获能精子才能与卵子透明带相互作用而发生顶体反应。顶体反应完成后，精子即可具有穿过透明带的能力，而且顶体反应对精卵的融合也是必不可少的，如果没有顶体反应，精子即使与裸卵的质膜也不能发生融合。

囊泡化是膜融合的结果。精子质膜与顶体外膜发生融合处相距只有 1nm，但融合的分子机制却比较复杂。首先细胞外的 Na^+、Ca^{2+} 流入细胞内，而 H^+ 流出细胞外；前者借助于 Ca^{2+} 依赖 ATP 酶，后者则借助于依赖腺苷 5′-三磷酸的 H^+ 泵。Ca^{2+} 流入顶体，使前顶体素改变为活性顶体素；H^+ 流出细胞，引起细胞内 pH 增高。顶体素激活细胞内磷脂酶，使顶体外膜的磷脂分解为溶血磷脂和游离脂肪酸。溶血磷脂的增加改变了顶体外膜的脂类成分，促使其与质膜发生融合，并出现囊泡化。

伴随精子顶体反应的胞内变化主要是 Ca^{2+} 浓度和 pH 升高，涉及细胞内复杂的信号转导过程，其诱导因素包括 Ca^{2+}、孕酮、G 蛋白、Rab3A、磷脂酶 C、多种蛋白激酶（酪氨酸蛋白激酶、cAMP/蛋白激酶 A、蛋白激酶 C、丝裂原蛋白激酶）、少量还原氧和精胺等。

通过体外受精研究发现，刚排卵时的小鼠卵母细胞，其受精率为 0，如将排卵后 2～4h 的卵母细胞进行体外受精，其受精率可达 70% 左右。

刚从卵巢排出的小鼠卵母细胞，被致密排列的卵丘细胞紧紧包围；卵周隙狭窄，宽度仅有 0.8μm 左右。卵质膜伸出的微绒毛，呈倒伏状分布于卵周隙内。处于第二次减数分裂中期（MⅡ）的纺锤体其长轴与质膜平行；质膜下除无微绒毛区外，分布一层皮质颗粒，线粒体散在于细胞近中区及染色体周围；卵皮质区有多个大的高尔基复合体；胞质内含有丰富的卵黄小板和卵黄泡等营养物质。排卵2～4h后，卵母细胞四周包围的卵丘细胞开始散开；卵周隙增宽，达1.6μm。微绒毛已竖起，变得细长，伸入卵周隙中。MⅡ纺锤体旋转90°，其长轴垂直于质膜，部分皮质颗粒内容物提前外排。以上变化为精子穿入卵母细胞和第二极体排出创造了良好的条件。山羊和牛卵母细胞排卵后超微结构变化与小鼠相似。上述变化说明，哺乳动物卵母细胞排出后，必须在输卵管内停留一个时期，才达到充分成熟，具备受精能力。这一成熟过程对精子在雌性生殖道内的获能具有同样重要的意义。

卵子的充分成熟通过体外培养也可以完成。山羊卵子在输卵管内充分成熟的时间为排卵后4h，体外培养需24～26h成熟，这恰恰是山羊卵母细胞体外受精的最佳时期。牛卵母细胞在体外成熟培养24h达到充分成熟，这一时期也恰恰是牛体外受精的最佳时期。

第二节　受精过程

一、正常受精过程

哺乳类正常受精的过程包括精子通过卵丘细胞团-放射冠及卵子的裸露、精子穿透透明带、精子穿过卵黄膜进入卵黄质内、雌原核和雄原核的形成及配子配合。由于条件限制，哺乳类的受精过程当前都是以小型哺乳类（小鼠、大鼠、仓鼠和兔为主）作为实验动物进行研究的。现简述其过程如下。

1. 精子通过卵丘细胞团-放射冠及卵子的裸露（denudation）　小鼠等动物的卵子在输卵管中运行时，其周围仍被卵丘细胞团-放射冠所覆，这些被覆物是精子进入卵子的第一道关隘。犬、猫卵子的卵丘细胞直至受精卵早期分裂时尚可看到。卵子受精子透明质酸酶的作用，可裸露到完全露出透明带。有人认为，卵子的裸露可能也和细胞的自溶及来自输卵管液中碳酸氢钠离子的作用有关。猪的卵子在排出后的短暂时间内，其透明带之外还包有放射冠和卵丘细胞团；但牛、绵羊和马的卵丘细胞团-放射冠在排卵后数小时便与卵子脱离，从输卵管回收到的卵子没有或者只有很少的卵丘细胞。

根据扫描电子显微镜对大鼠精子穿越卵丘细胞团的观察，精子能够沿着卵丘细胞间隙前进，并不需要卵子完全裸露，通常是精子进入卵子后经过一定时间，卵丘细胞才发生崩解。

顶体反应所释出的透明质酸酶的作用，可能是使精子借本身的运动能力通过卵丘细胞团，并且促使这些细胞脱落。卵子的裸露，对受精卵获得正常气体及代谢物质的交换是很重要的。

2. 精子穿透透明带　精子进入卵子必经的第二道关隘是通过透明带。这一过程是很迅速的，但在通过之前，精子会有一个附着透明带的过程。这时，精子顶体酶系统中的前顶体素可能转化为顶体素，精子牢固地与透明带结合，不易使其分离。实验证明，由于卵子上具有"种"的特异性受体，故异种精子不能与其结合，也不能穿过它。

在精子进入透明带时，发生过囊泡样变化，使精子原生质膜和顶体外膜损失，顶体内容物被释放了出来，在大鼠、小鼠等实验动物，精子就露出了穿孔器（顶突）。精子斜着穿过透明带。这条通路是释放出来的顶体素在透明带上消化出来的，同时穿孔器本身也有机械性穿孔作用。

3. 精子穿过卵黄膜进入卵黄质内　精子通过透明带后进入卵黄周隙，头部很快黏附在卵黄膜上。约半小时后，整个精子被卵黄质原生质吞没，于是精子和卵子的原生质就彼此互相融合。在大鼠，精子质膜的一部分与卵黄质结合，其余的则在卵黄质内破裂，形成很多小囊样的东西。

这个阶段在受精过程中是极为重要的，因为精子接近和进入卵子时发生激活作用（activation），使卵子从休眠状态苏醒过来，开始继续发育。激活的内容包括：①停顿了的第二次成熟分裂中期，此时重新进行，直到后期和末期，并完成第二极体排出；②卵子产生防止多精子受精的阻拦作用；③卵子的合成过程特别是 DNA 的复制受到激活。

精子进入卵黄质时，有的哺乳类种属的精子仅是头部进入，而有的连尾部也进入。精子进入后，卵黄表面形成一突起点，可持续几十小时。

据报道，使用透射和扫描结合的电子显微镜研究仓鼠精子进入卵黄的过程显示出：卵黄表面的微绒毛抓住精子的头部，然后精子和卵子的原生质膜破裂并互相融合，这样精子就进入卵黄内，其原生质膜则与卵黄膜相互融合。

4. 雌原核和雄原核的形成　对大鼠、小鼠和猪的雌雄原核（pronucleus）的形成过程已经进行过颇为详尽的研究。哺乳类雌雄原核存在的时间为 10~15h。

（1）雌原核的形成　在精子穿过卵黄膜进入卵黄后不久，卵子受到激活而完成第二次成熟分裂，并排出第二极体。这时原生质浓缩，体积缩小 9%~17%，其中的液体被排至卵黄间隙。留在卵核中的染色体（雌性单倍体）散开，并向卵子中央移动；在移动过程中，这些染色体变为染色质，并最后变为不规则的强嗜碱团块。同时，染色质周围先形成一些小泡，然后小泡相连而成为一个完整的双层单位膜的核膜。这时，卵膜就形成了一个形状不规则的雌原核，之后变为圆形，并有核仁出现。在猪，雌原核的特征是染色质分布不对称。雌原核的形成在排卵后 6~18h。

（2）雄原核的形成　精子进入卵黄后，头部的穿孔器及尾部脱落（猪精子的尾部，中段和雄原核还要连接一段时间），精核则变大，成为明胶样，核膜破裂，致密的染色质逐渐弥散。其后，精核内形成多个小点状核仁，并逐渐联合而增大，最后被新形成的核膜所包围，其结构犹如一个体细胞核，至此雄原核即形成。雄原核开始形成及雄性染色质开始弥散胀大的时间比雌原核早，雄原核的体积也较大。

5. 配子配合　正常受精的最后阶段就是雌原核和雄原核相互融合，称为配子配合（syngamy）。雌雄原核形成后，体积不断增大，相向移动，以至紧密接触，且在原核中进行 DNA 复制过程。其后，它们的体积开始缩小并相互融合，两原核的核仁和核膜消失，原来的两个原核就不再存在。双方核中的单倍染色体组互相混合，并形成致密的双倍体组，达到第一次卵裂的分裂前期。受精过程至此即完成。

各种哺乳类动物的整个正常受精过程，即从精子进入卵子到受精卵出现卵裂之前，兔约为 12h，猪为 12~14h，绵羊为 16~21h，牛为 20~24h。

二、防止多精受精的反应

（一）透明带反应

为了保证正常胚胎的产生，哺乳类卵子仅能接受一个精子受精，形成正常染色体组的双倍体。经常可以观察到好几个精子聚集在卵子透明带外面，但只有一个精子能进入卵黄内。因此可以推断，第一个精子进入透明带时，会使卵子马上发生一定的变化，以致后来的精子不易（或不能）进入透明带内。这种变化叫作透明带反应（zona reaction），是防止多精子受精的最早反应和基础。当第一个精子进入卵黄时，位于卵黄膜下的皮质颗粒就马上与卵黄膜融合，并将某种物质排到卵黄周隙内。现今学者认为，这是一种胰酶样的蛋白酶（全称蛋白水解酶），它可破坏透明带上的特异性精子受体，因而阻止其他精子进入透明带。这种反应是从精子的进入点迅速向周围扩展的。

继第一个精子之后进入透明带内，并进而到达卵黄周隙的精子，称为额外精子（supplemental sperm）。例如，兔的卵子不发生透明带反应，可以有很多额外精子进入卵黄周隙内。小鼠和大鼠的额外精子现象也常见。猪的透明带反应只限于透明带的内层，因此额外精子能进入透明带，但一般不能穿过。绵羊、犬和仓鼠的透明带反应则很快而有效，所以一般没有额外精子出现。

（二）卵黄膜封闭

卵子的另一个防止多精受精的机制是卵黄本身的阻拦，也可称为多精受精阻拦作用（block to polyspermy）。这种现象是第一个精子穿过卵黄膜时，卵黄膜就不再对后来的精子发生反应，使它们不能进入。兔的卵黄膜封闭（vitelline block）迅速生效，所以进入卵黄周隙的额外精子虽多，但不能进入卵黄，不发生多精受精。绵羊和猪则有时发生多精受精，这可能是由于卵黄膜封闭反应未发生或者延迟了。

三、卵子激活

卵子激活的主要事件包括细胞质内游离 Ca^{2+} 浓度的升高，皮质颗粒胞吐和阻止多精受精，减数分裂恢复和第二极体释放，雌性染色体转化为雌原核，精核解凝转化为雄原核，雌雄原核内 DNA 复制，雌雄原核在卵子中央部位相互靠近，核膜破裂及染色质混合。染色质混合后第一次有丝分裂纺锤体的形成标志着受精结束和胚胎发育的开始。

精子入卵后，引起卵子胞质内出现 Ca^{2+} 振荡，表现为短暂性的、反复性的、持续数小时的 Ca^{2+} 浓度升高，卵子质膜呈去极化状态，Ca^{2+} 振荡持续到原核形成。pH 明显升高，增加 DNA 复制和转录，增强蛋白质合成和糖原利用，促进精核染色质去浓缩和原核形成，氧气的吸收和能量代谢也明显增强。

四、原核发育和融合

精子入卵后的第一个变化是精核核膜破裂。破裂从赤道段水平处开始，向前、后发展。正常受精时，伴随卵的激活，精核解凝（decondensation）。解凝大约在精子入卵后 20min 开始，大约需要 40min 完成。精子核解凝后，进入卵内的精子，其头部浓缩的核发生膨胀，形成雄原核。在形成雄原核的过程中，原来精核中含量很高的精氨酸和半胱氨酸逐渐丧失。雄原核的形成受成熟卵母细胞中一种雄原核生长因子（male pronucleus growth factor）的控制，这种因子可能是二硫化物还原剂。随着染色质分散，并与剩余的顶体内膜分离，DNA 解螺旋。在分散的染色质周围，形成许多小泡，小泡连接起来形成雄原核的核膜，并相继出现核仁。

受精后卵子被激活，解除了 MⅡ闭锁期。其机制在于卵内原癌基因蛋白质（e-Mos）消失，失去了稳定促成熟因子活性的能力，这时卵的第二次成熟分裂恢复，MⅡ纺锤体进一步分化，留在受精后卵母细胞中的单倍体染色体发生分散，周围形成许多小泡，小泡相互融合形成核被膜片段。核被膜片段互相连接起来排出第二极体，并形成雌原核，在雌原核内出现 1 个以上的核仁。

雌、雄原核发育过程中合成 DNA。两原核向卵中央移动、相遇、核膜消失，雌、雄两方染色体彼此混杂在一起，受精到此结束。随着原核的生长和迁移，羊精子颈部区域形成星体微管结构，牛和猪中心体物质可能既来自精子，也来自卵子。

GVBD 释放某种物质或是激活、合成某种物质，对减数分裂的完成和雄原核的形成都是必不可少的。受精是一个复杂的信号传递过程，多种蛋白激酶通过磷酸化和去磷酸化的级联活化或灭活，精细地调节胞内效应靶分子的作用和受精过程中的细胞周期事件。新的蛋白质在母源 mRNA 或合子基因组新转录的 mRNA 指导下，在特定的时间合成。随着早期胚胎快速进行细胞分裂，新的蛋白质在不同的细胞间出现，引起细胞分化。这些重要的蛋白激酶包括促成熟因子（maturation-promoting factor，MPF）、丝裂原活化蛋白激酶（MAPK）、蛋白激酶 C、钙调蛋白依赖性蛋白激酶（calmodulin-dependent protein kinase，CaMK）和酪氨酸蛋白激酶等。

五、受精的分子机制

（一）精子向卵子的运动

水生生物卵子或其周围细胞分泌一种肽类和有机小分子化合物，如 L-色氨酸、SepSAP 肽和硫酸类固醇等，吸引同种动物的精子。哺乳动物精液射入阴道或子宫，也需要在液态基质中长距离运动才能达到受精部位。虽然到目前还没有分离到哺乳动物精子的化学趋化物质，但已经了解到获能精子对卵泡液有定向移动的趋化作用，并且缺乏种属特异性。还发现人的精子尾部中段具有嗅觉受体，化学嗅觉信号通路使精子定向运动，在人的精子趋化运动中具有重要功能。精子在卵子释放的化学物质作用下定向地向其运动，趋化物质引起精子细胞内 Ca^{2+} 浓度升高，导致非对称性鞭毛运动。

（二）精卵质膜的结合和融合

精卵质膜的结合和融合是两个不同的概念。精卵结合是一种非特异性的细胞间的相互作用，精卵结合可发生在精子膜的任何区域，包括顶体内膜。而精卵融合指的是精子头部赤道段或其附近的质膜与卵质膜发生融合。顶体反应对精卵结合并不是绝对必要的，但没有发生顶体反应的精子却不能与卵质膜融合，说明在发生顶体反应的过程中精子质膜上的蛋白质发生了迁移和变化，这是精卵融合的分子基础。

精子一般与卵子微绒毛结合，卵质膜的精子受体一般在微绒毛上。卵质膜上精子受体的候选蛋白包括卵子整合素（integrin）、CD9 和 GPI 锚定蛋白等。卵子整合素是一族与细胞或细胞外基质黏合有关的跨膜受体，过去认为整合素与其配体结合介导精子与卵子的结合。但近年通过使用单克隆抗体和基因敲除技术证明，没有任何一种小鼠卵质膜上的整合素参与了精卵质膜之间的融合。在否定整合素作用的同时，却发现了 CD9 在精卵融合中的作用，CD9 属于跨膜 4 超家族成员，是一种广泛分布于细胞表面、与整合素和其他蛋白质结合的膜结合蛋白，在小鼠卵质膜上的表达主要分布于微绒毛。缺失 CD9 的雌性小鼠可以排卵，精卵可以结合，而融合完全被抑制，生育能力下降，不到野生型小鼠的 2%。使用抗 CD9 单克隆抗体也可以有效地阻断精卵质膜之间的融合。已报道的其他精卵质膜融合的相关蛋白质还有糖基磷脂酰肌醇（glycosyl-phosphatidyl inositol，GPI）、锚定蛋白和依赖 Zn^{2+} 的金属蛋白酶。

精子中参与膜融合的蛋白质分子主要是受精素（fertilizin）。受精素最初在豚鼠精子中发现，称为 PH-30，是一个含有 α 和 β 两个亚基的二聚体，其 α 前体中发现去整合素结构域，α 和 β 前体中均含有金属蛋白酶结构域，使用受精素单克隆抗体能抑制精卵融合。这些证据说明受精素在精卵融合中发挥着重要作用。但是已有证据表明，受精素 α 基因敲除的精子仍然可以与卵质膜融合。

其他与精卵质膜融合有关的分子包括 DE 蛋白、赤道素（equatorin）、小鼠精子的 M29、人精子的 MH61、豚鼠精子的 GⅡ和 M13 等。

（三）精子激活卵子的机制

精子激活卵子的机制目前有两种假说：第一种为受体控制假说，认为精子与卵子质膜上的受体相互作用，活化的受体激活与其相偶联的 G 蛋白或酪氨酸蛋白激酶，后者进一步激活 PLC，在 PLC 作用下，产生引起 Ca^{2+} 动员的第二信使 IP3，它与细胞内质网上的 IP3 受体作用，诱发内源钙的释放，从而激活卵子；另一种是精子因子假说，认为精子胞质中存在某种或某几种可溶性信号分子，在精卵质膜融合时或稍后，该信号分子通过融合孔进入卵子，激活卵子内钙释放系统而使卵子活化。

（四）受精后基因表达的变化

受精意味着一个新生命过程的开始，分别由精卵两个细胞组合成的受精卵将在特定的时间分裂、分化，成为具有合成新的蛋白质、表现不同生理功能的细胞和组织。在受精后的早期发育阶段，新的蛋白质合成由母源 mRNA 或由合子基因组新转录的 mRNA 指导。在雌雄原核彼此靠近的过程中，DNA 进行同时复制。卵子在受精前积累了大量供早期胚胎发育所需的 mRNA，但在受精后，出现新合成的蛋白质，并且合成量明显增加，母源 mRNA 很快失去作用，从 2 细胞胚胎开始，就由合子基因组指导蛋白质的合成。如果将外源基因注入小鼠雄原核，发现其在原核中就可以转录并加工。

六、异常受精

正常情况下，哺乳动物大都为单精子受精，异常受精的出现率一般不超过总受精数的 2%~3%。异常受精（abnormal fertilization）主要指多精受精。

2 个或 2 个以上的精子几乎同时与卵子接近并穿入而发生受精的现象称为多精受精（polyspermy），这与阻止多精入卵机制的不完善有关。牛、绵羊和山羊多精受精的阻止主要发生在透明带水平，兔为卵黄膜阻止多精受精，猪受精时卵周隙常见到较多精子，多精受精的阻止主要发生在卵黄膜，透明带也发挥一定作用；啮齿动物多精受精的阻止，既依赖于透明带，也依赖于卵黄膜。产生多精受精的原因是在生产中往往延迟交配或体外受精，在猪常有发生，在牛和绵羊中也有。发生多精受精时，进入卵的超数精子如形成原核，其体积都较小。多精受精也可用实验方法来达到，如增加壶腹部精子的数量，促使卵子衰老，改变 pH 或增加温度等，这些实验，在猪、小鼠和大鼠上均获得成功。

雌核发育和雄核发育指的是卵子开始受精时是正常的，但后来由于雌、雄任何一方的原核不能产生而形成。在小鼠，延迟交配可引起这两种异常发育，如用 X 射线或紫外线照射小鼠或兔的精子，则发生雌核发育。异常受精中产生的多倍体或单倍体胚胎，均在发育的早期死亡，这是染色体数目的扰乱导致的。

七、孤雌生殖

严格地说，雌核发育和雄核发育属于无性生殖的范畴，在这类生殖中，个体（或胚胎）虽然是由配子发育而来，但没有雌、雄配子的结合过程，或没有雌、雄配子的遗传物质共同参与。这种现象主要见于低等的原生动物、无脊椎动物和低等脊椎动物，哺乳动物自发的无性生殖主要是指孤雌生殖（parthenogenesis）。

孤雌发育既可以形成单倍体孤雌胚，也可以在只排出第一极体后，与第二极体形成二倍体的孤雌胚，还可以向单倍体孤雌卵或去除雄原核的合子中移入雌原核构成雌核胚。这些孤雌胚或雌核胚在子宫内可以着床，并可能发育到肢芽期。曾经有人培育出孤雌发育率达到 30% 的小鼠品系。利用自发的孤雌发育胚与正常受精发育的胚胎进行嵌合，胚胎移植后可以获得成活的嵌合体小鼠。有人认为，孤雌发育胚来源的细胞可以嵌合到各种组织中，包括生殖细胞系，繁殖出具有正常表型的后代，说明孤雌发育胚中细胞核具有全能性。孤雌发育胚早期死亡可能不是细胞核中遗传物质的缺陷造成的，而是遗传物质以外的原因。将合子中雌原核取出移入另一个雄原核，也可以得到具有两个雄原核的雄核胚，这种胚胎可以发育到囊胚阶段，着床后可以形成滋养层和原始内胚层，但不能继续发育。在雌核失活的卵子内，使精子染色体加倍，恢复二倍性，在鱼类可以运用这种方法诱导孤雄生殖。

另外一种现象叫作双雌核发育，这是由于卵子在某次成熟分裂中未将极体排出，卵内有两个雌核，且都发育成原核而形成双雌核，如母猪在发情开始后超过 36h 进行交配，双雌核率可达 20% 以上。在兔（用老化精子）和小鼠（高温处理）上也有发生，牛、羊则罕见。

第三节　母体的妊娠识别

母体妊娠识别（maternal recognition of pregnancy）是指孕体（conceptus）向母体系统发出其存在的信号，延长黄体寿命的生理过程，其实也就是母胎之间的信息交流过程，通过该过程使得黄体功能延长超过正常发情周期，孕酮（P4）的合成和释放不至于中断，因此怀孕得以维持。黄体寿命延长是哺乳动物怀孕的一个典型特征，P4 作用于子宫，刺激和维持子宫机能，使其更适合早期胚胎发育、附植、胎盘形成及胎儿发育。

怀孕的维持需要孕体和母体子宫内膜之间的双向信号交流。胎盘产生的激素直接作用于子宫内膜，调节其细胞分化和功能。在家畜，子宫内膜腺先是增生，随后出现肥大，这种程序性变化反映了胎盘激素作用的时空变化。子宫内膜腺体的形态变化使得子宫分泌的蛋白质增加，这些蛋白质通过胎盘转运到胎儿。子宫内膜的组织营养易于被发育的孕体获得，因此对孕体的生存和生长发育是必不可少的。

大多数哺乳动物怀孕后能迅速识别其孕体的存在，虽然各种动物 P4 合成的机制有一定差别，但一般来说，孕体分泌的因子或者阻止溶解黄体的 $PGF_{2\alpha}$ 的分泌，可直接发挥促黄体化作用，从而使怀孕得以维持。

受精后，母体必须能够识别进入子宫的胚胎，并使黄体的寿命延长和继续分泌孕酮，才能达到妊娠的确立，否则就会停止产生 P4，而导致怀孕终止。所以黄体持续分泌 P4 对早期妊娠的确立和维持都是必需的。P4 由黄体或胎盘产生，或者二者都能产生。根据动物的种类不同，胚胎产生不同的促黄体分泌激素，抑制 $PGF_{2\alpha}$ 的产生或其作用，黄体的寿命就通过不同的机制而延长下去，周期黄体也就变为妊娠黄体，整个妊娠期间分泌 P4。有些动物达到一定的妊娠时间，由胎盘替代黄体的产生或通过补给 P4 来维持妊娠（表 2-3）。

表 2-3 不同动物维持妊娠的孕酮来源

动物种类	妊娠阶段	孕酮来源	备注
牛	全妊娠期	妊娠黄体、肾上腺、胎盘	量少
牦牛	3 个月以前	妊娠黄体	
	3 个月以后	胎盘/肾上腺	5 个月时胎盘孕酮升高
绵羊	妊娠前期	妊娠黄体	
豚鼠	妊娠后期	胎盘	
山羊、猪、犬	全妊娠期	妊娠黄体	
马	妊娠后半期	胎盘	

家畜妊娠识别和妊娠建立的时间，因品种不同而有差异，总的来说都是在相当于发情周期黄体未退化之前的时间（表 2-4）。

表 2-4 母体妊娠识别的时间 （单位：d）

动物	发情周期	黄体期	妊娠识别	妊娠确立
牛	21	17~18	16~17	18~22
绵羊	16~17	14~15	12~13	16
猪	21	15~16	12	18
马	21	15~16	14~16	36~38

由于 $PGF_{2\alpha}$ 能溶解黄体，因此维持黄体机能的前提就是消除 $PGF_{2\alpha}$ 的溶黄体作用。这就需要阻断 $PGF_{2\alpha}$ 的合成与释放，或将 $PGF_{2\alpha}$ 由内分泌改变为外分泌，或者通过合成促黄体分泌或保护黄体不受溶解的物质。

一、妊娠识别的机制

妊娠识别是通过以孕体及其所产生的促黄体分泌激素为信号，母体接收信号并做出反应来完成的。这类激素的性质可以是蛋白质，诸如人绒毛膜促性腺素（hCG）及滋养层蛋白，也可以是甾体激素，如雌激素。它们的作用主要是抑制 $PGF_{2\alpha}$，使黄体分泌 P4 的机能得以维持下去。这种信号产生的时间，对于是否能维持妊娠来说是至关重要的，这个时间是在周期黄体发生作用的末期，稍迟则胚胎就不能及时产生足够的抗溶黄体信号，不能阻止黄体退化，导致胚胎自身死亡。在胚胎产生信号的同时，子宫机能也发生相应的改变，以适应胚胎的发育。因此，妊娠识别实际上是胚胎与子宫环境之间，激素的同步及其精确的相互影响和平衡，是动物适应胎生的一种微妙机制。

（一）黄体保护因子

要建立怀孕，反刍动物的滋养胚必须要产生干扰素以抑制黄体溶解，同时也产生促黄体化因子，如 PGE_2。PGE_2 可能作用于黄体水平，抑制 $PGF_{2\alpha}$ 的溶黄体作用。在妊娠识别的关键时期，子宫内膜 OTR 的表达受到抑制，从而也抑制了 $PGF_{2\alpha}$ 的分泌。在牛的孕体干扰素的产生达到最大（怀孕第 16～19 天）量之前，如果黄体对催产素（OT）的反应能力增强，将会导致母体妊娠识别失败。

绵羊配种后 13d 子宫中存在胚胎时可以影响黄体功能，给绵羊子宫内灌注第 13～14 天的胚胎匀浆也可延长排卵后黄体的寿命，由此证明了胚胎在阻止黄体溶解中的作用及其发挥作用的时间。配种后 15d 除去子宫中的牛胚胎不影响黄体的退化，但在第 17 天时则可使黄体的溶解明显延迟，灌注 17～19d 的牛胚胎匀浆也能延迟黄体的溶解，而发挥这种作用的是胎儿产生的干扰素。

牛在配种后 IFN-τ mRNA 的表达开始增加，第 15～16 天达到最大，一直持续到第 25 天。

牛 IFN 及重组干扰素均能阻止子宫内膜 OTR 浓度的升高而抑制黄体溶解，这种作用可能是通过延长 P4 抑制 OTR 发育的时间而发挥的，因此干扰素具有抗溶黄体作用。牛用重组干扰素处理可以延长黄体的功能，抑制 OT 诱导 $PGF_{2\alpha}$ 分泌。

从以上研究结果可以看出在母体的妊娠识别中，胚胎的主要作用是阻止子宫内膜 OTR 的表达，从而抑制 $PGF_{2\alpha}$ 的释放，阻止黄体溶解。

在黄体期的后期，牛子宫内膜 P4 的消失可以阻止 P4 对 OTR 发育的抑制作用，而胚胎对 OTR 形成的抑制作用可能是通过维持 PR 发挥的。有研究表明，在怀孕的牛和绵羊，孕酮受体（PR）的浓度在黄体溶解时与未孕动物相似，但在大鼠的研究表明，P4 对 OTR 有直接的抑制作用。

通过对绵羊的研究，有人推测 IFN-τ 能阻止子宫内膜雌激素受体（ER）的升高。该受体的升高出现在 OTR 升高之前，可能在 $PGF_{2\alpha}$ 的释放中发挥作用。虽然在处于发情周期绵羊的第 13～15 天子宫腔上皮存在 ER，但此时在怀孕羊中则没有，而处于发情周期的绵羊 P4 浓度很低，说明可能先出现 E2 浓度升高，然后刺激其受体形成。

（二）干扰素 τ 与妊娠识别

IFN-τ 也曾被称为滋养层素（trophoblastic）或者滋养层蛋白-1（trophoblast protein-1），是怀孕第 16～24 天孕体产生的主要多肽。牛的 I 型干扰素（α、β、ω）之间有 45%～75% 的氨基酸相同，由于 cDNA 序列、基因数量的差别、滋养层特异性表达及不同种动物间都存在这种基因，因此将滋养层产生的 IFN 重新命名为 IFN-τ。

1. IFN-τ 的信号转导　　IFN-τ 能与子宫内膜上的 I 型 IFN 受体结合。IFN-α 受体的两个亚单位 IFNARl 和 IFNAR2 的共表达对 IFN 的结合和信号转导是必需的。

两面神激酶 1（JAK-1）和酪氨酸激酶-2（Tyk-2）均与 IFN 受体有密切关系，IFN-2 主要与 IFNARl 和 IFNAR2 的细胞质域发生关联，而 JAK-1 则只与 IFNAR2 发生关联。这些酪氨酸激酶可能直接磷酸化 STAT 蛋白，形成多聚复合体，其中 IFN 刺激基因因子 3（IFN-stimulated gene factor 3，ISGF3）可转移到细胞核。ISGF3，为一 48kDa 的 DNA 结合蛋白（p48），或 STAT-1a（p91）、STAT-1b（p84）及 STAT-2（p113）等。转移到细胞核后，ISGF3 能特异性地识别 IFN-刺激应答元件（IFN-stimulated response element，ISRE）DNA 序列。

牛孕体 IFN-τ 仅在发育的一段时间内表达，而且表达也只限于胚外滋养外胚层，从怀孕第 10～12 天可以检测到低浓度的 IFN-τ，第 13～15 天明显增加，之后很快降低。绵羊 IFN-τ 峰值出现在怀孕第 16 天，牛出现在第 17 天。在出现峰值浓度时，囊胚内可以检测到高浓度的 IFN-τ mRNA。体外培养时，囊胚从透明带孵出后很快可从培养液中检测到 IFN-τ。牛和绵羊 IFN-τ 出现峰值时，囊胚正好从椭圆形转变为纤丝状。

IFN-τ 表达的开始可能受遗传控制，而与母体子宫环境无关，但孕体 IFN-τ 的产生明显受子宫环境的影响，绵羊孕体在体外培养时，如果加入子宫内膜组织，则产生的 IFN-τ 会明显升高。血浆 P4 浓度控制子宫腺体的分泌，其浓度与孕体 IFN-τ 的产生密切相关。IFN-τ 表达的终止取决于附植，在附植过程中已经与子宫内膜建立细胞联系的滋养胚，其 IFN-τ 的表达停止。

IFN-τ 基因表达的迅速开始和停止是该基因家族十分重要的特点，与其他 I 型 IFN 基因家族不同的是，IFN-τ 基因家族不受病毒诱导。转录因子 Ets 家族在 IFN-τ 表达的调节中发挥重要作用，Ets-2 通过位于转录起始位点上游 78bp 和 70bp 的特异性启动子序列 CAGGAAGTG 激活基因的转录。怀孕第 15 天的滋养外胚层存在 Ets-2，也表明 Ets-2 参与 IFN-τ 基因表达的调控。转录因子诱导和终止 IFN-τ 基因表达，基因上游的 DNA 序列中不同位点含有激活和抑制调节序列，激活序列受转录因子 Ets-2 和 c-fos、c-jun 的调节。由于 IFN-τ 基因表达的开始和停止与囊胚延长和附植的时间一致，因此控制 IFN-τ 基因表达的因子也可能参与对滋养胚在上述过程中代谢的调节。

激活 IFN-τ 基因表达的其他因素还包括 GM-CSF，其作用于 c-jun 和 654～555bp 的 AP-1 位点发挥作用。由于 Ets-2 和 AP-1 均为控制细胞分化基因表达的重要因子，很有意义的是它们均在囊胚生长最快的时间参与对 IFN-τ 基因表达的调节。但许多组织均能表达这两种因子，而 IFN-τ 仅在滋养胚中表达，说明其表达并不仅仅受这两种因子的调控。牛的 IFN-τ 启动子区含有降调节域，其可能对基因表达的停止发挥精确的定时作用。

2. IFN-τ 与 OTR 对 OTR 进行调节是 IFN-τ 发挥作用的关键。在怀孕动物，IFN-τ 通过抑制 OTR 的形成阻止 $PGF_{2\alpha}$ 的释放，而 P4、雌激素、OT 和它们的受体均参与该过程。孕酮能阻止溶黄体之前雌激素诱导的 OTR 的形成，IFN-τ 则通过在怀孕早期继续对 ER 和 OTR 的抑制，阻断 $PGF_{2\alpha}$ 的释放。在绵羊，IFN-τ 能抑制子宫内膜 *ER* 基因的表达，反过来再抑制 OTR 形成和 OT 诱导的信号转导。对 OTR 的作用及抑制 PG 合成酶的作用均能阻止 $PGF_{2\alpha}$ 释放。除了抑制 $PGF_{2\alpha}$ 释放外，IFN-τ 在牛中还能刺激 PGE_2 释放，而 PGE_2 具有促黄体化作用。

3. IFN-τ 与子宫蛋白

（1）子宫趋化因子 IFN-τ 在牛的怀孕早期能诱导一种 8kDa 的子宫蛋白，其与 α-趋化因子家族具有很高的相似性，与牛的 bGCP-2 的同源性为 92%～100%，与鼠巨噬细胞炎性蛋白 2（murine macrophage inflammatory protein-2，MMIP-2）的同源性为 67%～88%。

IFN-τ 可以诱导子宫内膜产生多种蛋白，但对它们在怀孕早期的作用尚不清楚。动物的怀孕取决于子宫内膜的接受性，通过这种接受性使胚胎能够植入而不被母体的免疫机制所排斥。趋化因子能吸引免疫系统的多种细胞，其也可能吸引孕体或免疫系统的细胞到达附植位点，从而对胚胎的附植发挥调节作用。

（2）泛素交叉反应蛋白（ubiquitin cross reactive protein，UCRP） UCRP 为牛在怀孕第 18 天时受 IFN-τ 刺激而释放的一种 17kDa 的蛋白质，在牛称为 bUCRP，其浓度可以一直升高到怀孕的第 26 天。IFN-τ 可能诱导 bUCRP 与 OTR 结合，因此可阻止怀孕早期 OT 与其受体的结合。

4. IFN-τ 的作用机制 胚胎植入的关键是能阻止 $PGF_{2\alpha}$ 的释放或发挥作用，在此过程中，*ER* 基因转录的抑制是 IFN-τ 调节 $PGF_{2\alpha}$ 释放的关键，但对 IFN-τ 调节 *ER* 基因表达的分子机制目前还不十分清楚，这种抑制作用可能与 STAT 和 IRF 与负反应元件（negative response element）的直接作用有关，也可能与通过和 bUCRP 的结合或通过和蛋白体的作用，消除正反式转录因子（positive transacting transcription factor）或使其降解有关。而参与 $PGF_{2\alpha}$ 合成的酶也可通过与 bUCRP 的结合而降解，从而参与对 $PGF_{2\alpha}$ 合成酶的激活。

IFN 与细胞膜上的 IFN-R 结合，受体的细胞质域与 JAK 结合，激活这些激酶，随后磷酸化 STAT。STAT 形成二聚体，并与两种其他蛋白质结合，形成三聚体的干扰素刺激基因因子 IS-GF 复合体，转移到细胞核，与干扰素刺激调节元件 ISRE 结合，导致 *IRF-1* 基因的表达，该基因的产物又激活 *IRF-2* 的表达，控制干扰素反应基因，如 *OTR* 和 *ER* 的表达。IRF 的其他作用还包括抗病毒、抗增生和免疫调节等。

现有的研究结果表明，牛和绵羊怀孕期 PR 能够得到维持，在大鼠的研究也表明，OTR 的活性具有直接的抑制作用，但在牛和绵羊是否为胚胎诱导 P4 发挥同样的作用，目前还不清楚。

在绵羊，INF-τ 能阻止子宫内膜 ER 的升高，而在黄体溶解时，在 $PGF_{2\alpha}$ 升高之前 OTR 增加。有研究表明，绵羊在发情周期第 13～15 天子宫腔上皮有 ER 存在，但怀孕绵羊此时则没有该受体，说明在未孕绵羊雌二醇浓度的升高可能上调其受体的表达。如果用药理剂量的雌二醇诱导绵羊发生黄体溶解，可同时引起雌激素和雄激素增加。如果注射 IFN-τ 则可抑制这两种受体的升高。

在未孕反刍动物，每个发情周期结束时由于子宫产生的 $PGF_{2\alpha}$ 而发生黄体溶解，$PGF_{2\alpha}$ 的分泌呈突发性，受黄体分泌的 OT 的调节。$PGF_{2\alpha}$ 开始分泌的时间受子宫内膜 OTR 表达时间的调节。怀孕时孕体滋养层细胞分泌的 IFN-τ，进入子宫腔，阻止了 OTR 的表达，这种转录作用是在基因转录水平发挥的。IFN-τ 分泌的时间出现在囊胚开始附植到子宫内膜的关键窗口期。通过阻止黄体溶解，孕体确保了子宫内膜持续处于高浓度的 P4 作用之下，同时也能维持子宫腺的分泌活性，为囊胚的生长提供营养。子宫内膜和黄体的靶细胞均能表达 IFN-τ 和 $PGF_{2\alpha}$ 的受体。

二、反刍动物的妊娠识别

反刍动物依赖于黄体维持怀孕的时间差别较大，绵羊在怀孕 45d 之后从依赖于黄体转变为依赖胎盘 P4，牛从怀孕起直到第 200 天完全依赖于黄体 P4。

牛的妊娠识别主要是孕体的滋养外胚层和子宫之间的信号转导所引起。这些信号转导确保了功能性黄体的寿命得以延长，产生足够的 P4，刺激子宫内膜，满足早期胚胎发育、附植及正常怀孕的需要。牛的子宫内膜具有功能和形态都不同的两个区域，即不连续的子叶区和子叶间区，前者与胎盘子叶形成胎盘突，后者则含腺体，能够产生组织营养来支持早期胚胎的发育。

牛的溶黄体信号是 $PGF_{2\alpha}$，由子宫上皮表面分泌。来自滋养胚的妊娠识别信号为旁分泌激素，作用于子宫内膜，抑制 $PGF_{2\alpha}$ 的释放。来自黄体的 P4 和采自卵泡的 E2 可能对子宫内膜 OTR 的发育发挥作用。牛的垂体后叶和黄体均能产生 OT，其与子宫内膜 OTR 结合，刺激 $PGF_{2\alpha}$ 的分泌而引起黄体溶解。大小黄体细胞可能分别含有高和低亲和力的 $PGF_{2\alpha}$ 受体，因此 $PGF_{2\alpha}$ 可能通过这两种黄体细胞上的受体而引起黄体溶解。

绵羊的发情周期依赖于子宫，子宫也是溶黄体的 $PGF_{2\alpha}$ 的主要来源。发情周期中，子宫内膜在 OT 诱导下波动性释放 $PGF_{2\alpha}$，引起黄体出现结构性和功能性溶解。绵羊溶黄体的 $PGF_{2\alpha}$ 主要来自子宫内膜腔上皮（LE）和表皮管腺上皮（sGE），这些部位均表达 OTR，也是子宫唯一表达环加氧酶 2（COX-2）的细胞，而该酶是 PG 合成的限速酶。子宫内膜 LE 和 sGE 溶解黄体需要 P4、雌激素和 OT 通过其各自相应的受体发挥作用。在周期第 0 天，来自卵泡的雌激素浓度增加，刺激子宫 ERa、PR 和 OTR 的表达增加。间情期早期，来自新形成黄体的 P4，刺激 LE 和 sGE 积聚磷脂，由其释放花生四烯酸用于 PGF 合成。间情期时 P4 水平增加，经 PR 发挥作用，阻止子宫内膜 LE 和 sGE、ERa 和 OTR 的表达，因此在发情周期的第 5～11 天检测不到 ERa 和 OTR 的表达。子宫连续接触 P4 8～10d 可以降调节发情周期第 11～12 天的 LE 和 sGE、PR 的表达，因此在发情周期第 13 天，ERa 的表达增加，第 14 天，OTR 的表达增加。从发情周期或怀孕第 9 天开始，垂体后叶释放 OT，从发情周期第 14～16 天起子宫内膜释放 $PGF_{2\alpha}$，引起黄体溶解。黄体退化后绵羊重新开始发情，完成其 1～7d 的发情周期。因此，在发情周期中，P4 先是抑制，随后诱导黄体的溶解，而 PR 降调节的时间决定了子宫内膜开始发挥溶黄体作用的时间。

三、啮齿类动物的妊娠识别

啮齿类动物在交配时，对子宫颈的刺激可以激活神经内分泌反射弧，引起催乳素（PRL）、LH 和 FSH 大量释放，而且 PRL 的释放有持续 8～10d 的双相期，使黄体的功能得以延长 10～12d。如果子宫中没有胚胎存在，则雌性动物进入假孕期（pseudo pregnancy period），如果怀孕，则 PRL 的分泌再延长 8d。假孕大鼠第 8 天时 PRL 的分泌停止，第 12 天时出现新的发情周期。怀孕后在垂体停止 PRL 分泌时，胎盘开始产生 PRL。胎盘 PRL 在第 10 天达到高峰，此后，黄体功能主要由胎盘产生的 PRL 维持。与此同时，雄激素的产生增加，胎盘以其为底物合成 E2。啮齿类动物的黄体能够表达 PRL 和 E2 受体，因此能对这些激素发生反应而增加 P4 的产生。PRL 能降调节 20α-羟甾醇脱氢酶基因的表达。

四、猪的妊娠识别

猪的黄体在开始发育时需要 LH 的刺激，而且只有在发情周期的第 12 天之后注射 $PGF_{2\alpha}$ 才可引起黄体退化，使 P4 浓度降低。猪的早期黄体上 $PGF_{2\alpha}$ 高亲和力的受体较少，因此对 $PGF_{2\alpha}$ 不敏感，直到第 12 天才逐渐增加，第 13 天时增加尤其明显，之后维持高浓度一直到周期的第 16～17 天。由此表明 $PGF_{2\alpha}$ 受体是决定猪 CL 对 $PGF_{2\alpha}$ 敏感性的限制因素。

未孕猪黄体期分泌的 PGF 主要是进入子宫腔而不是进入血液循环，在周期的第 12～18 天，子宫卵巢静脉中 PGF 的浓度达到最高，启动黄体的溶解。此外，猪在发情周期子宫腔也积聚有低浓度的 $PGF_{2\alpha}$，在未孕猪，黄体溶解时 $PGF_{2\alpha}$ 及子宫运铁蛋白（uteroferrin）向子宫内膜基质移动（内分泌方向），子宫产生的 $PGF_{2\alpha}$ 分泌进入子宫静脉系统，转运到卵巢动脉和黄体，发挥溶黄体作用。

发情周期的第 13～17 天，子宫卵巢静脉中 PGF 浓度明显升高，此时血浆 P4 浓度很快下降。但在怀孕猪，从周期第 12 天一直到怀孕第 25 天子宫-卵巢静脉中 PGF 浓度没有明显变化，子宫-卵巢静脉 $PGF_{2\alpha}$ 的浓度、峰值数量及峰值的频率均比未孕猪低，未孕猪血浆 P4 和 $PGF_{2\alpha}$ 浓度之间呈负相关，但怀孕猪在两者之间无明显关系。怀孕后黄体得到保护的主要机制可能是子宫对其产生的 $PGF_{2\alpha}$ 的摄取减少。子宫阔韧带的淋巴、静脉和动脉之间有极为密切的联系，这种联系使得它们之间在位置上很接近，而且形成精细的静脉网络覆盖在子宫动脉壁上，从而为 $PGF_{2\alpha}$ 进入子宫动脉血流创造了良好的条件。

$PGF_{2\alpha}$ 对猪具有明显的促黄体化或抗溶黄体作用，能保护黄体免受 $PGF_{2\alpha}$ 的溶黄体作用。发情周期的第 13 天以后 $PGF_{2\alpha}$ 的波动性分泌明显增加，一直可持续到第 16～18 天。从发情周期的第 13～16 天，$PGF_{2\alpha}$ 的分泌也增加。

子宫腺上皮产生的 $PGF_{2\alpha}$ 比 PGE_2 高，而子宫基质产生的 PGE_2 则比 $PGF_{2\alpha}$ 高。滋养层分泌物（包括 $PGF_{2\alpha}$）可能对怀孕的维持发挥重要作用，而改变 $PGF_{2\alpha}$ 和 PGE_2 比例的最重要的因素可能是 E2。$PGF_{2\alpha}$ 在 PGE_2-9-含氧还原酶的作用下可转变为 $PGF_{2\alpha}$，该酶依赖于 NADPH，17β-E2 可抑制 PGE_2 含氧还原酶的活性。

猪的黄体能合成 OT，但其合成能力比反刍动物要低得多。黄体溶解时 OT 浓度的增加与子宫分泌 $PGF_{2\alpha}$ 关系密切。神经垂体是血液循环中 OT 的主要来源，外源性 OT 能刺激猪分泌 $PGF_{2\alpha}$。

OT 可能与其子宫内膜上 OTR 结合，通过磷酸肌醇启动 $PGF_{2\alpha}$ 的释放。怀孕早期子宫内膜 OTR 的浓度很低，因此可能在妊娠识别中发挥重要作用。还有研究表明，猪的子宫腔上皮也能分泌 OT，其能以自分泌方式发挥作用，刺激 $PGF_{2\alpha}$ 的分泌。

反刍动物在怀孕期滋养外胚层能分泌干扰素，其能阻止 OTR 基因对 PR 基因降调节的反应而出现的表达。在绵羊、山羊和牛，通过子宫内膜 OTR 和 INF-τ 的分泌控制黄体溶解和母体妊娠识别。猪的胚泡也能产生干扰素，但与反刍动物不同，不能发挥抗溶黄体作用。

猪在发情周期的第 15～16 天子宫内膜 OT、OTR 和 $PGF_{2\alpha}$ 的浓度之间有极为密切的关系。猪的子宫内膜具有 LH 受体，在 LH 作用下可使 $PGF_{2\alpha}$ 的产生增加，这种作用在黄体溶解及子宫内膜 LH 受体达到最高时作用最强，而且也可能与 PR 的降调节有一定关系。在发情周期的第 14～16 天启动溶黄体的 $PGF_{2\alpha}$ 后，子宫内膜 LH 受体开始明显降低。在发情周期的同一时间，黄体 LH 受体的数量也降低，而且 LH 和 PGF 峰值之间的关系要比 OT 与 PGF 之间的关系更为密切，注射 hCG 也能引起 $PGF_{2\alpha}$ 的释放，说明内源性 LH 可能启动猪的子宫内膜释放 PG。

TNF 能抑制 $PGF_{2\alpha}$ 诱导 E2 释放，这可能是溶解黄体的一个关键步骤。TNF 可能来自黄体溶解时浸润到黄体的巨噬细胞。黄体溶解时，大量巨噬细胞进入黄体组织。巨噬细胞产生的 TNF 能抑制黄体甾体激素的生成，局部或子宫内膜产生的 $PGF_{2\alpha}$ 可能对单核细胞是趋化因子，吸引单核细胞离开血管床，进入 CL。巨噬细胞浸润老化的 CL 对黄体的溶解也极为重要；CL 中的巨噬细胞能够对 $PGF_{2\alpha}$ 发生反应而释放 TNF，TNF 抑制 E2 的产生和释放。VEGF 是血管生成的刺激因子，其在整个怀孕期胎盘及其邻近的子宫壁的形成和血管化中发挥协调和促进作用。雌激素能升调节 VEGF 的表达。LH 能刺激怀孕子宫以剂量依赖性方式产生 VEGF，因此 VEGF 和 FGF、IGF 等生长因子都参与猪的孕体早期附植的调节。

综上所述可以认为，猪的孕体在怀孕的第 11 天产生的雌激素对阻止黄体的退化是十分关键的，但在猪未发现人的 hCG 或反刍动物的 INF-τ 等胚源性分子。雌激素的抗溶黄体作用十分复杂，其能诱导子宫内膜释放到血液循环中的 $PGF_{2\alpha}$ 减少，而且子宫腔中蓄积的 $PGF_{2\alpha}$ 在怀孕早期也增多，这些可能都是怀孕早期黄体得以保护的机制。E2 也可直接或间接作用于黄体而不经过子宫。

猪的子宫内膜存在 LH 受体，说明该激素可能在黄体溶解及母体妊娠识别中发挥重要作用。此外，细胞因子和生长因子可能都参与对黄体溶解启动的调节或/和维持黄体的功能。

猪孕体产生的雌激素为怀孕的建立提供信号，雌激素可改变 $PGF_{2\alpha}$ 使其分泌至子宫腔，此外，子宫源性的 $PGF_{2\alpha}$ 被摄取后可经子宫动脉转移到子宫。雌激素也可引起子宫内膜释放 $PGF_{2\alpha}$，改变 PGE 和 PGF 的比例，因此保护黄体细胞免受 $PGF_{2\alpha}$ 的作用。E2 能维持黄体和子宫高浓度的 LH 受体，能与 LH 一起确保高浓度的 VEGF 和其他生长因子分泌，雌二醇也对猪的黄体有直接的促黄体化作用。

五、马属动物的妊娠识别

马属动物的孕体能产生绒毛膜促性腺激素（CG），这些动物的周期黄体不足以提供维持怀孕所必需的孕酮，因此在怀孕的维持中胎盘产生的 P4 发挥重要作用。灵长类动物的孕体从怀孕第 8~12 天起开始产生 CG，一直到胎盘开始产生 P4 之前，通过其直接的促黄体化作用维持黄体分泌 P4。CG 的结构及生物学特性类似于 LH，能直接刺激灵长类的黄体分泌 P4。

马属动物一直到怀孕第 35 天左右才能检测到 eCG，说明其孕体能改变子宫静脉中 PGE_2 和 $PGF_{2\alpha}$ 的比例，在怀孕第 35 天之前由 PGE_2 发挥促黄体化作用。

马属动物的孕体，将怀孕信号传递给母体的机制与猪和反刍动物完全不同。马在排卵后第 6.5~22 天其胚胎周围包有一结实而有弹性的糖蛋白复合物——马胚泡囊（equine blastocyst capsule），这些糖蛋白复合物最初由滋养外胚层细胞分泌，进而分化成一种连续的膜，完全包围着胚胎，阻止了胚胎在排卵后第 10~16 天的延长。而在猪和反刍动物，由于没有这种结构，因此胚泡与子宫内膜密切接触，这使得局部妊娠信号的传递和接受能达到最大化。而马的胚胎则保持球形，在子宫腔中可因子宫肌的收缩而自由移动。这种移动性可一直保持到怀孕的第 17 天，此时子宫肌张力明显增加，将球形的孕体固定到子宫角的基部。

马的孕体从怀孕的第 7~17 天在子宫内持续运动，这种方式是否促使母体产生妊娠识别的因子，直接释放到子宫各部分的子宫内膜，目前还不清楚。马属动物没有反刍动物特有的能将 $PGF_{2\alpha}$ 释放到子宫动脉的结构，因此，很有可能子宫内膜产生的 $PGF_{2\alpha}$ 通过全身循环作用于卵巢，如果限制孕体在子宫内的运动，则可引起黄体溶解。

与反刍动物的胚胎不同，马的孕体不产生任何具有抗 $PGF_{2\alpha}$ 作用的干扰素分子，但与猪的胚胎一样，早在排卵后第 10 天左右，孕体就可产生大量的雌激素，但胚胎产生的雌激素是否具有抗溶黄体作用，目前还无定论。近来的实验表明，与反刍动物一样，马排卵后第 10~16 天子宫内膜 OTR 升调节受到抑制可能是马怀孕识别的主要分子机制之一。与发情周期相比，怀孕后第 10~16 天子宫内膜 OTR 含量明显降低，怀孕母马在此时注射 OT，并不能像表现发情周期循环的母马那样出现 $PGF_{2\alpha}$ 的波动性释放，说明发情周期时形成的 OT 与 $PGF_{2\alpha}$ 之间的正反馈通路，引起黄体溶解的作用被怀孕时的子宫内膜所屏蔽，这也与猪相似，而在反刍动物，OT 参与黄体溶解的作用则被黄体自身所屏蔽。

马怀孕识别的另一个特点是刚形成的孕体能够分泌 $PGF_{2\alpha}$ 和 PGE_2，这种合成能力对局部刺激子宫内膜收缩，因而促使孕体在母体妊娠识别的关键时刻在整个子宫腔释放妊娠识别信号是极为重要的。如果给母马注射前列腺素合成的抑制剂，则能抑制孕体在子宫腔中的运动。

第四节 胚胎发育及胚泡附植

一、受精卵的发育

哺乳动物的受精发生在输卵管内，大多数动物的合子排卵后 3~5d 便由输卵管进入子宫。牛和绵羊的合子是在排卵后 66~72h，发育到 8~16 细胞时进入子宫（图 2-1）；猪却是在排卵后 46~48h，受精卵发育到 4 细胞就可进入子宫；而马的受精卵则在排卵后4~5d进入子宫，此时合子已发育至囊胚阶段。同牛和绵羊相比，猪胚胎进入子宫较早，胚胎由透明带孵出，胚泡扩张，滋养层和子宫内膜发生形态学反应。这一系列变化所需时间，在猪约为2周，而牛至少需要3~4周。

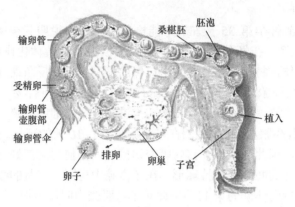

图 2-1　受精及附植

胚胎沿着输卵管移向子宫的速率，主要受卵巢甾体激素控制。子宫对进入的胚胎发育阶段的同期化要求非常严格，这是确保妊娠的必要条件。但家畜发情周期和妊娠期都比较长，对同期化的要求相对不太苛刻。牛和绵羊对受精卵发育阶段及子宫发育阶段不同期的忍受限度均为2d左右。

（一）卵裂

受精后单细胞合子的分裂称为卵裂（cleavage）。家畜的受精卵第1次分裂发生在排卵后20~36h（牛32~36h，绵羊28~30h，猪20~24h，马30~36h），以后若干天连续分裂，细胞数目不断增加，但细胞质总量并未显著增多，因此卵裂末期整个分裂球的体积并未增大。

合子的第1次分裂并不发生在合子的对称平面上，而是从两性原核结合的地方一分为二，即从动物极（极体排出的部位）到植物极（储存卵黄部分）通过卵的主轴垂直分裂。第2次分裂平面与第1次分裂平面呈直角相交，产生4个分裂球，第3次分裂大约是与第2次分裂平面呈直角相交，产生8个分裂球，这样的双倍分裂一直延续到早期分裂期结束。最初分裂出来的所有分裂球都是同时产生的，分裂后的细胞大小相等。由于所有分裂球彼此独立地进行分裂，分裂速度在同一时间内不一定相等，往往是较大的卵裂球率先继续分裂，有时在显微镜下可观察到3、5、7等奇数细胞阶段，称为不规则异时卵裂。但是家畜和兔的最初几次分裂基本上是等同的。多胎家畜全部受精卵的整个卵裂过程并非同期，在同一时期内各个胚胎可能处于不同发育阶段。

受精卵不断分裂形成一个实的细胞团，这时称为桑椹胚（morula），呈游离状态，浸泡在子宫腺分泌的子宫液而漂浮于子宫腔中。

（二）囊胚形成

囊胚（blastula）是一个充满液体的球形中空胚胎。在桑椹胚阶段，卵裂球就开始分泌液体，并在卵裂球间隙聚积，随着液体的增多，卵裂球重新排列，胚胎内部出现了一个含液体的囊胚腔（blastocyst cavity），此时的胚胎称为囊胚，晚期囊胚亦称胚泡。家畜的囊胚分裂球是按大小分布的。较大的分裂球偏在一端，这一类细胞形成内细胞团（inner cell mass），较小的分裂球则排列在周边，这一类细胞形成滋养层或滋养外胚层（图2-2）。内细胞团以后发育成为胚胎的部分，滋养层将来发育成胎膜。

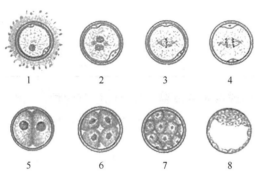

图 2-2　早期胚胎的发育过程

1. 卵子；2. 形成雌雄原核；3. 形成合子；4. 卵裂；5. 2 细胞期；6. 4 细胞期；7. 桑椹胚；8. 囊胚

从受精卵开始分裂到囊胚形成，胚胎细胞具有发育成各类组织细胞的潜能，这种细胞称为全能性细胞。胚胎 3 个胚层形成以后，胚胞空间位置和所处环境的差异及其变化，决定了各胚层细胞的发育方向。随着发育过程的演进，细胞发育的潜能渐趋局限化。首先局限为只能发育成具有本胚层的组织器官，然后各器官预定区逐渐出现，此时细胞仍具有演变为多种表型的能力，这种细胞称为多能细胞。最后细胞向专能稳定型分化。这种由全能局限为多能，最后定向为专能的趋势，是细胞分化过程中的一个普遍规律。

（三）胚胎从透明带内孵出

胚胎是定时从透明带孵出的，哺乳动物大多数是排卵后第 4～8 天在子宫内发生（表 2-5）。猪胚胎是在第 6 天时从透明带内孵出，绵羊胚胎是在第 7 天或第 8 天孵出，而牛要到第 9 天或第 10 天孵出。

表 2-5　胚胎早期发育和孵出时间

胚胎早期发育过程	动物种类			
	牛	绵羊	猪	马
精子寿命/h	30～48	30～48	34～72	72～120
卵子寿命/h	20～24	16～24	8～10	6～8
胚胎发育/d	1	1	1	6～8
2 细胞/d	1	1	1	1
4 细胞/d	3	3		
8 细胞/d		1	2	3
桑椹胚/d	7～8	3	5～6	6

胚胎早期发育过程	动物种类			
	牛	绵羊	猪	马
孵出囊胚/d	9～10	7～8	6	9
胚泡进入子宫/h	72～84			
细胞阶段	8～6	66～72	4	
胚泡伸长/d	13～21	8～16	11～15	
开始附植/d	22	11～16	13	37

胚胎从透明带内孵出或透明带破裂，其可能性有两种：一种是胚泡进一步生长和出现交替收缩，使透明带拉长和变薄，继而造成透明带裂损；另一种原因是胚胎或子宫释放出酶，使透明带软化，继而发生裂损。一旦透明带产生缝隙，胚胎就能膨胀孵出。卵裂球彼此之间和卵裂球内部的相对运动及它与其微绒毛作用等，也都对胚胎从透明带内孵出有一定作用。

（四）胚胎伸长

胚胎脱离透明带后，其滋养胚层即迅速增殖。透明带则可能发生进一步变性，被子宫溶解。

胚胎从透明带孵出后不久，滋养层就剧烈增殖，形态也发生变化。牛、羊、猪的胚泡，由原来充满液体的圆球形转变成长的带有皱褶的孕体，进而成为极长的线状。从透明带内孵出以后的孕体表面出现皱褶说明，滋养层内液体的分泌和蓄积速度与滋养层表面积的增大速率是不同步的。

牛胚泡大约在第 10 天才能孵出。绵羊和猪于发情后第 11 天，牛则从第 13 天开始，胚泡要经受一个对数性伸长阶段。牛在第 13 天时的胚泡直径为 3cm，到第 17 天时可达 15～20cm，呈细丝线形，占据子宫的 1/3，第 18 天时胚泡扩张到对侧子宫角。

绵羊于排卵后第 5 天形成胚泡，第 7 天之前发育仍然缓慢，胚泡还呈圆形，大约有 300 个细胞。随后生长加快，到第 9 天时，胚泡内约有 3000 个细胞，至第 10 天时已达到 10～20mm，第 13 天时成为管状，长约 10cm，第 15 天时孕体长度已达 15～19cm。

猪的胚胎从透明带内孵出后，同一子宫内的各个胚泡，在大小上有明显差异，第 7 天或第 8 天时，大小差异逐渐增大。在此期间胚泡已不是圆形，外表有皱褶形成。此后，猪的胚泡扩张比绵羊要快，第 9 天偶然能见到直径已达到 4～5cm 的胚泡，以后伸长变成管状；第 11～12 天其直径可达到 5cm 或更大；第 13 天以后，有些胚泡剧烈伸长，长达 80～110cm，第 14 天时长约 306cm。猪胚泡由圆形变成管形，再转变成薄的细丝形，是细胞重组而不是细胞增殖所引起的。伸长阶段开始后，胚泡由于细胞增生而继续增长，到第 16 天时就达到 80～100cm（妊娠后第 10 天为圆形，直径 2mm；第 11～12 天为 10mm 的管形，以后每小时增长 30～40mm），形成 20cm 薄而细长的细丝。猪胚泡如此快速地伸长，同胚泡产生雌激素和子宫内膜上皮释放钙有关，它们能刺激胚泡生长。此外，对胚泡伸长期细胞运动起着调节作用。

马的受精卵在排卵后第 4~5 天才进入子宫，胚胎的发育比较迟缓，早期发育并无从圆形至细丝形的变化，囊胚直径每天增加 2~3mm；第 14~17 天时仍然是球形胚泡，直径约 1.3cm；第 19 天时就和子宫腔同形；第 21 天成为梨形，大小约为 6cm×7cm；妊娠第 30 天时，孕体直径为 7.5cm；第 36 天达到 9cm；第 38 天为 11cm。

（五）胚胎定位及其间距

胚胎在子宫内游离一段时间后，多胎动物的胚胎在两子宫角内要重新分布定位，胚胎可在子宫内移动，胚胎间保持等距离空间。胚胎的再分布是随机的，并且能在子宫角内和两角之间发生混杂。猪在发情开始后第 5~6 天，子宫角尖端就有胚胎，之后胚胎进入子宫体，早在第 9 天就有胚胎进入对侧子宫角。胚胎迁移和胚胎分布过程大约在第 12 天时结束，这时胚泡就迅速伸长。

排单卵的羊和牛，胚胎在子宫内的迁移很少见。但在同一卵巢排多个卵时，绵羊胚胎很易发生子宫内转移。也有报道说牛一侧卵巢排单卵而在另一侧子宫角中发育，说明一个受精卵在子宫内游离的距离还是比较大的。

超声波探测胚胎活动表明，妊娠第 10~16 天，胚胎在子宫内每天大约迁移 4 次。虽然胚胎在子宫内迁移有时可能延迟到妊娠第 25~30 天，但一般都在妊娠第 16 天时就在子宫内固定下来。在胚泡固定的子宫内膜处，形成一个子宫囊泡，致使子宫壁变薄而紧张，这是雌激素诱发的。妊娠第 16 天子宫壁开始紧张，到第 25 天时达到最大紧张度。

胚胎在附植之前能够保持一定间距的原因，目前还不清楚。根据推测，胚胎之间可能存在排斥现象，而且胚胎能以物理的或体液的方式影响子宫收缩，防止发生重叠。开始附植时，猪胚胎薄而细长，在子宫内排列成"之"字形折叠，这种折叠对各个胚胎在子宫内占据的空间大小和保持一定的间距有某种程度的调节作用。

二、胚泡附植

植入（implantation）又称附植、嵌植、着床，意即胚泡在子宫中的位置固定下来并开始和子宫内膜发生组织上的联系。植入、嵌植等名词适用于啮齿类及灵长类，因为它们的胚泡侵蚀、穿入并埋在子宫内膜里；附植一词则适用于家畜，因为它们只是胎盘附着在子宫内膜上，胚泡并不植入内膜里。

子宫的变化：附植是子宫内膜与胚泡相互作用的一个过程。内膜对胚泡发生反应，是在孕酮的作用下进行的。孕酮虽然是一种孕激素，但并不单独发生作用，它必须有一定浓度比的雌激素参与，才能彼此协同对靶器官发生影响。在雌激素和孕激素先后共同作用下，排卵后子宫内膜充血，变厚，上皮增生，皱襞增多。黏膜囊面积增大，子宫腺扩张伸长，腺体细胞中糖原增多，分泌增强，提供子宫乳作为胚胎早期发育所需的营养，作好接受孕体的准备。胚胎附植初期子宫内膜的这些变化，即发情周期中黄体期的变化。在正常情况下，胚泡是使子宫内膜继续对附植做好准备的有效刺激。在胚泡的滋养层和中胚层形成绒毛膜后，此膜的表面生出大量微绒毛，和子宫上皮接触，并开始和它发生组织学上的联系。有些动物的滋养层还对子宫内膜发生浸溶作用，为胎儿胎盘和母体胎盘的联系更加密切打好基础，至此，囊胚的附植即完成，随后便进入胎盘形成阶段。在卵裂、囊胚形成和附植的过程中，子宫肌也发生相应的变化。它的活动减弱，有助于胚胎在子宫内停留下来；但同时还能使多胎动物的胚胎在两个子宫角内分布开来。

　　囊胚的分布及定位：胚胎在子宫内均匀分布，有利于它们的发育。牛羊卵巢仅排一个卵时，囊胚往往位于该卵巢同侧的子宫角内；同一卵巢排双卵时，其中一个囊胚常移至对侧子宫角内。猪即使仅一个卵巢排卵，囊胚在排卵后 8～12d 就均匀分布在两子宫角内。马排一个卵时，有时胚泡可通过子宫体移至对侧子宫角内。如前所述，马在左侧卵巢的排卵率较高，约占 55%，但右角怀孕者却较多，约占 60%。右卵巢排出的卵子受精后，也有移至左角附植者，故马胚的迁移率高。

　　囊胚在子宫内开始附植的部位常常是固定的，也就是最有利于它发育的地方。例如，牛羊的囊胚多半附着在子宫角小弯的基部或中部，马的是在子宫角和子宫体交界处的系膜上。这一部位就是子宫动脉达到子宫的地方，血管网最稠密。马产后配热胎时，胚泡往往位于上一次怀孕时的空角内，这可能是因为它比孕角更有利于附植。

　　附植的时间：根据报道，由排卵算起，附植开始及完成的时间，在牛是 22d 至 40～45d，绵羊是 11～16d 至 28～35d，猪是 13d 至 25～26d，马是 37d 至 95～105d。附植是一个渐进过程。起初，囊胚只是与子宫内膜紧密接触，不再游离于子宫腔内，位置固定下来，然后它外面的微绒毛才和子宫上皮相应的结构发生初步联系。因此，仅从观察到的现象来确定这一时间，不可能是很确切的。

　　从胚胎的存活来说，附植的顺利进行要求胚胎的发育过程和子宫中的环境条件能够同步，互相适应。某一方面（如胚胎发育过程，它进入子宫的时间及子宫内膜的增生过程）的过早过迟，均能妨碍附植而导致胚胎死亡。据报道，猪胚胎死亡中的 30%～40% 发生在附植期间。

第三章 体外受精技术

体外受精（*in vitro* fertilization，IVF）是指哺乳动物的精子和卵子在体外人工控制的环境中完成受精过程的技术。体外受精技术可以打破精子和卵子生理受精环境的限制，极大提高人类获得动物胚胎的效率，为哺乳动物胚胎工程技术提供充足的胚胎。

第一节 概　述

动物个体的发生源于卵子和精子受精过程的完成，一切能使受精卵数量增加的技术手段都是提高动物繁殖率的有效措施。体外受精技术就是其中最为有效的技术之一。体外受精技术是在20世纪80年代初研究成功，并在近10年得到逐步完善的一项配子与胚胎生物技术。它的出现，可望解决胚胎移植所需胚胎的生产成本高及来源匮乏等关键问题，并能为动物克隆和转基因等其他配子与胚胎生物技术提供丰富的实验材料和必要的研究手段，故体外受精技术一直是近年来的研究热点。从狭义上讲，体外受精是指将动物受精过程中的精卵结合在体外环境下完成的一种现象，包括自然条件下的体外受精（两栖类和鱼类的正常生殖过程）和人为培养条件下的体外受精（哺乳动物）。因此，体外受精技术通常是指将哺乳动物的精子和卵子置于适宜的培养条件下使其完成受精的一种技术。由于正常受精过程的完成需要一个完全成熟的卵子和一个获得受精能力的精子，且在受精后需对受精卵进行培养才能发育成为一个可移植的胚胎，因此从广义上讲，体外受精技术还包含卵母细胞的体外成熟培养和受精卵的体外培养两项密切相关的技术。

哺乳动物体外受精的研究已有120多年的历史。早在1878年，德国科学家Schenk就开始进行哺乳动物体外受精的尝试，他将体内成熟的家兔和豚鼠卵子与附睾精子放入子宫液中培养，观察到第二极体排出和卵裂现象。在此后的近70年里，虽然Pock和Menkin于1944年进行人卵子的体外受精实验，美籍华人张明觉亦于1945年成功进行了兔的体外受精实验，但人们一直对哺乳动物的体外受精持怀疑态度。主要原因是结果不能重复，带有很大的偶然性，且无体外受精的试管动物出生。直到1951年美籍华人张明觉和澳大利亚的奥斯汀（Austin）几乎同时发现了精子获能（capacitation）现象，体外受精的研究才出现新的曙光。1959年，张明觉利用获能处理的家兔精子进行体外受精实验，获得了世界上第一批体外受精的试管小兔后，哺乳动物的体外受精技术才真正得到承认并为人们所接受。此后，体外受精技术的研究进展很快，先后在20余种动物中进行了体外受精的研究，有10余种动物获得了体外受精的试管动物。特别是牛的体外受精技术，自1982年美国学者Brackett等成功报道世界首例体内成熟的卵母细胞经体外受精获得试管牛之后，体外成熟卵母细胞和完全体外化的试管牛也分别于1986年和1988年获得成功。目前，一套高效的牛胚胎体外生产程序已经建立起来，并逐步进入生产推广的产业化阶段。

我国体外受精技术的研究起步于 20 世纪 80 年代后期，但进展很快，已先后在人和牛等 8 种动物中取得成功。特别是人和牛的体外受精技术已达到国际先进水平。

第二节　卵母细胞的采集

在所有哺乳动物中，出生后的卵巢卵母细胞都静止在第一次成熟分裂的双线期。卵母细胞的早期生长、发育与激素的作用无关。随着卵泡细胞的增殖与分化，卵泡逐步获得对促性腺激素的反应能力，卵母细胞随即进入最后的成熟阶段，最终在促性腺激素的作用下，卵泡细胞对卵母细胞的成熟分裂抑制作用解除，卵母细胞的成熟分裂得以恢复和完成。若将卵母细胞从卵泡中移走，其成熟分裂亦可在没有促性腺激素的作用下得以恢复和完成。

1935 年，Pincls 和 Enzman 首次观察到，离开卵泡的兔卵母细胞可在没有促性腺激素的培养条件下自动恢复和完成成熟分裂。这一发现直到 20 年后才被美籍华人张明觉进一步证实。

1965 年，Edwards 通过研究小鼠、绵羊、牛、猪、猕猴和人卵母细胞的体外成熟发现，卵母细胞离开卵泡环境后的自发核成熟是哺乳动物的一种普遍现象。此后，各国学者对哺乳动物卵母细胞体外成熟的形态、生物化学和染色体等变化进行了系统研究，但普遍认为体外成熟的卵母细胞，其受精和胚胎发育能力很低。直到 1978 年，Newcomb 等获得了首例体外成熟的牛卵母细胞经体内受精出生的后代，体外成熟卵母细胞的受精和发育潜能才逐步得到认可。Veek 等于 1983 年获得了世界首例人卵母细胞经体外成熟和体外受精后的试管婴儿，Critser 等亦于 1986 年获得了牛卵母细胞经体外成熟和体外受精的试管牛，进一步证实了体外成熟的卵母细胞具有正常的受精和胚胎发育能力。目前，卵母细胞体外成熟技术已被广泛应用于科学研究、畜牧生产和医学生殖工程，成为拯救闭锁卵母细胞、增加卵源的一种有力手段。然而，体外成熟的卵母细胞，其质量和发育潜能与体内成熟的卵母细胞相比还有较大差距，对于如何提高卵母细胞的体外成熟质量仍有大量工作要做。

一、卵母细胞的采集方法

（一）卵母细胞的离体采集

从离体卵巢采集卵母细胞是研究卵子体外成熟的主要来源之一。母畜屠宰后，在 30min 内取出卵巢，放入盛有灭菌生理盐水或 PBS 的保温瓶（25～35℃）中，在 3h 内送回实验室，然后按照以下方法进行回收。

1. 卵泡抽吸法　　用注射器套上 12～16 号的针头穿刺卵泡而将卵母细胞抽吸出来。在穿刺过程中，注射器应保持一定的负压，针头一般从卵泡的侧面刺入，一次进针应抽吸卵巢皮质的多个卵泡，而不要只吸取一个卵泡就将针头拔出，避免污染。为提高卵母细胞回收的速度，也有人将针头与真空泵相连，回收的卵泡液和卵母细胞流入 50mL 的离心管内。该法的优点是回收速度快，不易造成卵母细胞的污染；缺点是容易损伤卵母细胞周围的卵丘细胞，影响其随后的成熟。

2. 卵巢解剖法 用手术刀片将卵巢切为两半，去掉中间的髓质部分，露出卵泡，然后用刀片划破卵泡，在培养液中反复冲洗，采集其中的卵母细胞。该法的优点是能保持卵母细胞周围卵泡细胞的完整性，回收率也相对较高；缺点是回收的速度相对较慢，容易造成污染。卵巢通过抽吸法回收卵母细胞后，还可以通过将卵巢切碎来进一步提高卵母细胞的回收数量。据丹麦 Vajta 等（1996）报道，切碎法可使每个卵巢回收得到的卵母细胞数量提高 3 倍，得到的囊胚数量提高 2 倍，这对于卵巢来源非常困难的实验室是值得一试的方法。

3. 剥离法 用无菌眼科剪刀或刀片，自卵泡周围，将其与周围组织分离，取下完整的圆形卵泡，放到加有培养液的平皿中，切开卵泡，可见到卵泡液自卵泡中流出并带有卵母细胞。此法程序麻烦，但对卵丘-卵母细胞复合体的损伤较小。

4. 切割法 用平行排列的成组（间隔 1.6mm）剃须刀片纵横切割卵巢，将回收的液体放在捡卵杯中，在 37℃培养箱中静置 10min，用注射器吸取上清液，置实体显微镜下捡出卵母细胞。王峰用该法切割秦川牛卵泡期卵巢，平均每个卵巢获 26.45 个卵母细胞，比抽吸法卵母细胞回收数提高 5 倍。

为了获得较多的卵母细胞，还可在抽吸法回收卵母细胞的基础上，再用切割法进行二次回收。

（二）输卵管卵母细胞收集

用手术法回收输卵管卵母细胞，主要用于输卵管卵母细胞体外受精或作为核移植受体卵。由于回收时排卵时间可能不长，卵母细胞可能距输卵管喇叭口不远，只用回收管接收回收液，可能有部分卵母细胞不能冲洗出来。可在插管冲洗一半后，拔掉回收管，其余液体由喇叭口流出并直接接入收集杯中。并可采用一杯法（前后两部分接收到一只收集杯中）或两杯法（术者推出一半回收液后，另换一只收集杯，将回收管移出并使回收管中所留液体收集到第二杯中，术者推出剩余回收液，直接从喇叭口接收到第二杯中），静置 3~5min 后捡卵。

卵母细胞的活体采集是通过体外受精技术生产良种胚胎的一种主要途径。从屠宰场收集得到的卵巢无法知道其系谱，且其种质一般都相对较差。通过对良种动物反复进行活体采卵，可获得大量种质优良的卵母细胞供体外受精生产胚胎，其胚胎生产的效率要比超数排卵高出数倍，且对动物的生产性能和生殖功能无不良影响。因此，活体采卵已成为当今推广应用体外受精和胚胎移植的一项关键技术。

（1）腹腔镜法 在腹壁切开一小口，插入腹腔镜、操作杆和穿刺针，通过操作杆和穿刺针的配合将卵母细胞抽吸出来。近来，也有人将腹腔镜从牛阴道的穹窿插入，并成功采集到牛的卵母细胞。该法的优点是比较直观，容易掌握；缺点是工作量大，对母牛有损伤，不能频繁手术。

（2）B超法 1988 年，荷兰的 Pieterse 等首次利用二维超声法（B 超）通过子宫壁从活牛卵巢采集到牛卵母细胞。此后，经过不断完善，目前已成为活体采卵的一种主要方法。B 超活体采卵的具体做法是：将供体母畜牢牢固定在保定架内，并从尾荐结合处注入 2mL 左右的盐酸普鲁卡因做硬膜外腔麻醉。然后，将带有超声波探头和采卵针（18G、19G 和 20G 的一次性短针头）的采卵器插入阴道子宫颈的一侧穹窿处。而后，术者通过直肠将卵巢贴在探头上，根据 B 超屏幕上所显示的卵泡位置进行穿刺而将卵母细胞抽出。该法的优点是不用进行手术，操作的速度较快，对母牛的损伤也小，可频繁对母牛进行采卵，且亦可对妊娠母牛进行采卵；缺点是操作技术较难掌握，并需要昂贵的超声设备。

根据以往对牛的研究报道，母牛可每周采卵 2 次，每次可获得 5～6 枚卵母细胞，且持续 2～3 个月对母牛无不良影响。对一头 8 岁的母牛连续活体采卵 3 年，每周 1 次，一共获得 176 枚胚胎。目前活体采卵技术已成功应用于马、水牛、猪和羊等动物。

活体采卵得到的卵母细胞质量普遍较差，其一级卵母细胞的比例（20%）显著低于从屠宰场卵巢回收得到的卵母细胞（49%）。为提高卵母细胞的采集数量和质量，有人用促性腺激素（如 FSH）来预处理母牛。如此，每次可获得 15 枚左右卵母细胞，其两周一次的采卵数量高于常规每周采卵两次、连续采卵两周的数量总和。然而，激素预处理的方法成本较高，不宜长期处理和用于妊娠的母牛。

二、卵母细胞分类

依据卵丘-卵母细胞复合体的外形选出正常的卵母细胞并进行分类。A 级，有三层以上完整而致密的卵丘细胞包裹的卵母细胞；B 级，卵丘细胞三层以下，部分脱落的卵母细胞；C 级，卵丘细胞扩展而松散，卵母细胞胞质无斑块；D 级，卵丘细胞全部脱落的裸卵。A 级和 B 级卵母细胞可用于体外成熟培养。

第三节　卵母细胞体外成熟培养

一、卵母细胞的形态特征

卵母细胞依其生长发育阶段可分为生长期和成熟期两类。生长期是从第一次成熟分裂休止期到完成生长这一阶段，成熟期是从完成生长到成熟这一阶段。

（一）生长期卵母细胞

此期卵母细胞代谢旺盛，胞质大量增加，细胞显著增大。核虽处于核网期，但染色质和核仁活跃。染色体呈灯刷状、环状和分枝状。在生长前期，核仁是由纤维-颗粒状物组成的空泡化结构（中心有少量离散型纤维状物）。随着生长期的推进，核仁逐渐致密化，成为电子致密度很高的纤维状物，空泡化和纤维-颗粒状物仅限于外周。核仁致密化标志着卵母细胞生长期的结束。

生长期结束的时期，因物种不同而异，啮齿类在出现腔泡之前卵母细胞已完成生长，但牛和猪卵泡直径为 0.4～0.8mm 时，卵母细胞仍在生长，当卵泡分别达到 1mm 和 2mm 时，卵母细胞才完成生长。猪完成生长的卵母细胞中有一个致密核仁，而牛则除了一个大的致密核仁外，尚有几个小的致密核仁。

（二）成熟期卵母细胞

成熟期卵母细胞经过第一次成熟分裂的核网期、中期 I （M I）、后期 I （Ana I）、末期Ⅰ（TelⅠ）和第二次成熟分裂的间期而达到MⅡ。随着卵母细胞的发育，生发泡增大，由中央移向质膜，并紧靠质膜下。核膜打褶而起伏不平，核仁致密化。在光镜下先后表现为生发泡破裂（germinal vesicle breakdown，GVBD）和第一极体排出。一般而言，GVBD代表成熟分裂的开始，而第一极体排出标志着卵母细胞达到核成熟。排卵后，卵母细胞核的发育似乎出现短暂停滞状态，并因受精而激活，也可因某些物理、化学、生物因素而激活，放出第二极体，成为成熟卵子。

成熟期卵母细胞胞质也有较大变化。许多动物的卵母细胞随着发育的进行，各种细胞器，如皮质颗粒、线粒体、内质网、高尔基体等从核周围向皮质部迁移，聚积成一个"细胞器带"。细胞器之所以处于卵母细胞的外周皮质区，可能与卵母细胞与外周卵丘细胞密切接触，便于快速地进行物质、能量和信息交换有关。卵母细胞成熟后，上述接触变疏松，细胞器开始向中央区移动，皮质区形成一个"细胞器空虚带"。其中皮质颗粒排列到质膜下被认为是哺乳动物卵母细胞成熟的一个重要标志。随着卵母细胞的退化，在电镜下，线粒体由近核区移向质膜下，皮质颗粒则成堆分布，并有许多排到卵周隙中。在一端出现大空泡，线粒体由小嵴、圆形或椭圆形转变为有帽线粒体，即帽状线粒体，这是卵母细胞成熟的另一个重要标志，嵴呈板层状且与内质网的接触更为密切。线粒体先移到皮质区后内移，这种内移是哺乳动物卵母细胞的一个共同特征，是成熟分裂完成所必需的。高尔基体移向皮质后，随着卵母细胞的成熟及皮质颗粒的形成与外迁，高尔基体在皮质中逐渐消失。内质网与线粒体相伴迁移。在发育早期，因粗面内质网多，故合成蛋白质也多。后来粗面内质网逐渐消失，而滑面内质网增多。在成熟晚期滑面内质网也逐渐减少。

二、核成熟

体外具有成熟能力的卵母细胞，其体积必须达到完全成熟的卵母细胞的80%，这相当于体内腔泡期卵母细胞。在体内，该阶段卵母细胞在促黄体素（LH）峰前并不发生成熟分裂，然而，如果将该阶段的卵母细胞培养在体外，就能自发地恢复成熟分裂。这提示，腔泡中的卵泡细胞参与了成熟分裂的休止和启动。至少有三种抑制物在分子水平上参与卵母细胞的成熟抑制，它们是环磷酸腺苷（cAMP）、卵母细胞成熟抑制物（oocyte maturation inhibitor，OMI）及嘌呤核苷。

（一）cAMP与核成熟

在大鼠和小鼠卵母细胞成熟过程中，cAMP含量降低与成熟分裂的启动密切相关，在卵母细胞体外培养1～2h内。cAMP含量迅速降到低水平；2.5～3h内发生GVBD，于培养后10～11h，达到MⅡ。而绵羊则具有不同的变化模式，当FSH和LH存在时，体外培养2～6h，卵母细胞内cAMP水平上升；在8～11h cAMP降至最低水平，与此同时GVBD发生，于22～24h达到MⅡ。显然，绵羊卵母细胞培养后cAMP水平的上升推迟了GVBD发生的时间，进而延长了体外成熟的时间，这种随着cAMP上升，GVBD延迟，而cAMP下降，伴随着GVBD发生的现象进一步证实了cAMP对成熟分裂的抑制作用。为了确定cAMP在其他家畜卵母细胞成熟分裂过程中的作用，有必要进一步研究牛、猪和山羊卵母细胞中cAMP的变化规律及其与GVBD和卵母细胞成熟的关系。

（二）OMI 与核成熟

显然，cAMP 并非参与成熟分裂抑制的唯一因子，OMI 也参与了这一过程。OMI 是分子量为 1000～2000 的低分子量多肽，在颗粒细胞中生成，通过卵丘细胞作用于卵子，从而抑制成熟分裂。

早期研究指出，猪卵泡液能减少猪、大鼠和仓鼠卵体外成熟的比例。但近来研究指出，在体外培养猪卵母细胞时，添加 10%的卵泡液能有效地提高卵母细胞成熟率。这些矛盾的报道也许与获取卵泡液的卵泡大小有关，可能小卵泡中的 OMI 含量高于大卵泡。

因为猪小卵泡中的卵母细胞成熟分裂能力很弱，即使培养 24h，仍有 80%处于生发泡（GV）期。而当体外培养来自直径为 0.8～1.6mm 卵泡的卵母细胞时，则有 66.6%发生 GVBD。来自大卵泡（牛：4.0～8.0mm；猪：5.0～6.0mm）的卵母细胞，成熟率均在 75%以上。

卵母细胞成熟可能通过以下几条途径：①通过修饰颗粒细胞和卵丘细胞中抑制物（如 OMI）的生物活性从而促进卵母细胞成熟；②通过切断颗粒细胞与卵丘细胞之间的联系，以及通过改变卵丘细胞和卵母细胞之间的联系从而促进卵母细胞成熟；③通过抑制卵丘细胞加工/合成活性抑制物（如 OMI）的能力从而促进卵母细胞成熟；④通过刺激因子如促性腺激素峰（FSH/LH）从而促进卵母细胞成熟；⑤通过促成熟因子（MPF）的催化亚基 p34 的去磷酸化而使 MPF 有活性，作用于核纤层蛋白而促进核膜破裂，从而促进卵母细胞成熟。然而，卵母细胞成熟分裂的启动是否通过以上几条途径，还需要作进一步证实。

三、胞质成熟

胞质成熟不仅与核成熟关系密切，而且涉及受精率及早期胚胎发育率。胞质成熟不像核成熟那样可以从形态上把握，无论从形态上还是生化上，胞质成熟都是难以断定的。

（一）蛋白质合成

卵母细胞在体内的生长期间，各种类型的 RNA 合成旺盛，并进行蛋白质（肌动蛋白、微管蛋白、钙调节蛋白、透明带蛋白、乳酸脱氢酶）的积累。在生长期后或体外培养时，RNA 的合成维持较低水平，大量的蛋白质合成发生在 GVBD 前后。这种新合成的蛋白质不仅可以激活促成熟因子（maturation-promoting factor，MPF），促进卵母细胞自身的成熟，而且与卵母细胞受精后的发育能力有关。

（二）颗粒细胞与卵丘细胞

早期的研究指出，颗粒细胞和卵丘细胞参与了胞质成熟过程。要想彻底弄清卵母细胞成熟的全过程，就必须查明这两种细胞的各自作用。

在兔卵泡中，颗粒细胞与卵丘细胞之间的局部形态区别很明显，但在大多数其他哺乳动物中，卵丘细胞和颗粒细胞层之间没有明显的界线，使两者难以区分，因此，很难收集无颗粒细胞的卵丘-卵母细胞复合体，这给研究颗粒细胞和卵丘细胞的单一作用带来了困难。

Thibault 等发现，颗粒细胞在兔卵母细胞胞质成熟中起着重要作用。体外成熟的兔卵丘-卵母细胞复合体（不带颗粒细胞）受精后，精子虽能发生解凝，但受精卵不能进一步发育。此后，相继在猪、牛和羊上证实了这个结论。体内或体外卵母细胞（卵丘-卵母细胞复合体）在 GVBD 前后，卵内蛋白质图谱发生了合成性变化。但如果将裸卵在体外培养，卵内则未发现蛋白质合成性变化。这表明，卵母细胞的生理学成熟存在着颗粒细胞依赖性诱发期，在该期内，颗粒细胞启动卵内蛋白质合成。有关该期内指令性信号的特性，目前尚不清楚。然而，有证据表明，类固醇激素（主要是雌二醇）参与了这一过程。在绵羊卵质成熟的诱发期内，当类固醇水平改变时，会出现蛋白质合成降低或受精后雄核形成异常。总之，颗粒细胞的存在对绵羊、牛、猪和兔卵母细胞最终成熟是绝对需要的。颗粒细胞启动卵内蛋白质和/或多肽合成，合成的蛋白质使胞质获得了与雄性基因组配对的能力。然而啮齿类动物例外，因为无论是体外成熟的大鼠、小鼠卵丘-卵母细胞复合体或裸卵，都能正常受精产仔。这种现象的产生很可能是种间差异所致。

目前，关于卵丘细胞在卵母细胞成熟中的作用的研究，仅局限于形态学方面。与此同时，在研究卵丘细胞的作用时，未能将颗粒细胞的作用分开，因而忽视了颗粒细胞的地位。业已证明，卵母细胞的卵丘细胞群完整度、紧密度直接影响着体外成熟效果。选用卵丘细胞较多的卵母细胞进行培养，可明显提高成活率与后期发育能力。研究还表明，卵丘细胞还参与了透明带化学特性的形成。超微结构研究显示，体外培养前的未成熟卵母细胞表面的微绒毛与卵丘细胞的突起在透明带上相互交叉，卵丘细胞突起与卵母细胞质膜形成缝管连接，随着卵母细胞的成熟，微绒毛从透明带中撤出、变短，传递信息的缝管连接脱开。这进一步证明了卵丘细胞在卵母细胞成熟中的重要作用。

四、细胞膜与透明带成熟

随着卵母细胞成熟，细胞膜稳定性发生改变，膜微绒毛重排，变得密集而弯曲，并从透明带内退出或断裂，同时第二极体区缺乏微绒毛；透明带上精子受体（ZP1、ZP2、ZP3）重排（外侧多于内侧，主要为 ZP3），透明带外层呈网状，内层已有断裂的微绒毛和卵丘细胞的胞质突起，同时透明带变软。

五、核成熟与胞质成熟的时间差

核成熟与胞质成熟存在着明显的时间差。绵羊卵母细胞体外培养 22h 即可达到核成熟（MII），延长培养时间并不能明显提高成熟率，但体外培养 24~26h 的卵母细胞受精率却明显高于培养 22h 者，说明核成熟与胞质成熟存在着时间差。猪卵母细胞体外培养 36h 即可达到核成熟，但超微结构研究证明细胞质成熟却要到培养的 48h，胞质成熟晚于核成熟，胞质不成熟时多精入卵率很高。

六、卵母细胞体外成熟方法

获取成熟卵母细胞主要通过以下两条途径：①体内成熟，经超排处理后，采取成熟卵泡内的卵母细胞或从输卵管内回收刚刚排出的卵母细胞。②体外成熟（in vitro maturation, IVM），采集卵泡中未成熟的卵母细胞，经体外培养使之成熟。后一种方法可以充分利用母畜的卵巢，是解决卵子来源最有效的途径，具有更大的实用价值。下面介绍卵母细胞体外成熟方法。

1. 成熟培养液的选择 培养前主要准备培养液，用于家畜卵母细胞体外成熟的基础培养液很多，早期研究曾使用简单的盐溶液（如 WM、TALP、PBS 和改良的 KRB 等）。近年来，越来越多的研究者使用了合成培养液（如 TCM-199、Ham's F10 和 Ham's F12），而以 TCM-199 的报道最多。牛、绵羊和猪的卵母细胞应用这种培养液时体外成熟率均达到 80%以上。

基础培养液的缓冲体系对卵母细胞体外成熟具有重要的影响。当培养液 TCM-199 中的碳酸氢钠缓冲系（Earle's salts）被磷酸盐系统（Hank's）所取代时，猪卵母细胞的极体形成率下降，而在 Hank's 缓冲的 TCM-199 中加入碳酸氢钠缓冲系后，其极体形成率又可恢复到 Earle's salts 的水平。

在基础培养液中添加胎牛血清（FCS）和新生犊牛血清（NCS）比添加 BSA 可获得更高的成熟率。研究资料表明，以添加发情牛血清（ECS）或发情山羊血清（EGS）代替 FCS 或 NCS 可获得较高的成熟率。血清不仅能促进卵母细胞成熟，而且与成熟后的受精率和其后的发育率有关。据推测，血清中可能含有某种促进卵母细胞成熟和体外受精的成分，其分子量不小于 12 000，可阻止透明带硬化和促进受精的发生。

在基础培养液中添加促性腺激素，对家畜卵母细胞体外成熟亦具有十分重要的作用。常用于体外成熟的促性腺激素有人绒毛膜促性腺激素（hCG）或马绒毛膜促性腺激素（PMSG），也有用 LH+FSH 者。促性腺激素能诱发卵丘细胞扩展，增加达到 M II 的概率，并有促进卵裂的作用。

雌激素对家畜卵母细胞体外成熟的影响，尚存在分歧。许多学者认为雌二醇对卵母细胞完全成熟是有益的，还能有效地提高受精后胚胎的发育率。但在添加 ECS 或 EGS 的情况下，雌激素对牛卵母细胞体外成熟和胚胎发育并不重要。近期实验表明，以添加 ECS 取代促性腺激素和雌激素，同样可使牛卵母细胞成熟率达到 90%以上，因而，主张采用无激素培养法。

现将不同研究者在不同家畜上应用的卵母细胞成熟培养液分述如下。①牛：TCM-199 4mL，灭活 ECS 1mL，青霉素 500 单位，链霉素 0.5mg。用前过滤灭菌，加温至 39℃。并按每毫升加入卵丘细胞 500 万～700 万个。②绵羊和山羊：TCM-199（或 Ham's F10、Ham's F12）4.5mL，Hepes 10mg，hCG 0.1mg，17β-雌二醇 5μg，青霉素 500 单位，链霉素 0.5mg，用前过滤灭菌并保温。③猪：TCM-199 5mL，牛血清白蛋白（BSA）25mg，PMSG 50IU。

2. 成熟培养的时间 对于大多数家畜来讲，卵母细胞的成熟培养时间一般采用 22～24h，但猪的卵母细胞则多采用 40～44h，马的卵母细胞多采用 30～36h。对于实验动物来讲，兔卵母细胞的成熟培养时间仅需 12～15h。

对牛卵母细胞体外成熟的研究结果显示，牛卵母细胞在成熟培养后 6～8h 发生 GVBD，8～10h 进入终变期，10～15h 到达中期 I，15～16h 进入后期 I，18～24h 到达中期 II。对水牛和黄牛的研究结果亦显示，水牛和黄牛的卵母细胞在成熟培养后 16h 开始排出第一极体，18h 大部分卵母细胞已排出第一极体。然而，体外受精的研究结果则表明，在成熟培养后 24h 受精卵的分裂率和囊胚发育率均高于 18h 受精的卵母细胞

（Monaghan，1993）。对此做系统研究，发现体外成熟 24h 的牛卵母细胞囊胚发育率明显高于 12h、16h、20h 和 28h 组。

由此说明，卵母细胞的核成熟虽已在 16～20h 完成，但其细胞质尚未充分成熟，显然此时进行受精并不合适。当然，也并不是成熟培养的时间越长越好。因卵母细胞在成熟培养过程中与其周围卵丘细胞间的间隙联结逐步解体，营养物质的转运效率下降。若成熟培养的时间过长，势必因卵母细胞的代谢底物不足而影响其活力，最终导致受精率和胚胎发育率下降。

3. 成熟培养的温度和气相环境   直到 20 世纪 80 年代，大部分研究者都采用 37℃ 进行卵母细胞的成熟培养。但后来发现，多数家畜的直肠温度是 39℃ 而不是 37℃。对牛卵母细胞体外成熟的培养温度做系统研究发现，在 38℃ 和 39℃ 成熟的卵母细胞囊胚发育率明显高于在 36℃、37℃ 和 41℃ 成熟的卵母细胞。Eng 等（1986）对猪卵母细胞的研究结果亦显示，39℃ 时卵母细胞的成熟率几乎是 37℃ 时的 2 倍（71%：35%）。因此，目前除人和啮齿类动物的卵母细胞体外成熟仍采用 37℃ 外，牛、猪、羊和马等家畜的卵母细胞成熟培养均采用 38～39℃。然而，对卵泡发育过程中的温度变化研究发现，随着卵泡的发育，其温度逐渐下降，排卵前卵泡（赫拉夫卵泡）比周围组织低 2～3℃。采用温度逐渐下降的方式对牛卵母细胞进行成熟培养，结果发现牛卵母细胞在 38.5℃ 培养 16h 后再在 37℃ 培养 8h 可以提高其分裂率和囊胚发育率。这一结果可能为卵母细胞体外成熟培养方法的改进提供一条新的思路。

由于目前所采用的培养液大都采用 HCO_3^- 作为酸碱平衡缓冲体系，故须维持一定浓度 CO_2 的气相环境来保持培养液的酸碱度，否则会因培养液中 CO_2 的逸出而使培养液的 pH 升高。气相环境中 CO_2 浓度应根据培养液中的碳酸氢盐浓度来定。由于目前培养液中 $NaHCO_3$ 浓度多为 25～30mmol/L，故一般都采用 5% 的 CO_2。

还有一气相环境的因子是氧的浓度。空气中氧的浓度是 21%，氮的浓度是 78%，而生殖道内的氧浓度大约是 5%。故有人试图通过向培养箱充入氮气来降低氧的浓度，以达到提高成熟培养效果的目的。然而，研究结果表明，在 5%CO_2、5%O_2 和 90%N_2 的气相环境中成熟培养的卵母细胞，其桑椹胚和囊胚发育率明显低于含 5%CO_2 的空气。5%～10% 的低氧浓度环境不利于牛卵母细胞的体外成熟和体外受精。

4. 成熟培养的系统   卵母细胞的成熟培养系统大致可分为三大类：开放培养系统、微滴培养系统和密闭培养系统。

（1）开放培养系统   将 1～2mL 成熟培养液直接置于平皿内或五孔培养板内，然后放入 50～200 枚卵母细胞进行培养，上面不盖液体石蜡。该系统的优点是简单，对培养液中的脂溶性物质没有影响，且能同时培养大量的卵母细胞，培养结果不受液体石蜡质量的影响；缺点是渗透压的变化较大，容易污染，故培养液的量和培养箱内的湿度要特别注意。该系统根据平皿的运动状态又分为静止培养系统和摇动培养系统两种。通过对绵羊的卵母细胞体外成熟培养研究发现，将卵母细胞摇动培养可防止卵丘细胞的贴壁而发生黄体化，进而利于卵母细胞的成熟。故而在随后的数年内，许多欧美的实验室都采用摇动培养系统来成熟培养牛等家畜的卵母细胞。1990 年，对此进行进一步的研究，发现牛卵母细胞的摇动培养与静止培养并无显著差异。不过，值得指出的是，如采用静止培养系统时，应在成熟培养液中加入一定浓度的 FSH（0.1μg/mL），否则会因卵母细胞的严重贴壁而使卵母细胞变形。

（2）微滴培养系统　将成熟培养液先在组织培养皿中做成 $50\sim500\mu L$ 的微滴，上覆液体石蜡，然后将卵母细胞置于其中培养。该系统的优点是成熟培养液中的渗透压比较稳定，且不易污染；缺点是对培养液中的脂溶性物质有稀释作用，且成本较高，培养结果易受液体石蜡质量的影响。因此，在一般情况下，这种培养系统已很少用，只是在卵母细胞数量特别少的情况下才采用。

（3）密闭培养系统　将卵母细胞置于含有 $1\sim2mL$ 成熟培养液的试管中，加盖胶塞，然后在培养箱或恒温水浴中培养；若采用培养皿或微滴培养，则可将其装入一个密闭的塑料袋内。该系统的优点是不需要 CO_2 培养箱，方便运输；缺点是 pH 不如前者稳定。由于这种培养系统不需要昂贵的 CO_2 培养箱，因此适合在一些条件简陋的实验室应用，特别是需要在卵母细胞的运输途中进行成熟作用时非常有用。

七、卵母细胞体外成熟质量的评定

卵母细胞的成熟应包括细胞核、细胞质和卵丘细胞三个方面。正常成熟的卵母细胞，其细胞核处于第二次成熟分裂的中期，细胞质中的细胞器发生重排，处于正常的位置，周围的卵丘细胞发生扩展。一般可通过形态观察来对卵母细胞的体外成熟情况进行初步评定，但如欲探讨卵母细胞体外成熟的影响因素，则必须通过固定染色检查其核成熟的详细情况，通过体外受精和体外培养评定其受精和胚胎发育潜能。

1. 评定方法

（1）形态观察　主要通过在显微镜下观察卵母细胞的形态来判断卵母细胞是否成熟。正常成熟的卵母细胞，其细胞质均匀，没有空泡，其周围的卵丘细胞一般发生扩展，去掉卵丘细胞后，可见到位于卵周隙的第一极体。

（2）固定染色法　将卵母细胞周围的卵丘细胞用 0.1%的透明质酸酶去掉，然后在乙酸乙醇或乙酸甲醇（1∶3）的固定液中固定 $24\sim48h$，最后用含 1%间苯二酚蓝或 1%地衣红的 40%乙酸溶液染色观察。

生发泡（germinal vesicle，GV）期：卵母细胞胞质中可见到一个大而圆的细胞核（即生发泡），核膜清晰，界限明显。

生发泡破裂（germinal vesicle breakdown，GVBD）期：核膜变得模糊，核膜的一侧出现缺口，染色质隐约可见。

终变期（diakinesis，DK）：染色质变短、变粗，随机分布在细胞核区。

中期Ⅰ（metaphaseⅠ，MⅠ）：染色体成对排列在赤道板上，并可隐约见到纺锤体。

后期Ⅰ（anaphaseⅠ，AnaⅠ）：同源染色体开始分开，但两组染色体的距离并不大。

末期Ⅰ（telophaseⅠ，TelⅠ）：同源染色体分开的距离加大，形成极体的一组染色体向质膜靠近，但此时极体尚未排出。

中期Ⅱ（metaphaseⅡ，MⅡ）：卵周隙中可见到极体，与其相邻的胞质中可见到整齐排列的染色体。与MⅠ的染色体相比，MⅡ的染色体小而致密。

（3）细胞器分布情况评定　主要通过透射电镜超薄切片和激光共聚焦显微镜的免疫组化观察线粒体、皮质颗粒和内质网等细胞器的数量及分布情况。具体方法可参考有关实验手册。

（4）卵母细胞的基因表达 成熟的牛卵母细胞胞质中存在大量的 *Bcl-X* 和 *Bax* 基因的 mRNA，这些基因的表达水平对胚胎发育非常重要。

（5）受精和胚胎发育潜能的评定 为了解卵母细胞胞质的成熟情况，通过体外受精后的受精分裂率和体外培养胚胎发育率对其体外成熟的质量进行鉴定，这是评定卵母细胞体外成熟最为重要的一项指标。

2. 评定标准

（1）细胞核 成熟正常的卵母细胞，含有一个第一极体和一团致密的、排列整齐的中期染色体。

（2）细胞质 线粒体位于细胞质的中央，皮质颗粒和滑面内质网位于质膜的下面，卵母细胞的皮质区几乎见不到细胞器。

（3）卵丘细胞 卵丘细胞发生扩展，并分泌大量的糖苷类物质。

第四节 精子体外获能

一、精子发生

哺乳动物精子发生（spermatogenesis）是在睾丸内完成的。雄性动物从初情期（相当于人的青春期）开始，直到生殖功能衰退，在睾丸的精曲小管内不断进行着生殖细胞的增殖，源源不断地产生精子。哺乳动物成熟的精子外形似蝌蚪，分头、颈和尾三大部分。不同种动物精子的形态相似，大小略有不同，与动物的体型大小无关。例如，大鼠的精子长 190μm，而大象的精子长度却只有 50μm。

各种家畜精子发生的过程大体可以分为三个阶段。第一阶段，位于精曲小管管壁的精原细胞进行数次有丝分裂，产生大量的精原细胞，其中部分精原细胞经过染色体复制和其他物质的合成，进一步形成初级精母细胞。第二阶段，初级精母细胞连续进行两次分裂（减数分裂，包括 M Ⅰ 和 M Ⅱ），第一次分裂产生两个次级精母细胞，每个次级精母细胞再分裂一次产生两个含单倍染色体的精子细胞。第三阶段，圆形的精子细胞经过变形，其中的细胞核变为精子头的主要部分，高尔基体发育为头部的顶体，中心体演变为精子的尾，线粒体聚集在尾的基部形成线粒体鞘。同时，细胞内的其他物质浓缩为球状，叫作原生质滴，随精子的成熟过程向后移动，直到最后脱落。对于多数家畜来说，精子在睾丸内形成的时间为两个月左右。

二、精子获能

生殖生物学家张明觉早年进行过兔的体外受精研究。他曾用各种方法处理取自附睾的精子，但都无法使这些精子与卵子在体外受精。这是什么原因呢？后来他发现在多种动物中，进入雌性动物生殖道的精子虽然运行的时间不长，但必须经过这一时段才能与排出的卵子受精。也就是说，刚刚排出的精子，不能立即与卵子受精，必须在雌性动物生殖道发生相应的生理变化后，才能获得受精能力。1951 年，张明觉和奥斯汀发现了这一生理现象，并把它称为精子获能（capacitation）。这一发现加速了科学家对精子获能机制的研究，并且找到了使精子在体外获能的物质，实现了各种哺乳动物精子在体外条件下的获能。

精子在睾丸的精曲小管内生成以后，从形态上来看，已形成蝌蚪状精子，但经实验证明，睾丸内的精子并不具备受精能力。睾丸精子还需在附睾内经历精子成熟过程，以及在女性生殖道内经历获能过程。

精子在4～6m长的附睾运行过程中经历了一系列复杂的变化。精子在成熟过程中，体积略变小，含水量减少。最明显的改变是未成熟精子头部的细胞质小滴向后移动，并最终脱下。在一些不育患者的精液中，可看见大量未脱下细胞质小滴的未成熟精子。

睾丸内出来的精子可活动，但进入附睾头段后，失去部分活动能力，又逐步获得了另一部分活动能力。先出现原地摆动，然后有转圈式运动，最后才用成熟精子特有的摆动式前向运动。因此，精子的运动方式，也是衡量精子是否成熟的一个指标。

另外，在精子的成熟过程中，精子膜的通透性发生改变，如对钾离子的通透性增加，出现了排钠的功能，这对酶活力及代谢有着重要的影响。精子在附睾运动过程中表面负电荷增加，这可使精子在附睾内贮存时，由于电荷同性相斥的作用，而不至于凝集成团。

还应指出，附睾的一些分泌物覆盖于精子表面，其中有一种含唾液酸的糖蛋白。种种迹象表明，转移到精子表面的唾液酸有着重要的生理功能。

射出的精子表面附着有附睾和精囊腺分泌的一种去能因子。所谓获得过程即去除精子表面这种因子并获得受精能力的过程，所以直接取自附睾尾的精子不具有受精能力，而把这些精子放在雌性生殖道内若干时间后，再取出做体外受精实验，才具有受精能力。

精子获能以后，精子膜的不稳定性增加，并去除了抑制顶体反应的因子，精子才可能发生顶体反应。

在精子获能过程中，由于去除了糖链末端的唾液酸，精子的膜结构发生显著改变，表现为膜内蛋白重排成簇现象，这可能与精子和卵子识别有密切关系。精子与卵子透明带结合后也发生顶体反应，释放顶体蛋白酶，分解透明带，逐步穿入。其中一个精子与卵细胞膜靠近，精子顶体内膜与卵细胞膜相互融合，最终雄性原核和雌性原核合二为一，完成了受精过程。

三、影响精子体外获能的因素

（1）动物种类　哺乳动物精子获能具有种属特异性，某些动物的精子在一般的平衡盐溶液中添加一些能源物质或添加一些血清和血清白蛋白，即可满足获能的需要。而另一些物种的精子体外获能，则需要特殊培养系统才能满足获能的需要。此外，不同动物体外获能所需的时间也不尽相同，这可能是不同动物精子质膜的生理结构及其生化特征不同造成的。此外，许多研究证明，人、仓鼠、小鼠和大鼠等许多动物精子蛋白酪氨酸磷酸化（PTP）与精子获能相关，而且具有种属特异性，即使是同一种蛋白质的磷酸化也有种属特异性。

（2）精子质量　精子的质量直接影响到获能的效果，畸形率高、死精子多的情况下精子很难进行获能，质量低下的精子蛋白PTP能力较低，其获能水平低下，最终导致受精能力低下。

（3）温度与时间　目前，许多学者公认精子孵育的温度和时间对精子获能十分重要，精子获能是一个温度和时间依赖性过程，许多动物精子的孵育温度通常为37～38℃，但也有不同的,如猪和羊精子体外获能的适宜温度为39℃,而马、鹿精子体外获能的适宜温度为38.5℃。另外,研究表明,精子的孵育温度降低至20℃时,一些精子蛋白发生去磷酸化,如果重新升温时,蛋白质再磷酸化。不同动物精子获能所需要的时间也有一定差异。例如,大鼠需要2~3h,家兔需要5~6h,猪需要2~4h,羊约需要1.5h,牛需要3~4h,雪貂3.5h,而人类需要7h。

(4)胆固醇 质膜胆固醇的外流是精子获能过程中关键的第一步,胆固醇的流失,使膜脂重排、质膜通透性增强、离子通道被打开,Ca^{2+}、HCO_3^-等进入细胞质,因而可溶性腺苷酸环化酶(sAC)被激活,胞内cAMP增加、蛋白酪氨酸磷酸化(PTP)和获能。最新的研究证实,P-环糊精和胆固醇-3-硫酸盐延长冻存猪精子的生存力,减弱冷冻应激引发的精子发生PTP,这提示通过控制精子质膜胆固醇含量的变化,不仅可延长冻存精子的生存力,还可通过调控PTP进程来调控精子的获能状态。

(5)HCO_3^-/Ca^{2+} 在雌性生殖道中碳酸根离子(HCO_3^-)浓度比血浆中高数倍,它不仅可增强精子活力,而且还能够调节精子获能和顶体反应过程,也可通过促进钙离子(Ca^{2+})内流激活sAC,从而增加cAMP含量,PKA被激活,最终促使蛋白质发生磷酸化。在人精子实验中发现,分子质量分别为82kDa、86kDa、110kDa的蛋白质的酪氨酸磷酸化HCO_3^-剂量依赖性上调。Ca^{2+}对精子酪氨酸磷酸化和获能的调节作用有正、反两个方面,Ca^{2+}与cAMP和HCO_3^-密切相关,在精子生理活动过程起重要的调节作用。据研究报道,人和小鼠精子外部的多余Ca^{2+}致使蛋白酪氨酸磷酸化减弱,其主要原因是细胞外多余的Ca^{2+}降低细胞内ATP的利用率,从而减弱精子蛋白发生PTP。

第五节 体外受精

卵母细胞体外受精的完成需要成熟的精子与卵子,并需要一个有利于精子和卵子存活与代谢的培养条件。卵子的成熟在前面已做详细叙述,现着重介绍精子的制备方法、精子的获能处理方法、精子获能的检测、体外受精的培养系统、卵母细胞体外受精的评定、影响卵母细胞体外受精的主要因素及单精显微注射授精的方法与意义。

一、精子的制备方法

精液中含有大量的精浆,其中不乏精子获能的抑制因子,在体外受精前必须将其去掉。如果是冷冻精液,其中还含有冷冻保护剂和蛋黄等成分,这些成分可能干扰正常受精过程的完成,受精前亦有必要将其去掉。此外,精子的活力亦是影响体外受精的重要因素之一,过多的死精子留在受精液中将不利于卵母细胞的受精完成,也应将其去掉。因此,精子的分离与制备是体外受精的一个关键环节。

1. 悬浮法(swim up) 精子的活力是保证受精过程完成的关键,因精子穿过透明带需要借助其尾部剧烈的推进作用,且其推力的大小与卵子的激活程度有密切关系。悬浮法是筛选高活力精子最为有效的一种方法。该方法是根据精子运动的特性而将高活力的精子与死精子及其他精浆成分分开。具体做法是:将精液置于含有1~1.5mL获能液或受精液的试管底部,在培养箱中孵育10~30min后,吸取上层液体,然后离心洗涤1~2次,即可获得高活力的洁净精子。悬浮法最初的孵育时间是60min,但后来石德顺发现，孵育10～30min，即可达到精子在悬浮液中的平衡，故目前多将孵育时间缩短为10～30min。悬浮法非常适用于精子活力较差的精液，但对于价格非常昂贵的精液则要慎重考虑，原因是虽然悬浮法能获得高活力的精子，但精子的可利用率则大大降低。研究表明，如将悬浮的试管倾斜30°，则精子的可利用数量能提高50%～100%。后来，有人将悬浮技术改为潜游技术，即将精液置于悬浮液的顶部，让活的精子向下游动，这样可以提高精子的利用效率，且更为简单、省时。

2. 玻璃棉过滤法　20世纪50年代，许多实验室采用小玻璃珠柱层过滤法来滤除已稀释牛精液中的死精子。1987年，Daya等用玻璃珠柱层过滤法分离人的精液，发现该法可有效地滤除品质较差精液中的死精子。用玻璃棉柱过滤分离人的精子，可大大提高精子的受精穿透率。采用TEST-蛋黄缓冲液结合玻璃棉过滤可进一步提高分离效果，精子的穿透率也随之提高。比较玻璃棉过滤法和悬浮法分离牛冷冻精液对其随后体外受精和胚胎发育率的影响，结果发现，前者仅需3min就可完成精子的分离，可大大节约精子的制备时间。虽然，玻璃棉的分离效果很好，但由于其器材来源和成本等原因，目前在家畜的体外受精研究与应用过程中并未广泛使用。

3. Percoll密度梯度离心法　1984年，White等的研究发现，采用不连续的BSA密度梯度可以分离得到形态正常的高活力牛精子。采用该法分离猪的精子，可以分离得到活力高于90%的精子分层。

哌可密度梯度离心法是根据形态，正常精子的密度要高于异常的精子，经平衡离心后，形态正常的活精子将聚集于高密度的哌可区，从而分离得到高受精力的正常精子。常用的哌可密度梯度为30%和45%，$300g$平衡离心10min；也有人使用45%和90%，$300g$平衡离心25min。与悬浮法相比，梯度离心法可分离得到更高质量的精子，且精子的利用率也较高。但哌可密度梯度离心法分离得到精子的体外受精结果易受哌可质量的影响。

4. 离心洗涤法　对于精子活力较好的精液，可采用直接离心洗涤法制备用于体外受精的精子。具体做法是取0.1～0.2mL精液置于离心管中，然后加入5～10mL获能液或受精液，$300g$离心5min，去掉上清液后，再加入5～10mL获能液或受精液离心洗涤一次，即可用于受精。该法的优点是简单，精子利用率高；缺点是对精子没有分选作用，不宜用于精子活力差和受精力较低的精液。不过，随着精液冷冻保存技术的改进，该法已越来越多用于体外受精的精子制备。

二、精子的获能处理方法

精子在体内的获能过程是：母畜生殖道内的获能因子中和精子表面的去能因子，并促使精子质膜的胆固醇外流，导致膜的通透性增加。然后Ca^{2+}进入精子内部，激活腺苷酸环化酶，抑制磷酸二酯酶，诱发cAMP的浓度升高，进而导致膜蛋白重新分布，膜的稳定性进一步下降，精子的获能即告完成。因此，任何导致精子被膜蛋白脱除、质膜稳定性下降、通透性增加和Ca^{2+}内流的处理方法，均将可能诱发精子的获能。根据这一推测，精子的获能处理方法有以下几种。

1. 用含血清白蛋白的溶液长时间孵育　血清白蛋白是血清中的大分子物质，具有很强的结合胆固醇和锌离子的能力，可除去精子质膜中的部分胆固醇和锌离子，降低胆固醇在精子质膜中的比例，进而改变精子质膜的稳定性，导致精子的获能。该法由于需要的时间较长，且诱发精子获能的作用不强，故仅在体外受精技术研究的初期进行过尝试，具有一定作用，目前仅作为精子获能的一种辅助手段。

2. 用高离子强度溶液处理精子　精子的表面含有许多被膜蛋白，即所谓的"去能因子"。当用高离子强度溶液处理精子时，这些被膜蛋白将从精子的表面脱落，从而导致精子的获能。1975 年，Brackettt 和 Oliphant 首次用 380mOsm/L 的高离子强度溶液对兔的精子进行获能处理，获得了试管仔兔。随后，他们用同样方法对牛的精子进行获能处理，于 1982 年获得了世界首例试管牛。由于高离子强度溶液对精子具有渗透打击作用，会影响精子的活力，因此目前已废除不用。

3. 用含有卵泡液的培养液进行孵育　卵泡液含有来自血清的大分子物质，且含有诱发精子获能和顶体反应的因子，故在培养液中添加一定浓度的卵泡液将有可能诱发精子的获能。1984 年，Sugawara 等用含牛卵泡液的培养液处理牛的精子，取得了 56% 的精子穿透率。虽然卵泡液对精子具有促进作用，但其同时含有精子活动的抑制因子。石德顺研究发现，在受精液中加入 10% 的卵泡液，牛卵母细胞的受精分裂率（40.3%：87.5%）和囊胚发育率（8.3%：40.4%）均显著下降，但加入 50% 的卵泡内膜细胞条件液，则能提高卵母细胞的受精分裂率和囊胚发育率，表明卵泡液中的获能促进因子来自卵泡内膜细胞，而精子活力的抑制因子可能来自血清。因此，卵泡液可以用于精子的获能处理，但不能用于体外受精系统。

4. 使用钙离子载体 A23187　钙离子载体 A23187（ionophore A23187）能直接诱发 Ca^{2+} 进入精子细胞内，提高细胞内的 Ca^{2+} 浓度，从而导致精子的获能。因此，A23187 被广泛用于精子的获能处理。研究表明，A23187 能引起牛精子的超活化运动和顶体反应，并使其能穿透无透明带的仓鼠卵母细胞。研究表明，A23187 结合咖啡因对牛的精子进行获能处理，能进一步提高卵母细胞的受精分裂率和囊胚发育率。当用 A23187 对精子进行获能处理时，通常使用含 0.5～1.0μmol/L A23187 的无 BSA 的 BO 液处理精子 5min，然后加入等量含 1%BSA 的 BO 液终止 A23187 的作用，随后即可加到含卵母细胞的受精滴中进行体外受精。值得注意的是，要控制 A23187 的工作浓度和作用时间，否则会导致精子的活力下降和死亡。

5. 使用肝素　肝素是一种高度硫酸化的氨基多糖类化合物，当它与精子结合后，能引起 Ca^{2+} 进入精子细胞内部而导致精子的获能。研究表明，引起牛精子体内获能的活性物质是来自发情期输卵管液中的肝素样氨基多糖化合物，推测牛输卵管液中的这种氨基多糖化合物浓度为 780mg/L。因此，肝素对精子的获能处理被认为是一种接近于体内获能的生理性方法，自其被 Parish 等于 1984 年首次成功应用于牛精子的体外获能之后，已成为动物体外受精应用最广的一种精子获能方法。最初，制备好的精子常用含有肝素（100mg/L）的获能液预处理 15min，然后加到受精滴中进行体外受精。但后来的研究发现，肝素的预先获能处理无多大意义，对体外受精结果起关键作用的是受精液中的肝素浓度。因此，现省去了肝素预先获能处理这一步，直接将肝素（50mg/L）添加到受精液中进行受精。

总之，精子的获能是诸多因素综合作用的结果，任何导致精子质膜稳定性下降和 Ca^{2+} 内流的操作均有可能引起精子的获能，上述获能处理方法只不过在一定程度上在精子获能中起到的主导作用。例如，精子的冷冻保存，可能去掉精子的被膜蛋白，使精子质膜的稳定性下降，故而冷冻保存的精子容易获能，其体外受精的效果亦较好，且不经任何获能处理亦能受精。当在受精液中添加一定浓度的肝素时，则能进一步提高精子的体外受精效果。

三、精子获能的检测

精子获能后将发生一系列明显的变化，主要表现为代谢活动显著增强，氧摄入量增加 2～4 倍，运动速度加快，头部膨大，极易发生顶体反应。为判断精子获能与否，通常采用以下几种检测方法。

1. 精子形态及运动方式的观察　　获能的精子可在倒置显微镜下观察到其头部膨大、活力增强、出现超活化的运动现象。与未获能处理的精子做前后比较，即可初步判定精子是否获能。

2. 顶体反应的检测　　如要进一步确切判定精子是否获能，则可通过诱发其顶体反应，然后检测其顶体的完整性得出定论。具体做法是将经获能处理的精子与 $100\mu g/mL$ 的溶血卵磷脂孵育 15min，然后通过下列方法检查顶体的完整情况。

（1）双重染色法　　精子经获能处理后，加入等量 1%多聚甲醛固定 15min，而后 9000～14 000g 离心 0.5min。去掉上清液，加入 1mL 等渗 NaCl 溶液，再离心 0.5min，去掉上清液。取 25μL 精液与 25μL 2.9%的柠檬酸钠溶液混匀，然后加入 50mL 染色液（1.7 份 95%乙醇，1.4 份 1% 固绿 FCF，0.7 份 1% Eosin B）染色 1.5min。取 10μL 经染色的精液涂片，干燥，然后加盖盖玻片，在放大 400～500 倍的明视野显微镜下观察。如在头部有厚的蓝绿区，表明顶体完整；如仅见粉红色，表明顶体脱落，已发生顶体反应，说明精子已经获能。该法的优点是无须昂贵的设备，简单易行；缺点是易发生误判。

（2）透射电镜观察　　获能的精子经溶血卵磷脂诱发顶体反应后，按照电镜技术固定、包埋和切片，然后进行顶体的完整性观察。若发现精子头部质膜与顶体外膜泡状化，或仅残存顶体内膜，便可判断精子已发生顶体反应。此法的成本高，制片烦琐，可操作性不强。

四、体外受精的培养系统

体外受精的完成需要一个有利于精子和卵子存活的培养系统。目前，用于卵母细胞体外受精的培养系统主要包括微滴法和四孔培养板法两类。

1. 微滴法　　这是一种应用最广的培养系统。具体做法是在塑料培养皿中用受精液做成 20～40μL 的微滴，上覆液体石蜡，然后每滴放入体外成熟的卵母细胞 10～20 枚及获能处理的精子（1.0～1.5）$\times 10^6$ 个/mL，在培养箱中孵育 6～24h。该法的优点是受精液及精液的用量均较少，体外受精的效果亦较好；缺点是受精的结果易受液体石蜡质量的影响，操作亦相对较烦琐，成本也相对较高。

2. 四孔培养板法　　该法是采用四孔培养板作为体外受精的器皿，每孔加入 500μL 受精液和 100～150 枚体外成熟的卵母细胞，然后加入获能处理的精子（1.0～1.5）$\times 10^6$ 个/mL，而后在培养箱中孵育 6～24h。该法的优点是操作相对比较简单，受精结果不受液体石蜡质量的影响；缺点是精子的利用率相对较低，体外受精效果不如微滴法稳定。

五、卵母细胞体外受精的评定

卵母细胞的体外受精成功与否通常以精子穿透率、原核形成率、受精分裂率和囊胚发育率来衡量。其中，囊胚发育率最为可靠，因其可反映体外受精的质量。体外受精的具体评定方法有以下两种。

1. 固定染色法　见本章第三节中的相关内容。如在受精后 8～10h 固定染色，可以观察到进入卵母细胞的精子，计算出精子穿透率和多精受精率。如在受精后 18～20h 固定染色，可以见到形成的单个、2 个或 2 个以上的原核，计算出双原核形成率（正常受精的概率）。

2. 体外培养　体外培养受精正常与否，主要体现在其随后的胚胎发育能力。因此，可以通过培养评定其胚胎发育的潜力。对于体外受精的牛卵母细胞，受精后 48h 可检查其分裂到 2～8 细胞的卵母细胞比例，体外培养 7d 后可检查囊胚发育率，培养 9d 后检查囊胚的孵化率。

六、影响卵母细胞体外受精的主要因素

1. 受精液及其成分　用于体外受精的基础液通常为台氏液（Tyrode's albumin lactate pyruvate，TALP）和 BO 液。这些溶液相对比较简单，主要成分是无机盐离子，不含复杂的氨基酸和维生素等成分。在体外受精研究的初期，曾使用成分复杂的 Ham's F10 等组织培养液，体外受精的效果一直不好。后来研究发现，精子的获能伴随着细胞内 pH 的升高。因此，成分过于复杂的受精液将可能干扰精子的正常受精。受精液中的 Ca^{2+}、Mg^{2+}、Na^+、K^+ 和血清蛋白均对精子的获能和体外受精起着重要作用。BSA 具有螯合锌离子、置换精子质膜中的胆固醇、降低精子质膜的稳定性、提高精子活力和促进精子的获能及顶体反应等作用，因此 BSA 是受精液中的关键成分。石德顺曾对不同受精阶段的 BSA 作用进行了系统研究，结果发现 BSA 在精子的悬浮和清洗过程中尤为重要，其次是受精后的 0～8h。受精 8h 后，BSA 对体外受精的结果无明显影响，反而会延迟受精卵的发育。由于 BSA 的用量较大（通常为 0.6%），故 BSA 的质量对体外受精的结果影响显著。通常使用无游离脂肪酸的第五组分 BSA，纯度要求越纯越好。

2. 精子的来源　来自不同部位的精子，其获能的难易程度不同，故体外受精的效果也不一样。来自附睾的精子，由于没有附着由副性腺分泌的去能因子，故而较易获能，体外受精的效果也较好。因此，体外受精技术研究的初期，大部分实验动物的体外受精都采用来自附睾的精子。

冷冻精液较新鲜精液容易获能，且有些受精力好的公牛精液不经任何获能处理也能使卵母细胞受精。

公畜个体对体外受精的结果有显著影响。石德顺对牛体外受精的研究发现，公牛个体之间不仅受精分裂率有显著差异，而且囊胚发育率差异更为明显。进一步的研究发现，公牛个体之间的这种受精能力差异与采精的季节无关，亦与受精液中的肝素浓度无关。公畜个体的这种体外受精效果差异亦存在于其他家畜，特别是猪。因此，在体外受精技术的开发应用过程中，通常要先对公畜个体受精能力进行体外受精测定，选出体外受精效果较好的公畜来进行胚胎的体外生产。

3. 精卵比例　　精子的浓度过高易引起多精受精，过低又影响受精率。通常用于体外受精的精子浓度为（1.0～5.0）×10^6 个/mL，精卵比例为（10 000～20 000）∶1。在有咖啡因存在的条件下，精子浓度可降低为 0.5×10^6 个/mL，精卵比例可降低为（500～2000）∶1。

4. 水质　　水质是体外受精的一个重要影响因素，对体外受精的成功与否至关重要。培养液在贮存过程中，CO_2 和碳酸盐流失，致使 pH 升高，对受精卵产生有害的影响。石德顺等的研究发现，水源质量对体外受精有明显影响，配制受精液的水最好是先过离子交换柱，然后用玻璃蒸馏水器重蒸 3 次。在受精液中加入 50mmol/L 的 EDTA，可除去重金属离子，降低水质对体外受精的影响。

5. 温度　　温度亦是影响体外受精的重要因素之一，很小的温差可能会对体外受精有很大影响。牛体外受精的最适温度是 39℃，如果采用 37℃，受精率则下降 15% 以上；对猪的体外受精研究发现，37℃时的受精率不到 1%，而 39℃时则达 39%；羊精子的顶体反应也与温度显著相关。

6. 气相环境　　用于体外受精的气相环境通常采用含 5%CO_2 的空气。虽然胚胎的体外培养采用 5%CO_2、5%O_2 和 90%N_2 的气相环境培养效果较好，但体外受精效果则不如含 5%CO_2 的空气。其主要原因是精子在获能过程中呼吸增加，耗氧量增加 2～3 倍，过低的氧浓度将不利于精子的获能与受精。为维持受精液渗透压的稳定，培养箱底部应加有足量的水，以保持培养箱的最大饱和湿度。

7. 精卵孵育的时间　　精卵孵育的时间对保证体外受精效果非常重要，过短不足以保证受精率，过长又容易引起多精受精，特别是像猪这类多精受精特别严重的家畜，更要特别注意控制精卵孵育的时间。当采用钙离子载体 A23187 获能处理精子，或受精液中的咖啡因浓度在 5mmol/L 以上时，精卵孵育时间应控制在 6～8h。当用肝素获能处理精子，且受精液中的咖啡因浓度为 2.5mmol/L 时，精卵孵育时间应控制在 24h 以内，因咖啡因对卵母细胞受精后的胚胎发育具有抑制作用。

8. 精子活力增强因子　　由于精子的活动能力在卵母细胞的受精过程中起着非常重要的作用，因此在受精液中添加精子的活力促进因子将可能提高卵母细胞的体外受精率。PHE［penicillamine（青霉胺）20μmol/L、hypotaurine（亚牛磺酸）10μmol/L、epinephrine（肾上腺素）1μmol/L］是最早用于增强仓鼠精子活力、提高体外受精效果的一种混合物，后来被广泛应用于牛的体外受精。在使用 PHE 时，要特别注意避光保存，因肾上腺素在溶液状态下极易氧化成对细胞具有毒性的衍生物，且光能加速这一氧化过程。因此，PHE 通常先配成 100× 的贮存液分装避光冻存，用前才解冻添加到受精液当中。

另一精子活力增强因子是咖啡因。许多研究报道表明，在受精液中加入咖啡因能显著提高受精率，特别是当精子活力较差时，咖啡因的效果尤为显著。在应用流式细胞仪分离的精子进行体外受精时，咖啡因是保证体外受精效果的关键。因此，咖啡因目前被广泛应用于体外受精。然而，由于咖啡因对受精卵的早期胚胎发育不利，故要严格控制咖啡因的浓度和作用的时间。通常使用的浓度为 2.5mmol/L，精卵孵育时间应控制在 24h 以内。

谷胱甘肽也具有增强精子活力和提高受精率的作用。据报道，在受精液中加入 5mmol/L 的谷胱甘肽能显著提高牛精子的活力和受精力。

9. 血小板活化因子 血小板活化因子（platelet activating factor，PAF）是一种与磷脂相连的脂，具有诱发质膜囊泡化的特性。PAF 是人精子顶体反应的内源诱导者，能提高小鼠和兔卵母细胞的体外受精率。石德顺的研究表明，在受精液中加入 100ng/mL 的 PAF，能显著提高牛卵母细胞受精后的囊胚发育率。

10. 氨基酸 大部分氨基酸对卵母细胞的体外受精具有抑制作用，但个别氨基酸对体外受精具有促进作用。石德顺的研究表明，当在受精液中加入最小基本培养基（MEM）的必需氨基酸时，牛卵母细胞的受精分裂率显著下降，而当在受精液中加入 5mmol/L 的甘氨酸时，卵母细胞的受精分裂率和囊胚发育率均明显提高。甘氨酸在输卵管液中的浓度较高，它可能与精子的获能和受精有关。

11. 细胞分泌因子 精子的获能和受精是在输卵管中完成的，因此输卵管上皮细胞的分泌因子可能对精子的获能和受精具有促进作用。许多研究表明，输卵管上皮细胞及其条件培养液均对牛、绵羊和兔等动物的精子获能和受精具有促进作用。除输卵管上皮细胞外，卵泡内膜细胞的分泌因子亦能显著提高牛卵母细胞体外受精后的囊胚发育率。

七、单精显微注射授精的方法与意义

单精显微注射授精是 20 世纪 80 年代发展起来的一种新型的体外受精技术，它是借助显微操作仪，将精子或精子细胞直接注入卵母细胞胞质内（卵细胞胞质内单精子注射，intra cytoplasmic sperm injection，ICSI）或卵周隙中（透明带下授精，subzonal insemination）来实现受精的技术。由于该技术可排除透明带甚至质膜对精子入卵的阻碍作用，对精子的死活及其完整性无严格要求，因此该技术对动物受精机制研究、男性不育的治疗及野生动物保护等方面具有重大意义。

显微授精的研究可追溯到 1962 年，有人发现向海胆卵母细胞注射同种或异种精子（人精子）均可形成雌、雄原核，并且注射过程可以激活卵母细胞。最早在哺乳动物进行，将仓鼠或人精子注入仓鼠卵母细胞中，观察到精核能够解聚并可以发育形成雄原核，证明雌雄配子质膜融合并非精核解聚和原核发育所必需。1979 年 Thadani 在大鼠上的实验表明，精子注射时卵龄对精子的解聚及原核形成有影响，只有完全成熟的卵，注入精子后才能发生精子解聚和原核形成现象，未成熟的卵注入精子时，精子也能解聚，但不形成原核。1980 年 Thadani 又对大鼠、小鼠的精卵互作进行了研究，发现在异种受精中，卵子的透明带具有种的特异性，但精子在卵质膜内的解聚及原核形成没有明显的种属特异性。将已获能并发生顶体反应的不运动精子注入小鼠卵母细胞胞质中能形成原核。将仓鼠球形精子细胞核注入成熟的卵母细胞胞质中，结果 75% 的受精卵能分裂成 2 细胞。此后向小鼠球形精子细胞核的卵母细胞胞质内注射也获成功，并获得试管小鼠。将从睾丸分离得到精子细胞和次级精母细胞，经体外培养后获得精子细胞，然后分别注入体外成熟的牛卵母细胞胞质中，结果获得了 7.1% 和 8.7% 的囊胚发育率。将猪的球形精子细胞和球形精子细胞核注入电激活的猪成熟卵母细胞中，囊胚发育率分别是 25% 和 27%。这些研究使得可利用的精子大大增加。

显微授精研究的突破性进展发生在 1988 年，Mann 将运动的精子注入小鼠卵周隙中，首次得到了成活的后代。将不运动的精子注入兔卵母细胞胞质中也得到了正常的后代。

将经过反复冷冻、解冻，形态受到破坏的牛精子注入卵母细胞胞质内，体外培养到囊胚，移植后成功产犊。1995 年，Kimura 和 Yanagimachi 对显微操作仪做了改进，用电控式（piezo-driven）操作系统使小鼠的 ICSI 的成功率有了极大的提高，80%的注射卵存活，其中有 70%体外发育到囊胚，产仔率达到 30%。同年，Ahmadi 等先向小鼠卵母细胞胞质内注入 Ca^{2+}，再注入一个形态正常的活精子，这样也获得了 ICSI 小鼠后代。

我国的同类研究虽起步较晚，但进展很快。1992 年卢圣忠等进行了牛和猪精子显微授精的研究，牛冷冻精子注射的受精率为 19.9%，分裂率为 9.4%；猪新鲜和冷冻附睾精子注射的受精率达 25.2%，分裂率达 21.6%。1993 年，罗军等报道了兔单精子胞质内注射授精的成功，获得 7%桑椹胚和囊胚发育率，2～4 细胞胚胎移植后顺产 4 只健康仔兔。1996 年，黄振勇和陈大元等采用小鼠卵母细胞胞质内注射，获得了小鼠后代。1996 年，顾文艺等将绵羊精子可溶性提取物与单个不运动绵羊精子注入体外成熟的绵羊卵母细胞胞质中，结果 2～4 细胞、8～16 细胞、桑椹胚、囊胚的发育率比不注入精子可溶性提取物的发育率均有提高，分别是 44.2%、37.8%、26.9%、5.1%和 29.8%、19.5%、17.5%、1.03%，证明精子和精子提取物共同注射具有明显的促进胚胎发育作用。李青旺（1997）将获能后再在−20℃冷冻致死的精子，注入用钙离子载体 A23187 激活的成熟卵子，受精率、8～16 细胞和桑椹胚发育率分别是 46.3%、21.95%和 7.3%。1999 年，李子义进行小鼠精子和球形精子细胞的 ICSI 注射，胞质内精子注射卵的存活率为 21.4%，受精率为 35.5%，卵裂率为 32.3%，囊胚率为 20.0%。在人的显微辅助授精技术研究方面，中山大学的庄广伦教授等于 1996 年在国内首次获得成功，目前已广泛应用于临床。

1. 显微授精的方法 精子显微注射授精主要包括卵子的收集和处理、精子或精核的制备、精子或精核的显微注射及卵子的激活等。

（1）卵子的收集和处理 目前用于 ICSI 的卵子可以通过激素超排的方法获得，也可采用体外成熟的卵子。卵母细胞在注射前用 0.1%的透明质酸酶除去卵丘细胞，然后置于覆盖有液体石蜡的微滴中备用。对于脂肪含量较多的牛和猪卵母细胞，还应对其进行离心处理（1000g），以便使卵母细胞胞质中的脂肪滴被甩向一侧，胞质变得透明，便于注射的操作。

（2）精子或精核的制备 新鲜射出或从附睾收集的新鲜的，或冷冻、解冻的精子均可用于注射。精子注射前，要对其进行孵育获能处理。如果注射的是精子头，则需要对其进行超声波处理和蔗糖密度梯度离心分离。制备好的精子可单独置于含有 8%～10%聚乙烯吡咯烷酮（polyvinylpyrrolidone，PVP）或甲基纤维素的操作液微滴中（PBS 或含 5mmol/L $NaHCO_3$ 的 TCM-199），这样一方面可使活的精子丧失其游动性，便于注射时捕捉，另一方面可使精子不容易贴在注射管壁上，有利于精子的释放。此外，可在精子注射的操作液中加入 5mmol/L 的二硫苏糖醇（dithiothreitol，DTT），可使注入卵母细胞胞质的精核更易发生解聚，这是目前提高雄原核形成率的一种常用方法。

（3）精子或精核的显微注射 目前用于精子显微注射的方法有常规和电控式精子显微操作法，两者主要在注射管及驱动力上有所区别。前者需要斜口针，后者使用平口针即可。显微注射管的内径只能比精子头部的直径稍大一点，为 6～8μm。显微操作时，首先用注射针在精子的操作液滴中将精子制动，然后将单个精子从尾部吸入注射管的开口端，而后转移至含有卵母细胞的操作液滴中，将单个精子连同微量的液体注入卵母细胞的胞质。为避免损害卵母细胞的纺锤体，注射的进针位置应在极体与卵子中心连线的垂直线上。

（4）卵子的激活　　除人、兔和小鼠的卵子受到微注射管的机械刺激可以直接被激活外，其他哺乳动物，如不用另外的激活处理，其激活率极低。目前激活卵母细胞常用的方法有钙离子载体 A23187 处理、电激活、乙醇处理、离子霉素（ionomycin）＋6-二甲基氨基嘌呤（6-DMAP）、离子霉素＋放线菌酮等。目前，较为有效的激活处理方法是先用 5μmol/L 的离子霉素激活处理卵子 5min，然后在含有 2mmol/L 6-DMAP 的培养液中培养 3h。

2. 精子显微注射授精的意义　　精子显微注射授精技术是体外受精技术的补充，它可解决精子本身所导致的一系列不育问题，故而被广泛应用于生殖医学的男性不育方面的治疗。此外，显微注射授精特有的技术特点，对畜牧生产、野生动物保护和受精机制等发育生物学基础理论的研究均具有非常重大的意义。

（1）提高珍贵品种精子的利用率　　人工授精的精子至少需要 500 万个/头牛，体外受精也至少需要 500 个精子受精 1 个卵子，而显微注射授精只需要 1 个精子就可受精 1 个卵母细胞。此外，死亡和形态异常的精子也可受精。因此，显微授精技术可以大大提高一些珍贵品种的精子利用率，这在实际生产中意义非常重大。

（2）推动精子分离技术的推广应用　　采用流式细胞仪分离 X、Y 精子来进行动物的性别控制是目前最为有效的一种性别控制方法。然而，由于该技术的精子分离效率低、成本高，目前很难在畜牧生产中推广应用。如果结合显微授精技术，则可使这项性别控制技术在生产中的应用变为现实。

（3）提高体外成熟卵母细胞的受精率　　体外成熟的卵母细胞由于在成熟培养过程中透明带硬化，往往受精率下降，应用显微授精技术则能提高这类卵母细胞的受精率。此外，猪和马等动物的卵母细胞，由于体外成熟的质量较差，多精子受精现象严重，如采用单精授精技术则可解决这一问题。

（4）解决无精和少精的雄性生育问题　　对于少精和精子活力较差的雄性个体，采用常规的授精方法无法繁殖后代，但采用显微注射授精技术则可解决这一问题。对于无精的雄性个体，则可从精曲小管内分离得到精子细胞，然后结合显微授精技术使其繁殖后代。所有这些，对于濒危动物的保护和男性不育的治疗意义特别重大。

（5）简化转基因的方法　　结合精子载体转基因技术，将目的基因与精子在精子操作液中一起孵育，然后一同注入卵子中，则有可能提高转基因的效率，从而为转基因动物的研究开辟一条简单易行的技术路线。

第六节　早期胚胎的体外培养

早期胚胎的体外培养是体外受精技术的最后一个技术环节，亦可检验前面两个技术环节最终效果。Whitten（1957）在培养液中添加乳酸钙，发现可使鼠 2 细胞胚胎发育至囊胚阶段，从而找到了哺乳动物胚胎体外培养的突破口。1962 年，Biggers 首次用离体小鼠输卵管的膨大部将小鼠原核胚培养到囊胚阶段，进而推测输卵管上皮细胞的分泌物质可支持小鼠胚胎发育，而体外培养液中缺少某些供胚胎发育的物质。1963 年，Brinster

创建了胚胎的微滴培养法，并于 1965 年改良培养液成分，增加了乳酸钠和丙酮酸钠，亦成功地将 2 细胞胚胎培养成囊胚。

牛早期胚胎的体外培养开始于 1949 年，Dowling 采用卵黄生理盐水对牛胚胎的体外培养进行了尝试，发现 14 枚 8 细胞的牛胚胎有 1 枚发育到 16 细胞阶段。随后，研究者采用血清、卵泡液和组织培养液对牛胚胎的体外培养进行了一系列的研究。但直到 1972 年，Tervit 等才采用合成的输卵管液和 $5\%CO_2+5\%O_2+90\%N_2$ 的培养条件将 $1\sim8$ 细胞的牛胚胎培养至早期囊胚阶段。4 年后，Wright 等（1976）采用 Ham's F10＋FCS 作为培养液，$5\%CO_2+5\%O_2+90\% N_2$ 作为气相环境，亦成功将 $1\sim8$ 细胞的牛胚胎培养至扩展囊胚和孵化囊胚阶段。近十几年来，随着胚胎早期发生机制的深入研究，以及培养体系的应用和培养条件的改进，哺乳动物胚胎的体外培养取得了长足进展，目前已成为整个胚胎生物技术研究与开发的有力手段。

一、胚胎体外培养的发育阻断

哺乳动物受精卵的早期胚胎发育，其前几个细胞周期的合成代谢是由贮存在卵母细胞胞质中的 rRNA 和 mRNA 负责完成的。随着胚胎的发育，合子的基因开始启动转录，其代谢活动逐步由母源的 mRNA 控制向合子本身的 mRNA 控制过渡。在这一过渡时期，胚胎对所处的环境条件特别敏感，稍有不适便表现出不可逆的发育阻断（block）。发育阻断出现的时间与合子基因启动的时间有关，人的胚胎发生在 $4\sim8$ 细胞期，小鼠的胚胎发生在 2 细胞期，猪的胚胎发生在 4 细胞期，牛和绵羊的胚胎发生在 $8\sim16$ 细胞期。发育阻断的出现与否是胚胎本身质量和培养条件相互作用的结果，在一定的培养条件下，某些特定品系的多数胚胎不表现发育阻断，而通过改善培养条件亦能提高通过发育阻断的胚胎比例。

如何使胚胎通过发育阻断，一直是胚胎体外培养研究的热点。最初，人们采用降低气相环境中的氧浓度来促使胚胎通过发育阻断，并取得了一定的效果，但结果的重复性较差。后来的研究发现，与体细胞共培养是促使胚胎通过发育阻断最为有效的途径，并由此导致胚胎体外生产技术迅速发展。近年来，随着研究工作不断深入，胚胎的发育阻断也可以通过改善培养条件和在培养液中添加生长因子（TGF-β 和 FGF 等）、细胞外基质因子（如肝素结合蛋白）克服。需要指出的是，胚胎的体外培养是诸多因素综合效应的结果，过分重视某一因素的作用不能取得预期的效果。因此，胚胎培养的研究要从培养液的成分和培养环境的整体效应来考虑。

二、培养液的基本成分及其功用

培养液的基本成分主要包括无机盐、能量底物、氨基酸、维生素、生物体液和蛋白质、激素、生长因子和多肽及环磷酸腺苷等，按其功用可分为渗透压维持因子、代谢底物和代谢调节因子等。

1. 无机盐 培养液中的无机盐主要包括：Na^+、Cl^-、K^+、Mg^{2+}、Ca^{2+}、PO_4^{3-}、SO_4^{2-} 和 HCO_3^- 等。Na^+ 和 Cl^- 的主要作用是调节培养液的渗透压。K^+ 的浓度（$0.6\sim48mmol/L$）对胚胎的发育影响不大，但去掉 K^+ 则胚胎的发育受到抑制。在一定的浓度范围内（$0.4\sim10mmol/L$），Ca^{2+} 对胚胎的发育影响亦不大，但没有 Ca^{2+}，胚胎的分裂和

桑椹胚的致密性将受到抑制。培养液中缺乏 Mg^{2+}、PO_4^{3-} 和 SO_4^{2-}，对胚胎的体外发育影响不大，相反，PO_4^{3-} 可引起仓鼠胚胎的体外发育阻断，但对猪胚胎的体外发育无抑制作用，适当浓度的 PO_4^{3-}（0.5mmol/L）对牛受精卵的体外发育还有促进作用。HCO_3^- 的主要作用是作为培养液酸碱平衡的缓冲剂，同时也参与胚胎碳水化合物的能量代谢。许多研究表明，HCO_3^- 是哺乳动物胚胎培养液中一种重要的成分。

2. 能量底物　　由于能量代谢是胚胎在体外发育过程中的基本生命活动，故能量底物亦是胚胎培养液中的一种重要成分。胚胎培养液中能量底物主要包括葡萄糖、乳酸钠、丙酮酸钠和谷氨酰胺等，随着胚胎发育阶段的不同，它们对胚胎发育的作用亦不一样。葡萄糖对多种动物（小鼠、仓鼠和牛）的胚胎早期发育具有抑制作用，但对于桑椹胚以后阶段的胚胎发育则有促进作用。对于猪的早期胚胎，葡萄糖具有促进作用，但对囊胚的形成则有抑制作用。对于绵羊的胚胎发育，葡萄糖没有明显的作用。丙酮酸钠和乳酸钠是胚胎早期发育的主要能量代谢底物，故大多数胚胎的培养液都添加有这两种能量底物。谷氨酰胺是另一类具有通用作用的能量代谢底物，它可在糖酵解作用受到阻抑的情况下作为胚胎代谢的主要能源。

3. 氨基酸　　氨基酸是蛋白质合成的前体，同时也参与胚胎的能量代谢，故大多数胚胎培养液也都含有氨基酸。许多研究表明，氨基酸是兔、仓鼠、人等胚胎发育到囊胚期所必需的。研究亦证明，氨基酸是牛卵母细胞和早期受精卵体外发育必不可少的。氨基酸能促进人囊胚的形成和发育，减少细胞死亡指数。

由于小鼠卵母细胞和胚胎中具有内源性的氨基酸池和特殊的氨基酸运输系统，其受精卵可以在无氨基酸的情况下发育到囊胚阶段，但添加氨基酸则能提高其体外发育率。研究氨基酸对绵羊合子发育的影响发现，卵裂率、囊胚率均因加入氨基酸而显著提高。然而，并非所有的氨基酸对各种动物的胚胎发育都有利。研究表明，必需氨基酸（EAA）对绵羊16细胞胚胎发育有抑制作用，而非必需氨基酸（NEAA）则有促进作用。就单一氨基酸的作用而论，研究证实，天冬氨酸、天冬酰胺、甘氨酸、组氨酸对胚胎发育均起促进作用，而半胱氨酸、亮氨酸、苏氨酸和缬氨酸起抑制作用。牛体外受精胚胎的体外培养研究发现，在培养液中加入 10mmol/L 的甘氨酸和 1.0mmol/L 的丙氨酸能显著提高囊胚发育率和囊胚的发育速度。

4. 维生素　　许多研究证实，维生素作为碳水化合物和氨基酸代谢过程中必不可少的成分，能促进细胞对葡萄糖的摄取和乳糖的合成，从而影响胚胎的代谢和发育。有研究表明，肌醇、泛酸和胆碱能促进仓鼠和兔胚胎的发育。在一种化学成分确定的培养液中加入 100μmol/L 维生素 C 可显著提高牛体外受精的囊胚发育率。

5. 生物体液和蛋白质　　胚胎培养的早期研究大多采用血清和卵泡液等生物体液来进行，但已证实这些纯的生物体液并不适合胚胎的培养。后来对子宫分泌液和输卵管分泌液的研究亦发现，它们也不能支持胚胎的体外发育。然而，在基础培养液中添加一定比例的这些生物体液对胚胎的发育具有促进作用。目前，用于胚胎培养的生物体液和蛋白质添加物有胎牛血清（FCS）、新生犊牛血清（NCS）、发情母牛血清（OCS）、阉公牛血清（SS）和牛血清白蛋白（BSA），其中胚胎培养效果较好的是 OCS 和 SS。此外，经灭活处理的牛奶也被作为蛋白质添加物成功地将 1 细胞的小鼠胚胎培养到囊胚阶段。

由于血清的成分非常复杂，无法研究每一种具体成分对胚胎体外发育的影响。因而，近年来无血清培养基的应用越来越受到人们的关注，并取得了长足进展。然而，为保证培养效果，特别是胚胎的质量，在胚胎的体外生产实践中仍然使用血清。不过，目前的血清用量已大为减少，降为 3%~5%。

6. 激素　　激素是胚胎发育的调节因子，在胚胎发育的适当阶段添加一定浓度的激素对胚胎的发育具有促进作用。前列腺素 E 和前列腺素 F 对小鼠胚胎的葡萄糖代谢具有促进作用。胰岛素能促进小鼠胚胎的蛋白质合成代谢，增加胚胎的细胞数，并能提高大鼠胚胎和牛体外受精胚胎的发育率。雌激素对仓鼠、兔和猪等多种动物的囊胚形成具有促进作用。激素对胚胎体外发育的影响具有明显的阶段性，在牛体外受精后的第 5 天添加 PMSG、胰岛素、睾酮和雌二醇时，能显著提高受精卵的囊胚发育率，但在受精时或受精后第 2 天就开始添加这些激素时，胚胎的囊胚发育率显著下降。这说明在胚胎发育的早期，胚胎的代谢活动相对较低，过强的外界刺激反而会干扰胚胎的正常发育。

7. 生长因子和多肽　　20 世纪 80 年代后期，人们曾推测血清、输卵管和子宫分泌液中的促进胚胎发育的因子可能就是生长因子和多肽。后来的研究发现，在培养液中添加生长因子，能使胚胎通过发育阻断，并能增加胚胎的细胞数和提高胚胎的质量。因此，生长因子在胚胎体外培养过程中的作用一直受到人们的广泛关注。

（1）**胰岛素样生长因子（IGF）**　　IGF 是一类与胰岛素氨基酸序列高度同源的生长因子，其中 IGF-I 的受体在结构上与胰岛素非常相似。研究表明，母羊血清中的 IGF-I 浓度在发情结束后下降，在下一个发情期到来时又升高，表明 IGF-I 与卵母细胞的成熟、受精和早期胚胎发育有关。对小鼠胚胎的研究发现，IGF-I 能促进早期胚胎的蛋白质合成，并且能增加囊胚的内细胞团细胞数。研究证实，IGF-I 能促进兔囊胚的形成和发育，刺激细胞增殖，阻止细胞凋亡。对人胚胎的体外培养也得出了相似的结果。

（2）**表皮生长因子（EGF）**　　EGF 是一种促细胞分裂剂，不仅能促进卵巢颗粒细胞增殖，还能促进卵母细胞成熟。研究发现，小鼠胚胎在致密桑椹胚阶段出现 EGF 受体，表明 EGF 对胚胎的分化和囊胚的形成可能具有一定作用。EGF 是胚胎早期发育的重要母源信号，它对随后的妊娠识别起着重要作用。对牛胚胎的体外培养研究发现，在培养液中添加 EGF 能提高胚胎的囊胚发育率。

（3）**转化生长因子（TGF）**　　TGF 有 TGF-α 和 TGF-β 两种，而 TGF-β 又分为 TGF-β_1、TGF-β_2 和 TGF-β_3 等 3 种类型。TGF-β 主要由颗粒细胞分泌，具有促进细胞分裂增殖的作用。研究表明，当牛的囊胚形成开始时 TGF-β 可使囊胚的内细胞团数加倍，石德顺等的研究亦得出了相同的结果。此外，TGF-β 还能与成纤维细胞生长因子（FGF）在无血清的培养液中协同作用，促使牛的体外受精卵通过发育阻断。TGF-α 对牛体外受精胚胎的发育无明显影响（Flood et al.，1993）。

（4）**白细胞抑制因子（LIF）**　　LIF 是一种糖蛋白，能抑制胚胎干细胞分化，是目前干细胞建系培养的一种必备因子。此外，LIF 对胚胎的体外发育亦有重要作用。将 LIF 添加到胚胎培养液中可使孵化囊胚发育率提高 4 倍。对牛体外受精的研究也得出了相同的结果。

（5）**血小板活化因子（PAF）**　　PAF 是多种细胞和组织的代谢激活因子。研究发现，PAF 能刺激小鼠胚胎的氧化代谢，增强胚胎的活力。在人体外受精的胚胎研究中，添加 PAF 亦能显著提高胚胎的发育潜力。

8. 环磷酸腺苷（cAMP）　环磷酸腺苷几乎是所有激素作用的细胞内信号转导因子，因而它们对胚胎的作用更为直接，与激素的受体存在与否无关。研究发现，在培养液中添加二丁酰环磷酸腺苷（dbcAMP）或胞苷（dbcCMP）能显著提高 8 细胞小鼠胚胎的发育率。添加 10mol/L 的 dbcAMP 或 dbcCMP 能显著提高牛体外受精胚胎的囊胚发育率，且在受精后第 5 天添加更为有效。然而，添加二丁酰环磷酸鸟苷（dbcGMP）对牛体外受精胚胎的发育无明显影响。

三、胚胎的体外培养系统

胚胎的体外培养系统是指支持胚胎体外发育的所有器材的总和，包括器皿、培养液和培养箱等。根据胚胎的具体培养方法，可分为以下几种。

1. 常规培养系统　常规培养系统是由传统的细胞培养方法衍化而来，即将胚胎单独培养在培养液中，不添加任何其他细胞及其分泌因子。常规培养系统又分为微滴法和四孔培养板法，前者是在塑料培养皿中制作 30～100μL 的微滴，上覆液体石蜡，然后将胚胎置于其中培养；后者是将胚胎直接置于含有 500～800μL 培养液的四孔培养板中培养。具体采用哪种方式，要由培养胚胎的数量来定。若培养胚胎的数量较少，可采用微滴培养法，因培养液体积较小容易建立一个有利于胚胎发育的微环境；若胚胎的数量较多（>100），可采用四孔培养板法，这样的操作相对比较简单。丹麦研究人员建立了一种 WOW 培养方法，可以用四孔培养板培养小量的胚胎。具体做法是用针将培养板的底部凿许多直径为 150～200μm 的凹窝，然后将胚胎放在凹窝中培养，这样也有利于建立胚胎发育的微环境。

常规培养法在胚胎培养的研究初期，仅用作后期胚胎（桑椹胚）的短暂培养。虽然采用该法将牛的早期胚胎成功培养到囊胚阶段，但其发育率低，且活力显著下降。近年来，随着培养液的改进和培养条件的改善，胚胎培养的效率和质量得到了大大提高，该方法已成为目前胚胎培养的一种主要方法。

2. 输卵管的离体培养　为使胚胎克服体外培养的发育阻断，人们曾试图采用输卵管的离体培养法。1962 年，Biggers 等将小鼠的受精卵置于离体的输卵管中，然后进行组织的体外培养，结果发现，小鼠受精卵没有出现发育阻断，能发育到囊胚阶段。随后，该法也被成功用于大鼠、仓鼠、猪和牛早期胚胎的体外培养。因这种方法的胚胎发育率不高，且较为烦琐，故目前很少使用。

3. 与体细胞共培养（co-culture）　与体细胞共培养是 20 世纪 80 年代后期促使体外受精胚胎通过发育阻断的一种有效方法。1965 年，Cole 和 Paul 首次将小鼠囊胚培养在人宫颈癌传代细胞的单层细胞上，发现囊胚的孵化率明显提高。1982 年，Kuzan 和 Wright 将牛的桑椹胚与子宫成纤维细胞共同培养，亦发现其可显著提高囊胚形成率和孵化率。随后，随着体外受精技术的发展，共培养成为体外受精卵的主要培养方法。1988 年，广西大学的卢克焕教授在爱尔兰都柏林大学将牛体外受精卵与上皮细胞共培养，研究成功了世界首例完全体外化的试管双犊。在 20 世纪 80 年代末、90 年代初，与体细胞的共培养成为胚胎体外培养的研究热点。采用的体细胞有输卵管上皮细胞、滋养层细胞、卵丘细胞、颗粒细胞、黄体细胞、子宫内膜细胞和羊膜囊细胞等，其中以颗粒细胞和输卵管上皮细胞最为普及。石德顺认为，颗粒细胞的胚胎培养效果要优于其他细胞，因颗粒细胞是分化程度较高的细胞，在培养过程中可分泌脂滴，这对于胚胎的发育，特别是对囊胚的扩展显得特别重要。

用于胚胎共培养的体细胞，一般要在移入胚胎前48h做成微滴单层细胞，使用时换入新鲜的培养液，移入胚胎后，每48h换液一次。近年来，随着胚胎培养液的不断改良，共培养已无多大必要，因而许多实验室又倾向使用传统的常规培养系统。

四、影响胚胎体外发育的其他因素

1. 培养温度　温度是胚胎体外培养的关键因素。比较36℃、37℃、38℃、39℃和40℃牛体外受精胚胎的体外培养效果，结果发现39℃的囊胚发育率最高（48.7%），38℃次之，其他3个培养温度的囊胚发育率均显著低于39℃。但对于牛体外受精卵的最初几次分裂，培养在37℃的分裂率要显著高于39℃。对于猫胚胎的体外培养，38℃的胚胎发育率要高于39℃。

2. 气相环境　目前，胚胎体外培养所采用的气相环境大多为5%的CO_2。在这种气相环境条件下，培养液中的$NaHCO_3$浓度为26mmol/L时，可使培养液的pH稳定在7.4。如提高$NaHCO_3$浓度，则相应提高培养液的pH。

由于输卵管中的O_2浓度为5%，故人们试图通过充入N_2降低O_2的浓度来提高胚胎的体外培养效果。许多研究表明，在常规培养系统中采用5%的O_2浓度的确能促使胚胎通过发育阻断，并显著提高胚胎的发育率，但对于共培养系统则结果不一。研究了O_2浓度与不同共培养系统的互作关系，结果发现，当牛胚胎与输卵管上皮细胞共培养时，低的O_2浓度可提高胚胎的发育率；但当与大鼠肝细胞（BRL）共培养时，低的O_2浓度反而降低胚胎的发育率。在无蛋白质的常规培养系统中，采用5%的O_2浓度可显著提高牛胚胎的发育率，但在与输卵管上皮细胞的共培养系统中，5%的O_2浓度则降低牛胚胎的发育率。因此，对于共培养系统，没必要控制O_2的浓度。石德顺等也曾对用氮气降低O_2的浓度的方式进行了尝试，发现培养效果不好，因而一直沿用5%CO_2的空气，并取得了高达75%的囊胚发育率。后来研究也发现，5%和20%O_2对1细胞胚胎的卵裂率、囊胚率没有影响。

3. 培养液体积与胚胎数量的比例　胚胎能分泌一种有利于本身发育的因子，因而胚胎的培养密度显得特别重要。对胚胎体外培养的早期研究发现，滋养层能促进牛早期胚胎的体外发育。研究发现，在培养液中添加50%的牛囊胚条件液能使牛的囊胚发育率由48.1%提高到59.3%。采用无血清培养液的研究发现，当40μL微滴中的牛胚胎数量由4枚增加到40枚时，囊胚发育率随即由2.5%增加到22.0%。为此，有人建议，胚胎培养的最适密度是1枚/μL。

小鼠胚胎体外培养的研究亦表明，每滴单枚胚胎培养的发育率（38.7%）要显著低于每滴10~20枚胚胎培养的发育率（65.6%）。研究进一步证实，胚胎的数量和培养液的体积是影响小鼠胚胎体外发育的重要因素，并建议每10μL培养液培养5枚胚胎较为适宜。

胚胎之间的相互促进效应不仅存在于种内，而且还存在于种间。将牛的体外受精胚胎与 10 枚小鼠胚胎共培养,结果发现小鼠胚胎可显著提高牛体外受精胚胎的发育率。鉴于胚胎的分泌因子对胚胎本身发育的促进作用,在胚胎体外培养的具体实践中要慎重考虑培养液更换的频率和量。当采用微滴培养时,通常培养液每 48h 更换 1 次,每次更换 50% 为宜。若采用培养板法,1 周之内都不必更换培养液。

第四章 卵母细胞与胚胎保存

随着社会的发展，我国很多动物的优秀基因流失，性能逐年退化，有些已经濒临灭绝。因此，如何保护这些优秀种质资源已经成为迫在眉睫的任务。卵母细胞与胚胎冷冻保存技术，是通过冷冻保存卵母细胞和胚胎细胞，建立"卵子库"和"胚胎库"，一方面可以保存种质资源，另一方面可以使动物胚胎工程技术的研究不受时间和空间限制，从而推动相关学科和技术的发展。

第一节 概 述

胚胎与卵母细胞冷冻是采取特殊的保护措施和降温程序，使胚胎或卵母细胞在-196℃的条件下停止代谢，而升温后又不失去代谢恢复能力的一种长期保存胚胎与卵母细胞的技术。这一技术为哺乳动物育种、繁衍和工厂化生产奠定了坚实的基础，具有重大的理论和实践意义。

胚胎冷冻保存为建立优良动物的胚胎库或基因库提供了条件，可使因疾病、天灾或战争等其他原因丢失的各种动物品种、品系和稀有突变体得以保持，可以控制品种内的遗传稳定性和维持某些近交系动物的遗传一致性，节省大量时间和资金。家畜胚胎库的建立，可实现简便廉价地远距离运输胚胎，以代替运输活畜，节约运输和检疫费用，还可减少因活畜运输而传播疾病的机会，促进国际良种的交换。在鲜胚移植时，供体和受体必须同地饲养、同期发情、同日回收和移植胚胎。而冷冻胚胎移植则比较简便，观察到受体的发情日期后，在受体处于和胚龄相应的日期时，可随时解冻移植。随着胚胎冷冻技术的发展成熟，家畜的胚胎移植会像目前精液冷冻技术那样方便易行。基因库的建立对诸如实验胚胎学、发育生物学和遗传学等理论研究也有重大的价值。

把优良动物的卵母细胞冷冻保存，可为卵母细胞体外成熟、体外受精、核移植、转基因等胚胎工程技术提供充足的材料，并有利于冷冻生物学及受精生物学的研究。对优良家畜、珍稀濒危野生动物而言，其个体的遗传贡献对物种的保存具有极大的价值。卵母细胞冷冻保存与精子和胚胎冷冻保存一起应用，可建立种质库。种质的长期储存和利用，可延长群体的世代间隔，使较小的群体达到较高的遗传多样性。由于种质长期冷冻保存的实现，可考虑将种质库称为第三群体——冷冻动物园群体。种质库－野生群体－圈养群体之间三维基因的交流，可增加整个品种的基因库和有效数量，从而为珍稀濒危野生动物的保护提供新的途径。人胚胎的冷冻保存还有许多伦理、道德和法律上的争议和限制，而卵母细胞冷冻保存则可克服这一问题。卵母细胞冷冻保存可在不孕症治疗方面发挥重要作用，它可提高辅助生殖程序的灵活性。建立接纳捐赠卵子的卵子库，可向无卵妇女提供卵子。所以，卵母细胞冷冻在优良动物遗传资源保存、珍稀和濒危动物品种保存及人的不孕症治疗方面，具有重要的理论和应用价值。

一、胚胎冷冻简史

20 世纪 70 年代初，Whittingham 等（1971，1972）连续报道小鼠胚胎在−196℃和−269℃冷冻保存中获得成功，这引起了科学界的广泛重视。随后，应用这种方法相继在牛（1973年）、兔（1973 年）、绵羊（1974 年）、大鼠（1975 年）、山羊（1976 年）和马（1982 年）等多种动物上进行胚胎冷冻获得成功。胚胎冷冻在程序上经历了由繁到简的过程，主要体现在所需设备简化，冷冻时间缩短。在早期研究中，不同的研究者多以 Whittingham的方法进行家畜胚胎冷冻实验。以缓慢的速度（0.2～0.8℃/min）降温至−196℃投入液氮保存，这就是慢速冷冻。解冻也采取缓慢升温，称为慢速解冻，即以 4～25℃/min 的速度使胚胎由冷冻保存温度上升到室温。这可以使胚胎细胞在冷冻时逐渐脱水而避免细胞内过量冰晶的形成，从而获得较高的成活率，但冷冻过程长达 6h 以上。

对牛胚胎慢速冷冻后进行快速解冻，囊胚的冻后存活率达 60%以上。实验证明，胚胎经快速解冻时，尽管胚胎细胞内有一定数量的冰晶形成，但仍可能存活。

到 1978 年，在牛的胚胎冷冻中首次建立了快速冷冻和快速解冻的方法，即所谓的"常规冷冻法"（conventional freezing 或 standard controlled freezing），胚胎先以 1℃/min从室温降至−7～−6℃诱发结晶，再以 0.1～0.3℃/min 的速度降至−40～−30℃，然后投入液氮保存。解冻也以快速解冻的方法，即在水浴中使胚胎在 30～60s 内由−196℃升至室温（35℃/min）。目前，这种冷冻程序已比较成熟，牛的商业性胚胎冷冻绝大多数采用这种方法。在此基础上发展起来的一步细管法（铃木达行，1983；Leibo，1983），则免除了冻胚解冻后去除保护剂和形态学评价等步骤，使胚胎冷冻技术更为实用。

到 20 世纪 80 年代以后，胚胎冷冻的研究集中于寻求效果更佳的保护剂和简化冷冻和解冻程序。用 1.5mol/L 甘油对 6～8 日龄的牛桑椹胚和囊胚在室温下预脱水后，以1.5mol/L 甘油＋1.0mol/L 蔗糖作保护剂，直接置−30℃冰箱中平衡 30min 后投入液氮，解冻后有 33.3%的胚胎发育成胎儿或活犊。Renard 等（1984）将兔 2 细胞胚用 0.5mol/L蔗糖 PBS 在室温下预脱水，以 2.2mol/L 丙二醇＋0.8mol/L 蔗糖作保护剂，以 1℃/min 的速度降至−30℃，并在此温度下平衡 5～24min 后投入液氮，解冻有 26%的胚胎发育成活犊。这种方法就是将胚胎在室温下预先脱水，以很快的速度降温后放置在−30℃冰箱中平衡一段时间，然后投入液氮。胚胎的这种超快速冷冻（ultrarapid freezing），其成功的先决条件是必须有渗透性保护剂（如甘油、丙二醇、DMSO 等）和非渗透性保护剂（通常用蔗糖）的存在，使胚胎在冷冻前脱水，才能减小冷冻时胚胎细胞内的冰晶数量和体积，从而获得较好的冷冻效果。由于二步法并不比常规的快速冷冻简便，加上胚胎的冻后存活率低于快速冷冻，因此没有更多的人继续进行实验研究。但它为后来发展起来的一步冷冻（直接冷冻）提供了有益的借鉴和依据。

用较高浓度的甘油和蔗糖组成脱水冷冻保护剂，首次一步冷冻小鼠胚胎获得成功，并证明以 3.0mol/L 或 4.0mol/L 甘油配合 0.25mol/L 或 0.5mol/L 蔗糖作保护剂时效果最好。随后用不同浓度梯度的蔗糖和甘油一步冷冻牛和大鼠胚胎也获得了成功。用不同浓度梯度的蔗糖和甘油组成脱水冷冻保护剂一步冷冻大鼠胚胎，结果表明，用 2.8mol/L 甘油＋0.5mol/L 蔗糖作保护剂时，胚胎解冻后培养发育率最高（87.5%）。王新庄等于 1988 年和 1990 年（1993 年发表）将小鼠胚胎在含 128.9g/L 甘油、20%血清 PBS 和含 193.2g/L

甘油＋85.6g/L 蔗糖、20%血清 PBS 中分别孵育片刻，装管后直接投入液氮冷冻保存。冻胚快速解冻后，用含 342.5g/L 蔗糖、20%血清 PBS 脱除甘油，再用血清 PBS 清洗，形态正常率为 77.2%（196/254）。桑椹胚体外培养发育到囊胚者为 71.4%（20/28），移植 110 枚胚胎到 7 只受体，3 只妊娠，产仔 12 只。

　　用高浓度的二甲基亚砜（DMSO）、乙酰胺、丙二醇和聚乙二醇的混合物分别组成的所谓的玻璃化溶液，对 8 细胞期小鼠胚胎进行了一步冷冻实验，获得 87.5%的冻后培养发育率，开创了胚胎一步冷冻的新纪元。但这种混合保护液毒性较大，操作程序复杂。应用不同比例的甘油和丙二醇的混合物，分两步平衡法冷冻小鼠 4 日龄胚胎，建立了一种有效的玻璃化冷冻程序。以这种程序为基础，许多研究者进行了牛、绵羊、山羊、家兔和大鼠胚胎的一步冷冻。用 25%甘油＋25%乙二醇混合保护剂冷冻山羊胚胎成功获得世界第二例胚胎一步冷冻山羊。用二甲基亚砜、乙二醇、甘油和丙二醇组成 5 种混合保护剂，以两种冻前处理方法对小鼠桑椹胚和囊胚进行一步冷冻，结果表明 25%二甲基亚砜＋25%丙二醇和 20%甘油＋20%乙二醇两种混合保护剂的冻后存活率分别达到 91.2%（31/34）和 100%（34/34）。

二、卵母细胞冷冻简史

　　对卵母细胞冷冻的研究，可分为卵巢卵母细胞和输卵管卵母细胞两个方面。卵巢卵母细胞（未成熟卵母细胞）的冷冻相当困难。卵母细胞冷冻的最初报道见于 1977 年 Whittingham 在小鼠上的研究，并获得仔鼠。此后有许多实验进行了小鼠成熟卵母细胞的冷冻保存，其受精后有 15%～30%发育成小鼠。Whittingham（1977）发现，未成熟卵母细胞冷冻后的成熟率很低，对小鼠未成熟卵母细胞（GV 期）的冷冻实验表明，其解冻后大部分能体外成熟，但体外受精后发育到 2 细胞的仅为 9%～17.3%。对家畜卵母细胞冷冻的研究很少，效果也不理想。迄今为止，已对多种哺乳动物成熟卵母细胞进行了冷冻保存和体外受精实验，但仅在兔、牛（1992）和人（1986）中获得了后代。牛体外成熟卵母细胞冷冻后，体外受精率仅为 7.9%；用玻璃化法冷冻牛成熟卵母细胞（DAP-213 保护），其卵裂率为 64.6%，囊胚率为 18.8%，妊娠率为 23.08%（3/13）；另有报道称，应用玻璃化法冷冻体外成熟后的牛卵母细胞，其解冻后卵母细胞形态正常率为 92.6%（DAP-213 保护），囊胚率为 10.2%，妊娠率为 50%。冷冻牛 GV 期的卵母细胞，其受精率、卵裂率和发育率均较低，分别为 19.2%～20%、5.5%～12.5%和 0～2.1%。用玻璃化法冷冻猪 GV 期卵母细胞，体外成熟率仅为 24.5%。范必勤与 Ridha（1985）合作对仓鼠和牛卵巢卵母细胞进行冷冻，发现卵巢卵母细胞的冻后存活率、形态正常率和成熟率因防冻液基础液（培养液）的不同而异，特别是冻后成熟率的差异极为显著。他们选用了 4 种培养液，即 TCM-199、台氏液、杜氏液和牛卵泡液，结果最高存活率和最高成熟率分别为 92.5%（杜氏液）和 25.0%（牛卵泡液）。在仓鼠，冻后存活率、形态正常率和受精率分别为 56.6%、42.5%和 33.3%。Whittingham 和范必勤都是以 1.5mol/L DMSO 为冷冻保护剂进行慢速冷冻。南桥昭等（1987）将 10%的甘油应用于卵巢卵母细胞的冷冻，通过慢速冷冻、快速解冻、四步法除去冷冻保护剂后最高形态正常率为 31.1%，最高成熟率为 8.8%～11.3%。虽然甘油作为胚胎冷冻的冷冻保护剂相当成功，但用于卵母细胞却未能获得满意效果。

近几年来，先后有报道对小鼠、仓鼠、鼠猴、骆驼及人输卵管中的卵母细胞进行了冷冻研究，选用不同的冷冻解冻体系，获得了极为不同的效果。但总的来说，输卵管卵母细胞的冷冻效果比卵巢卵母细胞要好。在'C57BL×CBA'杂交一代小鼠，对冻后输卵管卵母细胞进行了体外受精，结果无卵丘细胞的卵，其受精率高达61%，但仍明显低于对照组。

卵母细胞的冷冻方法多借鉴胚胎冷冻方法，但冷冻效果远比不上胚胎冷冻效果。目前，只有小鼠成熟卵母细胞的冷冻取得了较为理想的结果，其他动物冷冻卵母细胞的受精率、卵裂率和发育率，与未冷冻卵母细胞相比都很低。

第二节　冷冻原理

精子细胞在成熟过程中胞质丢失（基本上为细胞核），成为高度浓缩的细胞，具有较强的抗冻性能。而胚胎细胞是发育中的细胞，细胞内的水分含量达80%以上，在冷冻过程中，有90%的水分形成游离水而冻结成冰晶。细胞内冰晶的形成，使细胞膜和细胞内的蛋白质结构发生不可逆的变化，导致细胞死亡。细胞冷冻保存的关键并不在于能否长期耐受低温，而是在冷冻和解冻时对细胞的致死性作用。胚胎在超低温条件下长期保存，是否会引起老化，虽然仍在继续研究，但实验证明，山羊胚胎冷冻保存687～819d后解冻移植的结果，与保存12～21d的胚胎无显著差异。

一、冷冻

胚胎在冷冻过程中，当外界温度降到0℃以下时，胚胎保存液中的胚胎细胞就会受到两方面的损害，即物理损伤（细胞内结冰）和化学损伤（渗透损伤）。因为细胞内的水可以自由透过细胞膜，当细胞内外溶液的渗透压不等时，水就会通过细胞膜渗出或透入以保持膜内外渗透压的平衡。在冷冻过程中，由于冷冻保护剂的作用，在-10℃以下细胞内仍不结冰，但胞质变为过冷状态（到达冰点而不结冰）。冰晶首先在细胞外的保存液中形成，此时冰晶与溶质分离。继续降温，胞外冰晶形成加快，使细胞内过冷胞质与胞外愈渐变浓的溶质之间的化学势出现很大差异，也就是渗透压的不平衡。要达到平衡，或者使胞质水分渗出并在细胞外冻结，或者使胞质内水分在胞内冻结，致使胞质浓缩，这两种情况哪种占优势，对细胞的存活至关重要，同时也取决于冷冻速度的快慢。如降温速度很快，超过了细胞膜可能有的渗透能力（膜的渗透性与温度有关），胞内水分来不及渗出，出现过冷现象，在降温至-10℃以下时，就会形成胞内冰晶而使细胞致死。在冷冻过程中细胞内不可避免地要形成冰晶，但胞内冰晶不一定都是有害的，其关键是冰晶的大小。只要细胞内冰晶维持在微晶状态，细胞就不会受到损害，只有大的冰晶才会对细胞的膜和内部结构产生机械损伤。冰晶越大，造成的损伤也越大，甚至造成致死性损伤，这就是冷冻的物理损伤。反之，如果降温速度很慢，胞质水分有足够的时间渗出，就能使细胞内外水分达到化学势平衡。但与此同时，由于胞外溶液中的水分及胞内渗出的水分在胞外结晶，冰晶形成越多，未冻结部分的盐溶液浓度就越高，细胞内外的溶质浓度均不断升高，使细胞脱水而产生所谓的渗透损伤。从冰点缓慢降温到细胞完全脱水这一长时间段中（几个小时），细胞处在高浓度的溶质中，若不能加入抗冻剂，细胞就会受到损害，这就是冷冻的化学损伤（又称渗透损伤）。

二、解冻

当进行快速冷冻时，细胞内的水分来不及渗出就会形成小的冰晶。冷冻的速度越快，形成的冰晶越小。当速度极快时，可以使细胞内生成的冰晶小到无害的程度。但是，这些小的冰晶在解冻时会重结晶，因为大的冰晶表面曲率小，具有的自由表面能小；小的冰晶表面曲率大，具有更大的自由表面能。而自由表面能越大就越不稳定，故小的冰晶就会用形成大的冰晶来减少自己的表面曲率以保持稳定。重结晶在-100℃时进行得很慢，但在-50℃以上时进行得较快，解冻过程如果缓慢升温，在-50～-10℃时胞内仍可形成大的冰晶而造成细胞死亡。迅速升温可使重结晶的小冰晶数目减到最小，也可使细胞处在高浓度溶质中的时间缩到最短，以减少细胞的"渗透性休克"，恢复正常的生理功能。所以，在胚胎冷冻和解冻过程中，胚胎细胞要两次通过-50～-10℃这一致死性温区，关键就在于冷冻时如何有效地保护细胞安全通过这一温区，降至-196℃保存起来；解冻时则要以极快的速率升温，使胚胎瞬间通过危险温区回升到室温，然后脱除细胞内的保护剂，胚胎才能恢复到常态。

三、冷冻保护剂

在冷冻生物学中，向细胞保存液中加入一定量的化合物来保护细胞，以抵抗低温对细胞产生的损害，如胞内结冰、脱水、溶质浓度增高和蛋白质变性等，这些化合物称为冷冻保护剂，或称抗冻剂、防冻剂，包括无机盐类、蔗糖、醇类、酰胺、二甲基亚砜（DMSO）及某些聚合物如聚乙烯吡咯烷酮（PVP）和葡萄糖等。

冷冻保护剂中的一些小分子化合物，如DMSO、甘油、丙二醇、乙二醇等，能迅速进入细胞内，故称为渗透性抗冻剂。渗透性抗冻剂的分子量较小，可以通过渗透扩散的方式进出细胞，起到调节渗透压并减轻胞内冰晶损伤的作用。它们在溶液中易结合水分子发生水合作用，使溶液的黏性增加，从而弱化了水的结晶过程，达到保护的目的。冷冻时加入此类保护剂可降低溶液中溶质的浓度，减少细胞摄入的盐量，而由保护剂替代；冷冻保护剂进入细胞，改变了细胞内过冷的状态，使细胞内压接近外压，降低了细胞脱水引起的皱缩程度和速度；冷冻保护剂进出细胞，缓解了复温时渗透性膨胀引起的损伤（付永伦，1996）。但此类保护剂一般都具有毒性，常用的主要有乙二醇、二甲基亚砜、甘油等。其中，甘油对于大多数细胞渗透性都很低，应用较为有限。乙二醇具有较强渗透性且兼具低毒性。而二甲基亚砜的玻璃化能力较强但细胞复苏时难以彻底清除。因此，目前的冷冻保护剂多选用乙二醇和二甲基亚砜的混合液，以获得作用效果最好、毒性最低的冷冻保护液，使效果增强且毒性降低。保护剂可使细胞内冰核形成的温度下降至-40℃。甘油和DMSO的渗透作用是在0℃以上进行的，0℃以下冷冻保护剂的内流可忽略不计。

另一类保护剂虽不能进入细胞，但有明显的渗透效应，如糖类（蔗糖、海藻糖和棉子糖），还有的是大分子聚合物（如聚乙烯吡咯烷酮、白蛋白），它们并不进入细胞，故称非渗透性抗冻剂。非渗透性抗冻剂的分子量较大，必须采用辅助手段才能进出细胞，具有低毒性，能促进细胞外液玻璃化，主要与渗透性低温保护剂协同使用。这些保护剂可改变细胞膜的通透性，降低冷冻过程中细胞内外的渗透压差，防止渗透损伤使细胞脱水及蛋白质变性，在一定温度下使溶液结冰的部分缩小，从而降低细胞内外的溶质浓度。当水的交换主要依靠渗透压梯度时，其效果尤为明显。最常用的非渗透性保护剂是蔗糖，在冷冻时，主要与渗透性保护剂联合使用，促使细胞完成脱水。解冻时，稀释溶液中含有该类保护剂，它可提供一个高渗环境，防止水分进入细胞太快而引起细胞膨胀破坏。蔗糖在慢速冷冻和快速冷冻中都可起到保护作用，而 PVP、白蛋白只可在慢速冷冻中起保护作用。

　　鉴于传统冷冻保护剂存在明显的毒性问题，人们尝试寻找天然物质来代替有机溶剂充当保护剂的角色，近年来又开发了新型的冷冻保护剂——抗冻蛋白（antifreeze protein，AFP）和热滞蛋白（THP），但研究尚处于初期探索阶段，其作用尚有争议。抗冻蛋白最早发现于极地海洋鱼类中，它能非连续地降低体液冰点，并通过吸附于冰晶的特殊表面而有效地阻止和改变冰晶生长。现已证明，一些陆生节肢动物、维管植物、非维管植物、真菌和细菌等，也含有抗冻蛋白。鱼类抗冻蛋白一般分为 4 类：AFP-Ⅰ、AFP-Ⅱ、AFP-Ⅲ和抗冻糖蛋白 AFGP。AFP 能与细胞膜作用，封闭离子通道，阻止溶质渗透，从而保护膜的完整性。抗冻蛋白和热滞蛋白能够与细胞膜互相作用，改善细胞膜的稳定性，可在低温下保护卵母细胞或胚胎不受损伤。THP 的优点是在高浓度下对细胞无毒害作用。其分子量大，不影响细胞的渗透压，同时可以溶解在缓冲液或玻璃化溶液中。不同冷冻程序使用的浓度不同，不同类型的 THP 和不同冷冻保存方法所需的浓度，需要用实验来确定。一般玻璃化溶液中 THP 的浓度为 40mg/mL，常规冷冻为 0.1~0.5mg/mL，而普通低温（4℃）下为 1mg/mL。值得一提的是，在保存液中加入 THP，4℃条件下将羊的桑椹胚和囊胚保存 4d，其体外培养的发育率与鲜胚无差异。Leboeuf 等（1997）研究了在玻璃化溶液中添加 AFP-Ⅰ对附植前小鼠胚胎存活和体外发育的影响。实验分为 4 组：第一组为冷冻对照组，第二组在玻璃化溶液中未添加 AFP-Ⅰ，另两组玻璃化溶液中添加了 10mg/mL 的 AFP-Ⅰ，其中一组先用 1mg/mL AFP-Ⅰ处理 10min，结果表明，解冻后，48h 的存活率分别为 93.8%、72.5%、61.2%和 70.8%，囊胚孵化率分别为 78.5%、52.9%、40.8%和 43.8%，所有玻璃化冷冻组都低于对照组，而添加 AFP-Ⅰ并未改善解冻后的存活率和囊胚发育率，因此，研究者认为 AFP-Ⅰ在玻璃化过程中对小鼠桑椹胚并没有保护作用。AFP 对细胞的超低温保存，既有有利作用的例子，也有不利影响的例子（王君晖和黄纯农，1996），因此，AFP 的作用需进一步研究。

四、诱发结晶

　　溶液在温度到达其冰点时不结冰，待降到冰点以下一定温度时才结晶的现象叫作"过冷现象"。一般溶液在静止状态下冷却时，常常会出现过冷现象。在低于溶液冰点时撒入晶母或强行冷却可以促使结冰，防止过冷现象的产生。这种促使溶液结冰的方法就叫作诱发结晶或植冰。在细胞冷冻过程中，如果不进行诱发结晶，往往会产生过冷现象。溶液在冰点下任一温度都可能结冰。这样对细胞可能造成两方面的损伤：一方面是溶液在结冰时要释放凝固热使温度回升到冰点。如果溶液在结冰时温度离冰点很远（如-15℃以下），则由于凝固热的释放会使溶液温度迅速上升，接着又急剧下降，细胞往往就在温度的这种剧烈变化中死亡。另一方面是分子的运动和温度有关，当溶液在较高的温度（冰点附近）下结冰时，水分子还处于相当活跃的运动状态，来不及排列成整齐的冰晶，生成的结晶很小，因而对细胞的影响不大。倘若出现过冷现象，溶液在过冷状态下较低的温度（-15℃或更低）结冰，则水分子由于运动速度放慢可以逐渐排列成整齐的晶块，生成大的冰晶，就会对细胞造成严重的损伤。为了防止过冷现象的产生，可在适当的温度（一般是低于溶液冰点几摄氏度）下诱发结晶，强制冷冻保护液结冰。一般认为诱发结晶温度为-7～-3℃，在不同动物，就胚胎而言，由于大小、细胞含水量、渗透性的不同，诱发结晶温度也不一样，如小鼠为-5～-3.5℃，兔为-5～-4℃，羊为-6～-5℃，牛为-7℃。

五、干燥冷冻

利用冰升华的方式使细胞内的水分快速移除，从而抑制胞内生化反应。此方法能在4℃乃至常温下长期储存精子，极大地缩减保存成本。冷冻后的精子会丧失活力，但能保留受精能力和自身 DNA 完整性。卵细胞胞质内单精子注射技术的发展使得精卵结合不再受精子活力的影响，无疑推进了干燥冷冻法的发展。Olaciregui 等已将其成功运用于动物精子的冷冻，但干燥冷冻法对精子超微结构的影响还有待研究。

六、玻璃化冷冻

在胚胎及卵母细胞一步冷冻中，由于将其从常温或 4℃直接投入液氮，降温速度极快，常规保护剂就不能起到保护作用，需要应用高浓度的渗透性保护剂组成的所谓玻璃化溶液来保护细胞。所有的液体在用量较少且冷冻降温速度足够快时，一般都发生玻璃化。基本原理是高浓度的低温保护剂在冷却时黏滞性增加，当黏滞性达到一临界值时而发生固化，溶液变成玻璃样，而细胞内不形成冰。玻璃化过程中，首先形成冰核，然后冰核与未形成冰的水之间产生界面能量。界面能的作用，使冰晶在冰核表面逐渐生长，最终形成同型晶核，而失去流动性，成为玻璃态。玻璃化溶液的结构性质属液体，而机械性质属固体。这种固态物质能保持液态时的正常分子与离子分布，使细胞内发生玻璃化而起到保护作用。细胞在这种液体中脱水到一定程度后，可引起内源性胞质大分子如蛋白质及已渗入胞内的保护剂浓缩，从而使细胞在急剧的降温过程中得到保护。

猪的胚胎对低温的耐受性很低，降温至-15℃时即可导致胚胎死亡。直到 20 世纪 80 年代才证实，猪胚胎不耐冻与其脂肪含量较高有关。猪胚胎在 1～8 细胞期嗜苏丹脂滴较丰富，发育至囊胚期便明显下降，孵化后尼罗蓝染色显示中性脂滴进一步缩小，表明孵化前后的囊胚期猪胚胎适合冷冻，用 7.5μg/mL 细胞松弛素 B（cytochalasin B）处理猪的1 细胞期受精卵，离心分离出细胞质里的脂滴，在倒置显微镜下用斜削口吸管吸除脂肪层。在改进的 PBS＋10%FCS 中进行了 2h 去脂显微操作的猪受精卵，或在 Whitten's 液＋1.5%BSA 中培养 14～18h 发育到 2～4 细胞期后再去脂的猪胚胎，在含 1.5mol/L1, 2-丙二醇溶液中常规慢降温冷冻，解冻后培养观察存活率。结果显示 64 个去脂肪胚中 26 个（40.6%）发育到 8 细胞以上，其中还有 1 个发育至囊胚期。而未去脂肪的 12 枚胚胎无一发育存活。这可能是卵原生质中脂肪去除后，细胞膜中脂肪成分变化所致。哺乳动物细胞冷冻后存活率下降，是因为细胞膜相位（phase）转移和/或横向分离，这与细胞膜脂肪成分密切相关。15℃以下会引起猪胚胎低温损伤，也可能是由于原生质层膜和/或内膜中相位的分离。有报道称，小鼠×人杂交细胞降温到15℃时，其膜中横向扩散增强，说明15℃也是猪胚胎低温的临界温度。改变猪胚胎的脂肪含量，会引起细胞膜中脂肪成分的变化，减少降温期间相位分离和损害的程度。脂滴的存在，或许会对降温或冷冻－解冻期间胚胎存活率有直接影响。把猪胚胎放在15℃下，可以观察到脂肪结构的变化，也有可能形成大的脂滴，这被认为是胚胎和卵母细胞低温损伤的迹象。去脂可能有利于除去能引起细胞器中亚细胞定位过程严重破坏的细胞成分。从已有的研究结果看，猪胚胎是可以冷冻的，不过现在的方法还有待改进，并且要研究出能冷冻孵化前后阶段以外胚龄的猪胚胎。为此，仍要研究猪胚胎不耐低温的分子生物学机制。

第三节 冷 冻 方 法

一、胚胎冷冻

（一）冷冻保护剂的选择和配制

1. 保护剂的选择　　早期的胚胎冷冻研究参考了精液冷冻方法，利用甘油作为胚胎冷冻的保护剂。后来发现聚乙烯吡咯烷酮（PVP）、二甲基亚砜（DMSO）等对小鼠胚胎有一定的冷冻保护作用（表4-1）。对不同动物胚胎的冷冻实验表明，甘油、DMSO对任何动物的胚胎都有良好的保护作用，但在室温下对胚胎有毒性。Houl后来证明，用丙二醇和乙二醇作保护剂时，与甘油和DMSO相比，在快速冷冻过程中更易达到非晶状态，且在非晶状态下有较大的稳定性，不易形成冰晶，从而减小细胞内冰晶的数量和体积。同时还可限制胚胎从液氮中取出后，升温过程中的冰晶形成。而且丙二醇和乙二醇对胚胎的毒性较小。据实验，在室温下，人的2～3日龄胚胎在1.5mol/L丙二醇中处理30min，除去丙二醇后，未观察到形态变化，10枚胚胎培养24h，有7枚仍能继续发育；牛胚胎在1.5mol/L乙二醇或丙二醇中室温保持20min，再用PBS脱除保护剂复水，培养48h全部存活。冷冻和解冻实验结果表明，乙二醇的存活率高于丙二醇，分别为54%和20%。用1.6mol/L丙二醇冷冻牛胚胎，解冻后未脱除保护剂，非手术移植，获得了69.6%的妊娠率。在1.5mol/L的DMSO、乙二醇或1,2-丙二醇中冷冻的胚胎比在1.4mol/L甘油中冷冻的胚胎更容易存活。在1.5mol/L乙二醇和1.4mol/L甘油中冷冻的绵羊胚胎存活率差异显著，分别为62.5%和23.3%。在冷冻时，为使细胞质达到玻璃体状态，防止在投入液氮和解冻过程中形成冰晶，常采用两种保护剂组成的高浓度玻璃化液，如25%甘油＋25%丙二醇、25%甘油＋25%乙二醇、25%丙二醇＋25%乙二醇等。

表4-1　冷冻保护剂对小鼠不同发育阶段胚胎的影响

胚胎发育阶段	冷冻保护剂	体外发育率/%	妊娠率/%
	DMSO	36	27
	甘油	55	—
1～2细胞期	1,2-丙二醇	58	—
	玻璃化冷冻液1	89	—
	DMSO＋丙二醇	80	

续表

胚胎发育阶段	冷冻保护剂	体外发育率/%	妊娠率/%
4～8 细胞期	DMSO	58	40
	甘油	72	33
	1，2-丙二醇	93	85
	玻璃化冷冻液 1	83	26
桑椹胚～囊胚	DMSO	69	77
	甘油	40	11
	玻璃化冷冻液 1	83	—

资料来源：冯怀亮，1994

2. 冷冻保护剂的配制　　配制时按无菌操作要求，量取选用的冷冻保护剂和灭能犊牛血清，加入 PBS 在容量瓶中定容，混合均匀后，用 G6 滤器抽滤灭菌。分装到 2mL 的安瓿瓶中，火焰封口，4℃冰箱保存备用。

（二）动物种类及胚胎发育阶段

不同种类的动物胚胎冷冻所用的保护剂种类和浓度不同。牛用 1.0～1.5mol/L 的 DMSO 或 1.0～4.0mol/L 的甘油及 1.5mol/L 乙二醇、1.5mol/L 丙二醇效果较好。奶山羊胚胎冷冻在选用 1～1.4mol/L（7.3%～10%）的甘油作保护剂时，可取得满意的冷冻保存结果。但对安哥拉山羊胚胎的冷冻实验证明乙二醇优于甘油，在相同的条件下，用 1.5mol/L 乙二醇作保护剂冷冻的胚胎，移植产羔率为 14.8%，而用 10%甘油作保护剂时，产羔率为 11.8%。在绵羊用 1.5mol/L 的 DMSO 和 1.5mol/L 甘油作保护剂时，以甘油中冷冻的胚胎存活率高，但不同胚龄间有差异，桑椹胚的存活率仅 50%，而囊胚可达 93.3%。马 5～7 日龄的胚胎，一般采用 1.0～1.3mol/L 的甘油作保护剂。在山羊上也证明，早期囊胚的冷冻效果优于桑椹胚及扩张囊胚。这说明胚胎发育阶段对冷冻效果也存在影响。

（三）胚胎的冻前处理

1. 冷冻保护剂的加入　　胚胎冷冻前要移入保护液中，进行冻前处理。冷冻保护剂和细胞在冷冻过程中必须保持渗透平衡，才能使细胞保持存活。由于保护液的渗透压较等渗的胚胎保存液高，胚胎进入保护液后会脱水而收缩，直到达到平衡。收缩是由于开始阶段，细胞外溶液渗透压较高，并且细胞对水的渗透性比冷冻保护剂高得多，当水的外渗和冷冻保护剂的内渗达到平衡时，细胞就会停止收缩。随着冷冻保护剂渗入细胞，水重新进入细胞。为维持渗透压平衡，细胞逐渐重新膨胀。胚胎收缩后在形态上恢复至接近原形态的速度取决于胚胎的种类、发育阶段、表面积与体积之比及冷冻保护剂种类、浓度和处理的温度。在胚胎冷冻研究中观察到，山羊胚胎在 10%甘油和 1.5mol/L 乙二醇中的收缩过程不同。胚胎进入甘油保护剂中时，其体积立即缩小，囊胚的滋养层与透明带分离，滋养层收缩呈波浪状，桑椹胚细胞团缩小，卵周隙扩大，两三分钟后开始逐渐恢复，但不能恢复到原来的大小。而在乙二醇保护液中，上述过程不明显。

在胚胎冷冻时，为避免渗透压差对胚胎的影响，早期的实验大都采用分 3 步、6

步由低浓度逐渐过渡到最终浓度的保护液中。后来的许多实验研究证明，将胚胎从等渗液直接移入 1.5mol/L 甘油或 DMSO，最初胚胎便失水而发生收缩，与此同时保护剂渗入胚胎细胞，最后达到渗透压与外液平衡，胚胎基本恢复到原来大小。除去保护剂后对胚胎的活力没有显著影响，现在大都采用一步法加入保护剂。胚胎移入保护液时，温度应在 18～26℃，平衡时间为 15～25min。温度过高、时间过长对胚胎的毒害作用较大。

2. 装管　装管是一个细致的技术操作环节，稍有不慎，就会造成胚胎丢失或在解冻时细管爆裂。研究人员根据经验，制作了一种专用的装管小器械，使用方便，安全可靠。将用过的圆珠笔芯的塑料管用乙醇洗净，在酒精灯上加热中间部位，待塑料软化后稍用力拉，使中心部内径微小于细管外径，从中心部两侧适当部位切断，就成为中间细两端粗的小管。把细管插入该管时，细管外壁就会与该管内壁紧密接触。将小管的一端在酒精灯上微加热，黏接于一个截断的 14 或 16 号注射针头座上，再把针座接在 1mL 注射器上（图 4-1），就可用于装管。为了便于操作，可将注射器芯蘸少许灭菌液体石蜡。

胚胎经冻前处理后即可装细管。胚胎冷冻一般用 0.2mL 精液冷冻细管。将细管有棉塞的一端插入装管器，将无塞端伸入保护液先吸取一段保护液（Ⅰ段）后吸取一小段气泡，再在实体显微镜下观察对准欲装管的胚胎吸取胚胎和保护液（Ⅱ段），然后吸一个小气泡后，再吸取一段保护液（Ⅲ段）（图 4-1）。装管后在实体显微镜下验证胚胎是否已装入管内，确认无误后进行封管。把无棉塞的一端用浸有保护液或解冻液的聚乙烯醇塑料沫填塞，然后向棉塞中滴入保护液或解冻液。冷冻后液体冻结，细管两端就被密封。应注意的是，密封前液体段要与棉塞保持一小段距离。如果加塞以前细管内的液体已和棉塞接触，棉塞端就被封死，填塞聚乙烯醇塑料沫时管内的液体和气体就会被压缩，解冻时受热膨胀，可能导致细管炸裂或冲出塞子，造成胚胎丢失。也有人用塑料珠、明胶末或热封，无论使用哪种方法都要确保密封时管内的液体和气体不被压缩。如果密封不良，细管投入液氮后液氮就会浸入细管内，解冻时液氮遇热突然气化，细管就会爆裂。另外，胚胎冷冻用的细管不可受压，否则可能造成细管壁不易观察到的损伤，解冻时也易发生炸裂现象。装好的细管要标明编号，做好记录。

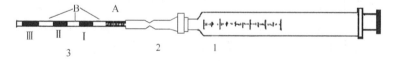

图 4-1　装管器械

1. 1mL 注射器；2. 装管接头；3. 细管；A. 棉塞；B. 气泡；Ⅰ、Ⅲ. 保护液；Ⅱ. 含胚段

目前研究的细管内一步解冻方法，可在细管内一次性完成解冻和脱除保护剂的过程。这种方法完善后，可简化解冻和移植过程，解冻后从细管内可直接把胚胎移入受体的子宫内。在细管内一步完成解冻过程时，要选用对胚胎无毒害作用的保护液。装管时Ⅰ段和Ⅲ段装解冻液或血清 PBS，Ⅱ段装含胚胎的保护液，Ⅰ：Ⅱ：Ⅲ为 3：1：2。

（四）冷冻程序

1. 快速冷冻　快速冷冻时，要先做一个对照管，对照管按胚胎管Ⅰ段和Ⅱ段装入保护液，把冷冻仪的温度传感电极插入Ⅱ段液体中上部，放入冷冻器内，如果使用 RPE 冷冻仪，可调节冷冻室至液氮面的距离，使冷冻室温度降至 0℃，稳定 10min 后，将装有胚胎的细管放入冷冻室，平衡 10min，然后调节冷冻室至液氮面的距离，以 1℃/min 降至-7～-5℃诱发结晶（或由室温开始以同样的速度降至-7～-5℃）。诱发结晶时，用镊子把细管从冷冻室中提起，用预先在液氮中冷却的大镊子夹住含胚胎段的上端，3～5s 即可看到保护液变为白色结晶，然后再把细管放回冷冻室。全部细管诱发结晶完成后，在此温度下平衡 10min。在此期间，可见温度仍在下降，在-10～-9℃突然上升至 56℃，接着缓慢下降。这种现象是对照管未诱发结晶，保护液在自然结晶时放出的凝结热所致。10min 后，温度可能降至-12℃左右。此时再重新调节冷冻仪至液氮面的距离，以 0.3℃/min 的速率降至-40～30℃投入液氮保存。

2. 一步冷冻（直接冷冻） 虽然一步冷冻有不少成功的报道，但不如快速冷冻那样已得到普遍的应用。牛 7 日龄囊胚在 2.1mol/L 甘油＋0.25mol/L 蔗糖混合液中室温下脱水 2min，把装胚胎的细管垂直放在液氮罐颈部 5min，结晶后投入液氮。其胚胎的存活率为 67.7%。用玻璃化法一步冷冻的牛桑椹胚和早期桑椹胚移植后 60d 时的妊娠率为 54%（7/13）。但晚期囊胚体内培养时不存活。用玻璃化法冷冻囊胚时，室温下先将胚胎置于用 PBS 配制的 25%甘油中 13min，然后转移至含 25%甘油＋0.25mol/L 蔗糖的 PBS 中 10min，最后把胚胎转移到预冷至 4℃、内含 25%甘油＋25% 1，2-丙二醇的细管中，在 30s 内投入液氮，其胚胎解冻后妊娠率与传统的快速冷冻方法无差异。山羊胚胎一步冷冻也有成功的报道。保护剂采用两步法加入，先在室温下将胚胎移入低于最终浓度或将最终浓度的保护液对倍稀释的液体中平衡 5～10min，再移入在 4℃预冷的最终浓度保护液中，装入细管并在 4℃下平衡 10～15min，即可直接或在液氮蒸气中停留 1～2min 后投入液氮。

二、半胚冷冻

半胚冷冻就是把分割后的半胚进行冷冻，以便长期保存。这项技术是 20 世纪 80 年代以后才发展起来的胚胎工程技术，已获得绵羊、牛、山羊、小鼠的半胚冷冻后代。把胚胎分割技术与胚胎冷冻保存技术结合起来，不但充分发挥了这两种技术的优势，还有可能获得不同龄的同卵双生，为生理学、家畜遗传育种学等学科的研究提供更有价值的实验材料，其在畜牧业生产和研究领域具有广阔的应用前景。

胚胎经分割后，透明带破损，内细胞团也受到一定程度的切割损伤。即使把分割后的半胚再装入透明带，或者再套一个切口和第一层透明带切口相对的透明带，也不能确保其完整性。如果直接冷冻，冷冻过程中的渗透损伤和温度冲击，可能使胚胎细胞的联系松懈，解冻后造成胚胎细胞散离，因此在对半胚冷冻时要采取一些保护措施。

（一）半胚封固

用于冷冻的半胚，在 12%的蔗糖液中使胚胎微收缩的状态下分割，优于在血清 PBS 中分割的效果，桑椹胚和囊胚分割后不装透明带，直接将半胚封固于直径约 0.5μm、长 1.0μm 的血清琼脂圆柱内即可进行冻前处理。封固时先把半胚置于山羊血清中，血清充满半胚后，再把半胚移入 37℃含 1%琼脂的 PBS 中，接着用微吸管连同少量琼脂液一起吸入，当琼脂凝结时，胚胎就被封固在琼脂圆柱内。

（二）冻前处理

半胚冷冻的冻前处理基本上和胚胎冷冻相同，但由于半胚用血清琼脂包埋，影响保护液的渗入速度，因此应适当延长在保护液中的平衡时间。山羊半胚琼脂柱在10%的甘油中，平衡时间以25～30min为宜。平衡后按胚胎冷冻的装管方法装入细管。

（三）冷冻程序

半胚冷冻可按快速冷冻的程序进行。以0.5～1℃/min从室温降至-7～-6.5℃，在此温度下诱发结晶，然后以0.05℃/min的速度缓慢降温15min，再以0.3℃/min降至-40～-35℃投入液氮保存。

三、卵母细胞冷冻

胚胎工程的迅速发展及胚胎移植的商业化，使人们对胚胎的需求与日俱增。因此许多科学家正致力于研究卵母细胞的体外培养、体外成熟和体外受精，以解决大量胚胎的来源问题。卵母细胞冷冻保存的重要意义之一，就在于充分有效地利用卵母细胞资源，为体外受精提供丰富的原材料，使体外受精技术的应用不受时间和地域的限制。

（一）与冷冻保存有关的卵母细胞的特性

1. 结构特性　　卵母细胞是体积较大的细胞，不易充分脱水，损伤后不易存活。卵母细胞难以冷冻成功，可能与其内含物有关，如猪卵母细胞中含大量脂滴，牛卵母细胞中含大量囊泡，这些成分对冷冻很敏感。

卵母细胞从GV期到MⅡ的成熟过程中要发生一系列的变化。显著的蛋白质合成发生在GVBD前后，而有活性的促成熟因子（MPF）的出现先于GVBD，是GVBD所必需的，颗粒细胞和卵丘细胞参与了胞质的成熟。在细胞学方面，胞质成熟主要表现在细胞器的变化和纺锤体的形成。例如，线粒体先是由中心区迁移到外周区（皮质区），后又从外周区迁移到中心区；高尔基复合体由中心区迁移到外周（皮质区），而后逐渐消失；粗面内质网逐渐消失，多代之以滑面内质网；皮质颗粒逐渐向皮质区迁移，并最终排列于质膜下；纺锤体形成，并将染色体排列在赤道板上。可见，卵母细胞由GV期到MⅡ经历了复杂的过程，如果冷冻造成了细胞器和膜结构的损伤，就会影响到成熟过程。

处于MⅡ的成熟卵母细胞的特点是，染色体附着于纺锤体上，排出第一极体，纺锤体是与染色体的空间组织有关的细胞骨架结构。在这种情况下，染色体疏松附着于纺锤体上，缺少包被的核膜，可被认为是相对不稳定的。哺乳动物卵母细胞还包含有独特的以肌动蛋白为基础的微丝细胞骨架成分。正常的受精和发育很大程度上依赖于由细胞骨架控制的进行性变化。微管是正在发育的卵母细胞成熟所必需的，将引导染色体如何分布，具有对各种生理变化做出反应而迅速集合和解聚的惊人能力。微丝控制包括细胞分裂在内的细胞运动。在体内成熟排出的卵母细胞，微丝组织根据所研究品种的不同而变化。由冷冻伤害而引起的任何细胞骨架畸形都将对解冻后卵母细胞的进一步发育造成影响。其他易受冷冻损伤影响的特殊结构是涉及控制正常受精的结构，即透明带和质膜下面的皮质颗粒，后者在受精地点释放酶，以防止随后的多精受精，如果这一系统在冷冻保存过程中被提前激活，卵母细胞的正常受精将会受到影响。

2. 膜渗透性　　决定一个细胞冷冻敏感性的三个特性是：①对水的渗透性（L_p），②L_p 的阿伦尼斯（Arrhenius）活化能（E_a），③表面积与体积比。用直接沉淀技术，测定未受精小鼠卵母细胞的 L_p 和 E_a，L_p 为 0.44μm/（min·atm[①]），E_a 为 14.5kcal/mol。这些值意味着为使细胞充分脱水，慢速冷冻是必要的。采用显微扩散盒方法验证小鼠卵母细胞的膜渗透性值，结果小鼠卵母细胞的 L_p 为 0.36μm/（min·atm），人卵母细胞 L_p 为 0.65μm/（min·atm）。Hunter 等（1992）对人和小鼠卵母细胞在 10～37℃内的水分流失做了进一步观察，估测 E_a 分别为 3.73kcal/mol 和 9.48kcal/mol。虽然小鼠卵母细胞的这些结果低于原先获得的值，但与 20℃的平均值（0.36，9.48）却相当吻合。人卵母细胞的结果是低的，但人卵母细胞的 L_p 在一特定温度下表现了广泛的可变性。为研究这一异常现象，测定了单个卵母细胞在一定温度范围内的 L_p（原先的实验为几个卵母细胞设定了平均的 L_p 值），这个数据用来计算 E_a 更为合适，当集中这些结果时，得到的 E_a 为 8.61kcal/mol，与小鼠卵母细胞 E_a 非常接近。然而这些研究表明，人单个卵母细胞在一特定温度表现了其膜对水渗透性本身的特征值，这似乎反映出单个卵母细胞之间的生物变异性。

最初的研究明确了包括卵母细胞在内的各种细胞的水和冷冻保护剂能穿过质膜的结合转运特性，这是基于对三重溶液（水、盐、保护剂）微扩散盒方法和 Kedem-Katehalsky（K-K）系数 [L_p、∞（溶质渗透性）和 o（反射系数）]。未受精的小鼠卵母细胞在 20℃用 1.5mol/L DMSO 处理，L_p＝1.18μm/（min·atm），∞＝0.19μm/s，o＝0.67，当用 1.5mol/L 丙二醇（PROH）处理，结果分别为 3.62μm/（min·atm）、0.4μm/s 和 0.37。当未受精的人卵母细胞用 1.5mol/L PROH 在微扩散盒中处理，最初的结果与小鼠的不同，L_p＝2.01μm/（min·atm），∞＝0.64μm/s，o＝0.35。Fuller 等（1992）进行了更为深入的研究，仍用 1.5mol/L PROH 处理，取得的值分别为 L_p＝1.08μm/（min·atm），∞＝0.82μm/s，o＝0.68，与小鼠卵母细胞只有轻微不同，造成这种结果不确定性与在微扩散盒内的三重溶液的集体转运模式有关。Blegrath 在室温用新的显微灌注法，对 K-K 系数进行了研究，描述了水和保护剂的双重转运特性。小鼠卵母细胞直接置于两种常用冷冻保护剂 DMSO 和 PROH 中，结果表明，这些化学物质的存在，增加了膜对水的通透性的幅度。Agca 等（1998）研究了牛卵母细胞发育阶段对质膜和保护剂渗透特性的影响。卵母细胞处于未成熟（GV）和成熟（MⅡ）阶段，两种常用冷冻保护剂为 DMSO 和 EG（乙二醇）。对于 GV 和 MⅡ 卵母细胞的 L_p，在 DMSO 中分别是 0.70μm/（min·atm）和 1.14μm/（min·atm），在 EG 中分别是 0.50μm/（min·atm）和 0.83μm/（min·atm）。对于 GV 和 MⅡ 卵母细胞，∞（DMSO）分别是 0.22μm/s 和 0.37μm/s，o（DMSO）分别是 0.86 和 0.90，o（EG）分别是 0.94 和 0.76。这些数据表明，牛卵母细胞经体外成熟后，膜对水和冷冻保护剂的渗透性发生了变化，卵母细胞 L_p（DMSO）比 L_p（EG）高。这些结果为选择最佳保护剂和添加量及去除保护剂时使损伤减至最小提供了生物物理依据。同时这些数据也支持了以下假设：卵母细胞处于不同的发育阶段需要不同的程序以获得最优

[①]　1atm＝1.01325×10⁵Pa

的冷冻保存效果。

获得卵母细胞膜渗透性的定量信息的重要性被进一步揭示，在除去冷冻保护剂阶段，为避免渗透损伤，可通过逐渐地稀释或在稀释剂中添加渗透压缓冲剂来克服。Fuller和 Beinard（1984）通过经验的观察，用甘油冷冻保存小鼠卵母细胞后，可用蔗糖作为稀释剂。这种方法随后在用慢速或快速冷冻技术冷冻保存其他种类动物卵母细胞中得以应用。

（二）冷冻和解冻程序

对卵母细胞的冷冻，有慢速冷冻和慢速解冻法、慢速冷冻和快速解冻法、玻璃化冷冻法和超快速冷冻法等。

1. 慢速冷冻和慢速解冻法　这种方法是最初建立起来的一种平衡冷冻法。卵母细胞用冷冻保护剂平衡处理后开始降温，$-7 \sim -6℃$植冰。然后，以 $0.1 \sim 1℃/min$ 的速度降至$-80℃$停留一段时间后，投入液氮。解冻速度慢于 $25℃/min$。Whittingham（1977）用该法首次成功地冷冻了小鼠的成熟卵母细胞。该法的优点是脱水完全，细胞内不易形成冰晶；其缺点是费时，冷冻保护剂处理细胞的时间过长。这种方法主要在最初的小鼠卵母细胞冷冻中应用。

2. 慢速冷冻和快速解冻法　卵母细胞用冷冻保护剂平衡处理，以 $1℃/min$ 的速度降温至$-7 \sim -5℃$植冰。然后以 $0.1 \sim 1℃/min$ 的速度降温至$-80℃$或$-40 \sim -30℃$，投入液氮。以 $25℃/min$ 以上的速度解冻，解冻一般在室温或 $37℃$ 进行。关于降温至$-80℃$投入液氮冷冻卵母细胞的报道少，其效果也不理想，现已基本不用。牛的卵母细胞平衡冷冻基本都采用降温至$-40 \sim -30℃$投入液氮，人和小鼠也应用较多，效果较好。在程序冷冻（慢速冷冻、快速解冻）条件下，冷冻保护剂种类对山羊卵母细胞发育效果有显著影响。

对于山羊 GV 期卵母细胞，从解冻后的形态正常率看，PROH（83.1%）和 DMSO（81.7%）之间差异不显著（$P > 0.05$），但均高于甘油（70.7%）（$P < 0.05$）；而体外成熟率则是 PROH（20.3%）高于 DMSO（14.2%）和甘油（9.8%），DMSO 又高于甘油（$P < 0.05$）。对于山羊 IVM 卵母细胞，解冻后的形态正常率，PROH（84.5%）和 DMSO（86.4%）之间差异不显著（$P > 0.05$），但均高于甘油（74.2%）（$P < 0.05$）；而从受精率来看，PROH（23.3%）高于 DMSO（17.5%）和甘油（13.1%），DMSO 又高于甘油（$P < 0.05$）。

3. 玻璃化冷冻法　玻璃化冷冻法是近年来建立的一种简便、快速而有效的卵母细胞冷冻方法，其优点是不需要冷冻仪。依靠溶液的玻璃化特性，将卵母细胞用玻璃化溶液处理后，直接投入液氮保存，解冻时用快速方法。用这种方法冷冻小鼠和牛的卵母细胞已获得成功，而且妊娠产仔。目前用于卵母细胞玻璃化冷冻的方法，多为 Rall 和 Fahy（1985）创建方法的改进。玻璃化液的组成较为复杂，包括丙二醇、二甲基亚砜、乙酰胺、聚乙二醇等。此后人们又设计了其他玻璃化溶液。用玻璃化法冷冻小鼠卵母细胞较多，效果也较好。在牛上，对玻璃化法进行改进，取得了目前卵母细胞冷冻保存的最好效果。阳年生等对牛卵母细胞玻璃化冷冻进行了系统研究，他们总共冷冻卵母细胞 547 个，解冻后回收 46.5%，不同处理方法冷冻的卵母细胞体外受精后的卵裂率为 0.9%~23.4%，显著低于对照组 75.0%。在 5 个处理组中，10%PG（丙二醇）+5%EG（乙二醇）组和

10%PG＋10%EG 组的卵裂率分别为 23.4%和 22.2%，显著高于 10%PG 组、10%PG＋15%EG 组和 10%PG＋20%EG 组。对照组卵裂卵有 50.6%发育到囊胚，而冷冻卵母细胞卵裂卵无一发育到囊胚，这说明卵母细胞冷冻再解冻后其发育能力受到影响，仍需进一步研究改进。现将其方法简述如下。

1）用吸管反复抽吸卵母细胞，除去卵丘细胞。用 15%胎牛血清（FCS）PBS 作为基础液，配制各种冷冻液和解冻液。

2）在室温（25℃）下，卵母细胞依次在 5%（V/V）PG、10%PG 中平衡 5min，分别在如下 5 种玻璃化液中平衡 5min：①10%PG；②10%PG＋5%EG；③10%PG＋10%EG；④10%PG＋20%EG；⑤10%PG＋20%EG。然后，把各级卵母细胞移入 25%PG＋25%EG 的细胞外玻璃化液中，立即将处理后的卵母细胞装入 0.25mL 细管。细管中段为含卵母细胞和保护液段，两端为 0.5mol/L 蔗糖溶液，三段之间以气泡隔开，在 20s 内投入液氮中。

4. 超快速冷冻法　该法是把卵母细胞用适当的冷冻保护剂混合液短时处理后，直接投入液氮中，这个过程中细胞内外都要结晶。此法冷冻人和猪的卵母细胞尚未获得成功。而在小鼠，卵母细胞用 25%PG＋0.25mol/L 蔗糖处理后冷冻，其形态正常率达 58.1%，体外成熟率为 22.7%。超快速冷冻法在牛上也有应用。

（三）卵母细胞冷冻损伤

冷冻后的卵母细胞的活性、受精率及发育率都下降，未成熟卵母细胞比正在成熟的和已经成熟的卵母细胞对冷冻更敏感。其原因可能在于以下几点。①卵母细胞胞质比例较大，不易充分脱水；②在胚胎冷冻过程中，一些细胞损伤死亡后，剩余的细胞仍有可能保持正常的胚胎发育，而作为单一细胞的卵母细胞，损伤后便不易存活；③可能与卵母细胞的内含物有关，如猪、犬、貂等动物卵母细胞内有大量脂滴，牛卵母细胞中含有大量囊泡，这些成分对冷冻很敏感；④卵母细胞成熟过程中发生与细胞骨架有关的细胞器重排、极体排出、微绒毛运动等活动，第二次减数分裂中期的纺锤体对冷冻尤为敏感，冷冻过程也能造成卵母细胞成熟前皮质反应；⑤细胞膜容易损伤，卵母细胞成熟过程中及受精发生后，细胞膜的渗透性逐渐增加；⑥卵母细胞成熟过程中，细胞质中发生卵母细胞成熟所必需的蛋白质合成，冷冻引起膜的损伤，从而影响蛋白质的合成活动；⑦冷冻使卵母细胞及卵丘细胞间的联系终止，而卵丘细胞是卵母细胞成熟所必需的。

冷冻前后的冷却和冷冻保护剂所造成的细胞损伤与冷冻过程本身所造成的损伤相当，其损伤主要是物理和化学性的，甚至有些是致死性的。因此，对卵母细胞的冷冻必须采用合适的冷冻保护剂和冷冻方案，以保持其活力。

1. 冷冻保存对卵母细胞结构的影响

（1）对微管的影响　在细胞质中，微管是由与自由微管平衡的聚合微管蛋白组成的。在卵母细胞中，微管主要组成纺锤体。

温度降低。微管骨架对环境条件及理化因子的反应很敏感，温度是微管动力学中最敏感的因子之一。早已知道，0～4℃低温可能引起微管的解聚，而 25℃以上温度有利于微管的聚合组装。正是在早期电镜的低温固定样品制片中未能观察到微管骨架的结构，使微管骨架的发现几乎延迟了 10 年。到 20 世纪 60 年代，Ledbetter 和 Porter（1963）及 Slautherback（1963）用室温固定材料时，才分别在植物和动物细胞超薄切片中发现微管。

构成未受精卵母细胞减数分裂纺锤体的微管，也存在这种受温度影响的现象。利用免疫组织化学荧光染色技术，Magistrini 和 Szollosi（1980）观察到，把小鼠卵母细胞置于冰块（0℃）15min，纺锤体分散，大部分微管与着丝粒连在一起，经过 45min 冷却后，所有卵母细胞的微管完全分散。然而，将卵母细胞进行性地复温至 37℃，持续 10min，可使微管重新聚合和减数分裂纺锤体重新形成。Pickering 和 Johnson（1987）报道，小鼠卵母细胞降温至 25℃、18℃或 4℃，导致了减数分裂纺锤体的进行性解聚，其程度也与暴露时间直接相关。卵母细胞降温至 25℃，60min，再经过 37℃复温 30min，有一半的卵母细胞呈现了正常的纺锤体形态，37℃，60min 后，所有卵母细胞显示了正常的纺锤体，而经过降温但未复温的卵母细胞只有 12%的纺锤体正常。他们的研究还表明，将小鼠卵母细胞置于 4℃，60min，然后经 37℃，60min 复温，89%的卵母细胞呈现了正常的纺锤体形态，而只降温未复温的卵母细胞的这个比例为 0。

Pickering 等（1990）的研究也表明，人的卵母细胞置于室温（20℃）10min，其中 50%的卵母细胞微管组织遭到破坏，而 30min 则使所有卵母细胞的微管组织遭到破坏。其破坏包括纺锤体体积变小、纺锤体内的微管解聚或微管完全丧失。然而，与小鼠卵母细胞观察到的结果相反，Pickering 等（1990）发现，将人的卵母细胞置于 20℃室温 10min 或 30min，然后在 37℃孵育 1h 或 4h，几乎所有卵母细胞未能重新形成正常的纺锤体。Almeida 等（1995）也进行了类似的研究，将 M II 的人卵母细胞分别置于 23℃室温 2min、10min、30min，分别引起 77%、72%和 89%的纺锤体破坏，三者之间没有显著差异，染色体分散率分别为 50%、56%和 56.2%。当将经室温处理的卵母细胞恢复到 37℃培养 1h 或 4h，只有室温处理 2min 的卵母细胞恢复了正常的纺锤体结构，纺锤体畸形率与对照组差异不显著。相反，卵母细胞置于室温 10min 或 30min，纺锤体畸形率与对照组仍然差异显著。人和小鼠卵母细胞经低温处理后，正常纺锤体结构的恢复能力不同，其原因何在？Pickering 等（1990）认为，这是人和小鼠卵母细胞中心粒周物质（PCM）数量的差异造成的，因为正常纺锤体的构建既需要染色体激活微管蛋白聚合反应，又需要 PCM 去组织它，与人相比，小鼠卵母细胞的 PCM 相对丰富。Aman 等（1994）研究了冷却及复温（39℃）对牛体外成熟卵母细胞纺锤体的影响，将卵母细胞置于 4℃，分别持续 1min、5min、10min、20min、30min、45min 和 60min 及 25℃持续 1min、5min、10min 和 30min，结果表明，将卵母细胞置于 4℃的所有时间处理，与置于 39℃的对照组相比，纺锤体形态均明显变化，或纺锤体退化，或完全缺乏。退化纺锤体的特征是，由于较少的微管从两极辐射，因此染色较浅。纺锤体在 4℃比 25℃散开更迅速。在 10～20min，所有置于 4℃的卵母细胞纺锤体完全散开；而在 25℃，即使处理 30min 以后，纺锤体也未完全散开。不过，25℃处理 30min 以后，只有 7%的卵母细胞含有正常的纺锤体。染色体分散即染色体不再沿着赤道板排列，这种染色体分散的发生率在所有处理的卵母细胞中都低。而冷却至 4℃的卵母细胞比 25℃的染色体分散更多。另外，随着置于 4℃的持续时间的增加，其染色体分散也随之增加，尤其在 45～60min。

除上面提到的退化纺锤体外，卵母细胞复温以后，还观察到了其他的纺锤体畸形。有的卵母细胞有与纺锤体相连的两个以上的微管组织中心的多极纺锤体，通常伴随着分散的纺锤体。有的卵母细胞有星状微管，其中微管沿着纺锤体极和染色体辐射。其他的畸形还包括，一些组合的微管没有确定的形状，但已在染色体周围重新聚合，以及纺锤体具有明亮染色的极，但在极和染色体之间无微管辐射。将卵母细胞置于4℃和25℃，30min，再于39℃孵育0min、15min、60min；另外，置于4℃的卵母细胞再进行分步复温，14.5～15.5℃、25℃、39℃，每步20min。结果表明，置于4℃或25℃，30min后直接复温或4℃，30min后分步复温，与对照组卵母细胞相比，纺锤体都没有恢复到正常形状。4℃未复温，98%的卵母细胞纺锤体完全分散，直接复温和分步复温，分别有74%和69%的卵母细胞微管重新聚合，形成畸形的纺锤体。25℃处理30min的卵母细胞纺锤体形态，复温15min和60min与未复温的卵母细胞无明显差异。分步复温和直接复温，纺锤体的重新聚合没有明显不同，但染色体的分散却差异显著。直接复温，37%的卵母细胞发生染色体扩散，分步复温的则只有15%。无论冷却温度是多少，直接复温的卵母细胞在60min复温后其染色体都倾向于变得更分散。Aman等（1994）认为，与人的卵母细胞一样，微管大部分限于减数分裂纺锤体，而构成中心粒周物质的很少。牛卵母细胞经冷却和复温后恢复正常纺锤体的能力，受到中心粒周物质量的限制。Wu等（1998）报道了冷却牛GV期卵母细胞对微管和纺锤体形成的影响。

　　从屠宰厂卵巢抽取卵丘-卵母细胞复合体（COC），经冷却处理后，在39℃培养24h。39℃作为对照，或将卵母细胞置于31℃，或冷却至24℃、4℃或0℃，处理时间均为10min，结果表明，与对照组相比，将GV期卵母细胞置于31℃或24℃，10min，并没有明显改变正常纺锤体的形成，但冷却至4℃或0℃却改变了正常纺锤体的形成。经24h的成熟培养，对照组或置于31℃、24℃的卵母细胞包含有正常减数分裂纺锤体的百分率分别为68.5%、68.4%、67.2%，差异不显著，而冷却至4℃或0℃的分别降为41.9%或29.1%。4℃处理不同时间（10min、20min、30min、45min和60min），降低了正常纺锤体的形成率，分别为49.1%、38.0%、35.6%、34.6%和31.4%。研究结果表明，不低于24℃冷却牛卵母细胞，并没有降低正常减数分裂纺锤体的形成，然而卵母细胞冷却至4℃或0℃，10min，急剧降低了正常减数分裂纺锤体的形成。de Smedt等（1992）报道了在室温（20℃）或30～35℃下分离山羊卵巢卵泡，以观察温度对卵泡卵母细胞成熟（纺锤体形成）的影响，卵母细胞培养27h后，用间苯二酚蓝染色，结果发现，两组卵母细胞以相同比例达到MⅠ至MⅡ，而在室温分离卵泡，11.5%的卵母细胞表现了MⅠ（33%）或MⅡ（6%）纺锤体畸形，表现为染色体分为两组或几个染色体存在于赤道板之外。其形状受到破坏，或染色体在胞质随机分布；与此相反，在30～35℃处理卵泡，没有发现这样的减数分裂纺锤体畸形。这表明未成熟山羊卵母细胞置于室温（20℃），可影响赤道板的进一步形成，导致畸形的染色体分布。以上的研究表明，卵母细胞的纺锤体对低温是非常敏感的，置于25℃处理一段时间，就可导致纺锤体被破坏。而复温以后，只有小鼠的卵母细胞纺锤体能够恢复正常形状，而牛、人的卵母细胞却不能。这种差异的原因在于，与牛、人的相比，小鼠卵母细胞中心粒周物质数量相对丰富，而中心粒周物质是构建正常的纺锤体所必需。这也部分解释了为什么冷冻小鼠的成熟卵母细胞的效果比冷冻人、牛的卵母细胞好。

　　冷冻保护剂处理和冷冻：据推测冷冻保护剂如DMSO或PROH，可能改变了由疏水效应稳定的结构，并依赖于聚合和解聚成分（包括纺锤体的微管系统）的平衡。在37℃用DMSO处理小鼠卵母细胞，微管向细胞中心延伸。在早期，细胞质星体微管形成增加。延长处理时间引起了纺锤体被破坏和染色体从赤道板分散。当DMSO的处理温度降至20℃，然后小鼠卵母细胞转移至正常培养基，保持在37℃，60%的卵母细胞具有正常的纺锤体形态。这与未经 DMSO 处理，冷却至 20℃，再复温至 37℃ 没有区别，只有 77% 的卵母细胞表现了正常的纺锤体。在没有冷冻保护剂的存在下，人的卵母细胞冷却至 20℃，发现纺锤体形态发生了较大变化，表明 DMSO 在此低温度可起到稳定纺锤体的作用。在小鼠卵母细胞降低温度至 4℃ 时，用 DMSO 处理，降低了纺锤体解聚和染色体分散的速度。在小鼠和人的卵母细胞冷冻之前，在 0℃ 进行 DMSO 的处理和平衡，在这两种情况下，观察到了良好的受精和胚胎发育。Sathananthan 等（1988）以 1℃/min 冷却人的卵母细胞至 0℃，经过或未经 DMSO 处理，观察卵母细胞超微结构的变化，以评价冷却对减数分裂纺锤体和卵母细胞结构的影响。其结果表明，减数分裂纺锤体对单一冷却非常敏感，DMSO 并没有起到稳定减数分裂纺锤体的作用。小鼠卵母细胞用 DMSO 在 0℃ 平衡，随后 37℃ 培养 3h，已表明冷冻保存后正常纺锤体形态恢复率可高达 80%。Geore 和 Johnson（1993）也证明了 DMSO 对纺锤体形态的无害影响，在这项研究中，冷冻保存后卵母细胞纺锤体畸形率和染色体组织与对照卵母细胞没有不同。

Vander Elst 等（1988）对另一个常用的冷冻保护剂 PROH 对纺锤体形态的影响进行了研究。将小鼠卵母细胞在 20℃ 用 PROH 处理，与处于同一温度而未加保护剂的卵母细胞相比，结果表明了其对纺锤体形状的保护作用。与 DMSO 处理相反，将这些卵母细胞去除保护剂，复温至 37℃，在 30min 培养期间，80%～90%的卵母细胞纺锤体迅速消失。然而，将这些卵母细胞用于受精和胚胎培养研究，发现受精率并不明显低于对照卵母细胞。可能的解释是在受精的 4h 期间，发生了纺锤体重组，保证了最终的正常受精。当 PROH 处理温度升高至 37℃，低浓度的 PROH（<1.0mol/L）引起了纺锤体解聚，而 1.5～2.0mol/L 的高浓度较能稳定纺锤体形状，然而，没有报道随后去除保护剂的效果。人卵母细胞在 20℃ 用 PROH 处理，然后冷冻保存，纺锤体畸形率并不明显大于未处理的卵母细胞（Gook et al.，1993）。与此相反，又利用基于 PROH 的方法，冷冻保存 46 个人的成熟卵母细胞，解冻后立即固定，26 个（57%）表现出纺锤体畸形。将人卵母细胞用 PROH 处理，并没有妨碍受精和发育。从未做激素处理的卵巢获取未成熟的人卵母细胞，一组在室温下置于 1.5mol/L PROH 中 10min，然后在含有 0.1mol/L 蔗糖的 1.5mol/L PROH 中 5min，而不进行冷冻；一组用快速冷冻方法冷冻保存。保护剂处理的和冷冻解冻后存活的卵母细胞与对照组共同培养 48h，只对已经排出第一极体的 M II 卵母细胞进行染色体分析或微管染色。对照组成熟率为 81.3%（74/91），保护剂处理组为 64.5%（49/76），冷冻解冻后存活率为 60.2%（77/128），存活卵母细胞的成熟率为 61%（47/77）。结果表明，与对照组相比，只用 PROH 处理而未冷冻的卵母细胞，染色体畸形率（41.4%）和纺锤体畸形率（35.3%）没有显著区别，对照组分别为 31.8%和 22.2%，而冷冻保存的卵母细胞染色体畸形率（77.8%）和纺锤体畸形率（70%）明显增加。

这些研究获得的共同点是，用不适宜的冷冻保护剂处理和冷冻，很可能会诱导卵母细胞减数分裂纺锤体微管成分的变化。然而，考虑到现在的冷冻保护剂毒性知识，似乎可能设计出处理方法，以使这些潜在的伤害性变化降至最低程度。

（2）对微丝的影响　　微管对减数分裂纺锤体和受精过程中染色体的正常分布很重要。细胞骨架的另一主要成分——微丝对卵母细胞成熟和受精同样重要，它与胞质分裂密切相关。微丝的聚合肌动蛋白与自由肌动蛋白保持平衡。与微管一样，这种平衡在冷冻保存的不同阶段可能受到破坏。在人卵母细胞中，微丝均匀分布在卵皮质部。而在小鼠，这一层似乎在邻近减数分裂纺锤体的区域变厚。微丝对纺锤体旋转、极体排出、原核迁移、胞质分裂是必需的。

温度降低：与对微管的作用相反，卵母细胞冷却通常对微丝只有微小的影响。有人认为，冷却可通过诱导纺锤体的微管解聚，也可引起邻近微丝骨架的局部变化，但是，总体的微丝变化还没有被报道。

冷冻保护剂处理和冷冻：冷冻保护剂是有机溶剂，对微丝稳定性有极大影响。有研究报道，在 20℃用 PROH 处理兔的卵母细胞，引起了皮质部聚合肌动蛋白的完全消失；在相似的温度处理条件下，DMSO 引起兔卵母细胞微丝分布的轻微改变。在小鼠卵母细胞，当 PROH 的处理温度升高至 37℃时皮质部微丝网孔没有遭到破坏，在 PROH 浓度大于 1.5mol/L 时，可观察到卵母细胞上出现泡，这些泡没有微丝。尚未见到在低温（0～4℃）时 PROH 处理对微丝影响的报道。但是已经了解到低温处理可降低 PROH 的毒性，因此可推论，微丝组织的破坏比在高温下少，低温有维持微丝稳定性的作用。

与此对应，在正常体温下用 DMSO 处理卵母细胞，肌动蛋白聚合也受到干扰。在 1.5mol/L 浓度下，聚合肌动蛋白的均匀聚合层，在皮质周围以不规律的形式受到破坏，当 DMSO 浓度降低至 0.5mol/L 时，未见到这些改变。然而，将卵母细胞冷却至 4℃，即使用 1.5mol/L DMSO 处理，微丝也未发生变化。关于 DMSO 低温处理的有益作用已经被证实，揭示了小鼠卵母细胞在 4℃用 1.5mol/L DMSO 处理，然后冷冻保存，解冻后，存活细胞的微丝组织未发生变化。在 4℃，用 1.5mol/L DMSO 处理，对人的卵母细胞存活，以及随后的受精和卵裂有良好效果，可能与微丝的稳定性有关。总之，在低温下用 DMSO 处理，是值得推荐的方法。

（3）对透明带和受精的影响　透明带在受精中具有重要作用，这是由于精子必须结合到透明带上，经历顶体反应，并穿透透明带与卵母细胞质膜上的特异受体相融合，达到正常受精。特别是精、卵质膜的融合启动了皮质颗粒的释放。当卵母细胞被单个精子穿透以后，皮质颗粒的释放改变了透明带上的糖蛋白（称透明带反应），从而防止多精受精。皮质颗粒的移动和释放涉及细胞骨架和质膜的正常功能。

冷却小鼠卵母细胞的早期研究表明，将卵母细胞置于 4℃，能够诱导透明带反应，而 10℃则不能。当卵母细胞复温至 37℃，这种变化是不可逆转的，并且这种变化与受精率的降低和卵母细胞皮质颗粒含量降低有关。在中等温度（25～37℃）用 DMSO 处理，可引起皮质颗粒的释放和发生透明带反应，并降低了小鼠和人卵母细胞的受精率。室温下用 PROH 或 DMSO 处理人的卵母细胞，也能引起皮质颗粒成熟前释放。然而，在 0～4℃时处理，则可极大地减少皮质颗粒的提前释放。在其他研究中，冷冻保存后精子不能穿过透明带并不直接与皮质颗粒释放相关。已有研究表明，在冷冻保护剂混合物中添加胎牛血清，可降低成熟前皮质颗粒释放，该血清成分可与皮质颗粒分泌物结合，防止了透明带上结构蛋白的修饰。事实上，由玻璃化技术冷冻保存小鼠卵母细胞，只要有血清存在，解冻后除去透明带，就没有增加受精率。在这两种情况下，卵母细胞处理液中含有牛血清白蛋白，可以减轻皮质颗粒释放的一些问题。

冯怀亮等（1995）用玻璃化法冷冻牛体外成熟卵母细胞，进行了透明带溶解试验，当用 0.1%蛋白酶处理透明带时，冷冻卵母细胞需用（477.5±36.7）s 才能溶解透明带，而对照组只需（372.5±48.9）s；用 0.5%链霉蛋白酶处理透明带时，冷冻组卵母细胞需（250.0±28.8）s 才溶掉透明带，而对照组只需（197.5±32.1）s。可见，冷冻解冻后卵母细胞的透明带增强了对蛋白酶溶解的抵抗力，这可能是受精力下降的主要原因之一。有人发现，冷冻解冻后卵母细胞皮质区中的皮质颗粒减少，并有皮质颗粒胞吐现象。因此，透明带抵抗力的增强是皮质颗粒内容物排到卵周隙中，作用于透明带造成的。将牛体外成熟卵母细胞分别置于20℃、10℃和0℃，持续5min、10min和20min，对照组置于 39℃，在冷却后受精前，每个冷却处理的一部分卵母细胞，用 0.5%链霉蛋白酶除去透明带，然后进行受精。结果表明，处理时间没有影响精子穿透率或与温度有任何交叉反应。当比较没有透明带的穿透率时，0℃（59.7%）和10℃（67.9%）没有区别。然而在 0℃和10℃的没有透明带的卵母细胞，比在 20℃（83.7%）和39℃（83.1%）的没有透明带的卵母细胞的穿透率明显低。透明带完整的卵母细胞冷却至20℃和保持在39℃，精子穿透率没有差异，分别为79.7%和83.9%，但是高于透明带完整的卵母细胞冷却至0℃和 10℃，精子穿透率分别为37.3%和47.2%。在相同的温度下进行比较，当冷却至0℃或10℃时，与透明带完整的卵母细胞相比（37.3%和47.2%），没有透明带的卵母细胞具有较高的精子穿透率（59.7%和67.9%）；而冷却至20℃或保持在39℃，没有透明带和透明带完整的卵母细胞精子穿透率没有区别。冷却卵母细胞后受精率的降低，至少部分是由对透明带的影响造成的。

Johnson 等（1988）报道，在 4℃冷却小鼠卵母细胞，持续 5~30min，增加了透明带对胰凝乳蛋白酶和精子穿透的抗性。胰凝乳蛋白酶的抗性改变是透明带组织变化的证据，这可能与卵母细胞受精率降低有关。透明带的这些变化，是导致冷冻保存小鼠卵母细胞受精率低的主要原因。然而，没有证据表明冷冻诱导了皮质颗粒的成熟前胞吐作用，这在正常情况下阻碍精子进入卵周隙。另外，Johnson 等（1988）还报道，迅速冷却至4℃，可促进皮质颗粒的释放和成熟前的透明带反应。Carrol 等（1990）观察到，冷冻解冻的小鼠卵母细胞只有 48.8%的受精率，而未冷冻的对照组则为 97%。然而当用透明带钻孔越过透明带，冷冻解冻的卵母细胞受精率是 87.8%。冷却对透明带的作用还可干扰正常的胚胎发育，透明带特性的改变可能不仅降低受精率，还干扰随后的囊胚孵化和附植。

（4）对卵母细胞超微结构的影响　　孙青原（1994）报道了用不同方法冷冻保存牛的 GV 期及体外成熟卵母细胞的超微结构损伤情况。结果表明，用平衡程序冷冻法和玻璃化法冷冻的牛 GV 期卵母细胞的微细结构都不同程度地受到损伤，主要表现为细胞膜的破坏及微绒毛的减少或消失，各种细胞器及内含物，如线粒体、微管、高尔基复合体、内质网及囊泡的损伤。与 GV 期卵母细胞相比，体外成熟的卵母细胞冷冻解冻后损伤较轻。主要表现为细胞膜完整，微绒毛保存或减少不多，囊泡不发生融合或较少发生融合。这说明体外成熟的卵母细胞耐冻性较强。对于成熟卵母细胞，玻璃化法冷冻的卵母细胞要比平衡程序冷冻的卵母细胞损伤小，主要表现在线粒体及囊泡损伤较轻。Fuku 等（1995）也发现玻璃化法冷冻的牛未成熟卵母细胞微绒毛、线粒体、囊泡受到损坏。GV 期卵母细胞对玻璃化法冷冻的敏感性比 IVM 卵母细胞更高。Hochi 等（1996）对马的未成熟卵母细胞玻璃化法冷冻后的超微结构进行了观察，发现在卵质周围有大的空泡存在，线粒体电子致密度降低，肿胀。

（5）对染色体的影响　　由于冷冻保存可能改变卵母细胞不同成分的超微结构和整

体反应，正常的受精和发育将会受到影响。尤其值得关注的是，在受精时和受精后伴随着畸形的染色体分布，存在遗传畸形的可能性。达到 15%的新鲜采集的人卵母细胞（处于 MⅡ，在光镜下形态正常），表现了一个或多个非纺锤体结合的染色体。研究表明，用 DMSO 作冷冻保护剂，慢速冷冻小鼠卵母细胞，随后受精和达到第一次卵裂阶段的卵母细胞，多倍体增加，但这似乎与多精受精没有联系。与此相比较，Kola 等（1988）报道了玻璃化法冷冻的小鼠卵母细胞受精后非整倍体的增加。Souquet 等（1992）通过对用 DMSO 作冷冻保护剂，慢速冷冻小鼠卵母细胞的细胞遗传学研究，提出了与此相反的证据，发现在第一、二次卵裂时多倍体增加，极体的滞留可能是这些现象发生的主要原因。Vander Elst 等（1993）用超快速方法冷冻保存小鼠的卵母细胞，也观察到相似的三倍体的增加，但不能区分是雌性或雄性来源。

由于人卵母细胞冷冻保存后成功受精的例子不多，因此关于染色体畸形的原因知之甚少。用 PROH 作冷冻保护剂，对新鲜和老化的卵母细胞的冷冻保存进行比较，冷冻保存的新鲜卵母细胞受精后，通过核型分析，检测到正常的染色体分布，然而，老化卵母细胞冷冻保存后受精，畸形受精率增加，表明成熟卵母细胞应在采集的当天冷冻保存。畸形受精率高显然与卵母细胞的体外老化有关，而不是冷冻保存程序造成的。

冷冻保存的成熟和 GV 期人卵母细胞的细胞遗传学分析显示，成熟卵母细胞冷冻保存后非整倍体率没有明显的增加，而未成熟的卵母细胞，冷冻解冻后，经 37℃培养达到成熟，也未表现有畸形染色体核型。然而，如果小鼠卵母细胞在 GV 期冷冻保存，解冻后培养直到成熟，第二次冷冻，回收卵中有 25%检测到非整倍体，显示了多次冷冻保存带来的问题。未成熟的人卵母细胞用 PROH 冷冻保存后，培养适宜的时间达到成熟，能够受精。Tucker 等（1998）冷冻保存了 13 枚人 GV 期卵母细胞，解冻后有 3 枚存活，经 30h 的体外成熟后，2 枚卵母细胞达到成熟，经单精子卵细胞质内注射（intracytoplasmic sperm injection，ICSI）后，两枚均正常受精，移植给受体后，在怀孕 40 周产下了一个健康婴儿。尽管这是成功的例子，但人类在临床上要广泛应用冷冻卵母细胞技术之前，仍有必要以符合伦理的方式，仔细研究冷冻保存究竟会不会导致受精后的非整倍体，否则，无实际应用价值。

2. 低温对卵母细胞发育能力的影响　　许多类型的细胞在没有冷冻的情况下，在温度接近 0℃时都会受到损害，称为冷休克。早期的研究表明，慢速冷却兔的卵母细胞至 0℃，一些卵母细胞仍具有受精能力，在 0℃保存 30h，受精后的卵母细胞移植后仍可产仔。快速冷却小鼠卵母细胞，在 0℃保存 6h，受精后也获得仔鼠。这表明兔子和小鼠卵母细胞对低温的耐受力强。与此相反，牛的卵母细胞对冷冻前的低温非常敏感。Martino 等（1996）报道了冷却牛 GV 期和体外成熟卵母细胞对其随后的成熟、受精和发育的影响，并研究了低温损伤发生的温度，以及损伤的动力学。他们将 GV 期和体外成熟牛卵母细胞分别置于 20℃、10℃和 0℃持续 30min，或置于 0℃持续 0.5min、1min、5min、30min，对照组从 30℃至 0℃的平均冷却速度约为 12℃/min。冷却对 GV 期卵母细胞成熟的影响表明，冷却至 10℃和 0℃的 GV 期卵母细胞，体外成熟后达到 MⅡ的比例分别是 63%和 68%，比对照组和置于 20℃的卵母细胞略低，后两组均为 74%，但是差异不显著。冷却至 20℃并没有影响体外成熟和体外受精后的发育潜力，与对照组相比卵裂率分别为 54%和 61%，囊胚率分别为 26%和 25%；而冷却至 10℃，发育率却明显下降，卵裂率和囊胚率分别为 26%和 6%；而冷却至 0℃的卵母细胞受到的影响更为严重，只有 8%卵裂，达到囊胚的发育率不到 1%。对冷却至 10℃和 0℃的卵母细胞而言，发育到囊胚比卵裂受到的影响更大，卵裂的胚胎发育至囊胚的比例由对照组的 41%分别下降至 30%和 20%。冷却卵母细胞至 0℃具有时间依赖性。在 0℃仅 30s，发育率降低至对照组的 60%（卵裂率 33%、55%，囊胚率 16%、28%）。随着冷却时间延长，发育率持续降低，直到冷却 30min 后，几乎没有囊胚发育。在 0℃的处理时间与发育具有高度的负相关。他们还同时评价了冷却 GV 期卵母细胞至 0℃，30min 对受精率的影响。虽然冷却的卵母细胞卵裂率和囊胚率明显下降，但与对照组相比，精子穿透率和正常受精率差异不显著，分别为 80%和 72%，44%和 45%。冷却体外成熟卵母细胞获得的结果与冷却 GV 期卵母细胞非常相似。冷却至 20℃的卵母细胞和对照组相比，卵裂率分别为 55%和 56%，囊胚率分别为 25%和 26%，均没有区别。而冷却至 10℃发育明显降低，卵裂率 36%，囊胚率 8%；至 0℃更为严重，卵裂率 19%，囊胚率 3%。如同在 GV 期卵母细胞所观察到的，卵裂和囊胚发育未受到同等的影响。对照组 45%的卵裂胚胎发育到了囊胚，而冷却至 10℃和 0℃则下降为 21%和 17%。与冷却 GV 期卵母细胞不同的是，冷却至 0℃的卵母细胞精子穿透率和正常受精率明显下降，分别由对照组的 87%和 59%下降至 58%和 24%。冷却体外成熟卵母细胞至 0℃的影响的动力学，遵循了与 GV 期卵母细胞非常相似的模式。经 30s 处理后，与对照组相比，卵裂率和囊胚率明显下降，分别为 37%和 48%，9%和 18%。随着冷却时间延长，发育率逐渐降低，0℃处理时间与发育呈高度负相关。囊胚率比卵裂率受到的影响更大，0℃处理 30min 后几乎无囊胚获得（<1%）。

过去还未完全揭示冷却对哺乳动物卵母细胞的影响。因为几乎从 25 年前开始，16 种哺乳动物的胚胎已被成功地冷冻保存，产下了来自慢速冷冻胚胎的活仔。由于慢速冷冻不可避免地将胚胎置于 0℃左右较长的时间（与快速冷冻相比），这就明显地意味着胚胎没有受到低温的影响。对牛的桑椹胚和囊胚、小鼠各阶段的胚胎和人的原核期合子的慢速冷冻尤其如此。大多数冷冻保存牛卵母细胞的尝试均采用了传统的慢速冷冻方法，即将卵母细胞置于 0℃和低于 0℃一段时间。通常细胞冷冻敏感性是与冷却敏感性一致的。Martino 等（1996）的研究结果表明，牛卵母细胞对冷却非常敏感。冷却的影响在 10～20℃时开始出现，在 0℃冷却损伤更为严重。牛卵母细胞对冷却的这种极端敏感性，解释了常规的慢速冷冻方法很少获得成功的原因。Wu 等（1998）将牛 GV 期卵母细胞置于 31℃、24℃、4℃或 0℃处理 10min，以 39℃为对照组，冷却后的卵母细胞经体外成熟后进行体外受精，置于 31℃（或 24℃）的卵母细胞与对照组相比，卵裂率并没有明显区别，分别为 65.9%、69.2%和 69.7%。而冷却至 4℃和 0℃，则使卵裂率降至 42%和 36.5%。该研究结果同样表明，牛卵母细胞对 4℃或更低温度的敏感性。Azamuja 等（1998）也进行了类似的研究。牛体外成熟卵母细胞分别置于 20℃、10℃和 0℃进行冷却，时间分别为 5min、10min 和 20min，对照组置于 39℃，然后进行体外受精。结果表明，处理时间并未影响受精、卵裂或胚胎发育。时间和温度并未有明显的交叉反应。置于 39℃的对照组的卵母细胞受精率（73.2%）、卵裂率（58.5%）和囊胚率（16.5%）或桑椹胚率（23.2%）高于在 20℃、10℃和 0℃冷却的，差异显著。20℃冷却的卵母细胞受精率（58.6%）与 10℃（47.3%）没有显著差异；处于 0℃的卵母细胞受精率（36.9%）低于 20℃和 39℃的，但与 10℃的相似。0℃（0.9%）和 10℃（0）的卵母细胞囊胚发育率相似，但都低于 20℃

（7.1%）的。对桑椹胚和囊胚发育率进行比较，20℃（9.5%）冷却的卵母细胞高于0℃（1.8%）和10℃（0.3%）的，后两者之间没有显著差异，20℃的低于39℃（23.2%）的对照组。Fuku等（1992）报道产下一头来自冷冻解冻牛体外成熟卵母细胞的犊牛，但总的存活率很低（2%）。Voekel（1993）观察到牛体外成熟卵母细胞在16℃、4℃或0℃冷却，没有发育到桑椹胚或囊胚的。绵羊卵母细胞在20℃冷却，与未冷却的对照组（44%）相比，具有较低的囊胚发育率（6%～11%）（Mooz and Crosby, 1985）。以上的研究结果均表明，牛的卵母细胞对低温非常敏感，而常规慢速冷冻方法要在0℃经过一段时间，造成对卵母细胞的低温打击，从而降低其受精率、卵裂率和发育率，这是牛卵母细胞不易冷冻成功的主要原因。

3. 冷冻保存对卵母细胞发育能力的影响　传统的平衡冷冻过程包括加入冷冻保护剂，慢速冷冻至-40～-30℃或-80℃，然后投入液氮冷冻保存，再复温，去除冷冻保护剂。在这些过程中，卵母细胞要经历降温和渗透压的变化，这些都可能造成卵母细胞的损伤，使其以后的发育能力受到影响。冷冻保护剂虽然具有保护作用，但对细胞具有一定的毒性。而超快速冷冻法和玻璃化冷冻法，都要将卵置于高浓度的冷冻保护剂中短暂处理，而高浓度的冷冻保护剂对细胞的毒性更大。

第四节　解冻方法

一、冷冻胚胎解冻

（一）解冻

实验证明，冷冻胚胎的快速解冻优于缓慢解冻。胚胎缓慢升温时，当温度由-196℃回升到-50～-15℃时仍可能形成胞内结晶，而致死胚胎。快速解冻时，使胚胎在30～40s内由-196℃上升至30～35℃。瞬间通过危险温区，就使其来不及形成冰晶。快速解冻时，预先准备30～35℃的温水，然后把装有胚胎的细管由液氮中取出，投入温水中，轻轻摆动，1min后取出，即完成解冻过程。胚胎在解冻过程中，常发生透明带破碎，可能是胚胎从-196℃急剧上升到室温的热应激所致。有报道证明，牛胚胎在空气中解冻或在空气中置6s，然后浸入水中，透明带损伤最小。细管中冷冻牛胚胎透明带损伤的程度取决于复温条件，在20℃空气中解冻，无损伤发生。但在20℃或36℃的水浴中解冻，分别有17%和24%的胚胎透明带损伤。实验证明，用甘油作保护剂冷冻的安哥拉山羊胚胎从液氮中取出后，立即投入32℃温水中，透明带破损率为72%，乙二醇作保护剂时为31%。而用乙二醇作保护剂冷冻的胚胎，从液氮中取出后在室温下（18～22℃）放置6～10s，透明带破损率降至17%以下。所以胚胎解冻时，在室温下稍停留，使温度缓慢回升，再投入温水中继续解冻，可使胚胎迅速通过危险温区。解冻的水温也不要过高，可避免对透明带的热应激性损害，降低透明带破损率，提高移植成功率。

（二）脱除保护剂

胚胎在解冻后，必须尽快脱除保护剂，使胚胎复水，移植后才能继续发育。脱除保护剂的过程中同时发生两种物理变化，即保护剂分子的渗出和水分子的渗入。如果胚胎从保护剂中直接浸入 PBS、生理盐水等等渗溶液或直接移入受体生殖道，由于保护剂，如甘油、DMSO 等渗出胚胎的速度慢于水分子渗入的速度，胚胎细胞就会膨胀甚至崩解。已证实，胚胎细胞表面在胚胎体积膨胀到正常的 2.7 倍时就崩解。胚胎细胞膜或细胞质各部分由于冷冻受损或变得不稳定时，其耐受性就会降低。为了防止胚胎在脱除保护剂时过度膨胀，在早期的实验中，采取分步逐渐降低保护剂浓度的做法，使胚胎重新复水。后来的实验研究证明，用具有渗透性的非细胞渗透物质，如蔗糖，使胚胎细胞脱水，能使小鼠或牛胚胎耐受其体积缩小 25% 的变化，而其生活力受损较轻，甚至无损。将胚胎解冻后立即移入蔗糖溶液中，胚胎不致膨胀过度，甚至会由于保护剂的渗出和脱水而收缩，随着保护剂的渗出和水分子的渗入，而保持渗透压的平衡。蔗糖可以稳定溶液的渗透压，降低保护剂的浓度。

目前多采用蔗糖液一步或两步法脱除胚胎内的保护剂使胚胎复水。用血清 PBS 配制成 $0.2 \sim 0.5$ mol/L 的蔗糖液，胚胎解冻后，在室温（$25 \sim 26$℃）下放进这种液体中，保持 $5 \sim 10$min，在显微镜下观察，胚胎扩张至接近冻前状态时，即认为保护剂已被脱除，然后移入血清 PBS 中准备移植。

一步冷冻的胚胎由于保护剂的浓度比快速冷冻时高得多，一般用 1.0mol/L 和 0.5mol/L 蔗糖两步脱除保护剂后再移入血清 PBS 中效果较好。

此外，也有人研究细管内直接脱除保护剂的方法，或筛选无须脱除即可直接移植的保护剂。采用 1.5mol/L 乙二醇作保护剂冷冻牛胚胎时，在细管内装入一份保护剂，两端装三份血清 PBS，解冻后将细管Ⅲ段向上，左手持Ⅰ段和Ⅱ段的气泡处，右手食指轻敲Ⅲ段使其与Ⅱ段混合，$2 \sim 3$min 后持Ⅲ段一端的前端用力向下甩动与Ⅰ段混合，这样保护剂就被高度稀释，有利于胚胎复水。10min 后可直接由细管内移入受体子宫，由于保护剂浓度降低，从而减小对受体子宫内膜的刺激作用，有利于胚胎继续发育。

二、冷冻半胚的解冻

冷冻半胚的解冻方法与冷冻整胚基本相同。由于半胚冷冻时用琼脂封固，脱除保护剂的时间应相对延长。解冻后将含有半胚的琼脂柱投入含 3.3% 甘油的蔗糖血清 PBS 和不含甘油的蔗糖血清 PBS 中分别平衡 10min 和 15min，直接或除去琼脂后再培养或移植。

三、冷冻卵母细胞的解冻

在 25℃水浴中解冻后，将细管内含物一起排入一空培养皿中，5min 后，把卵母细胞移入 0.25mol/L 的蔗糖溶液中 5min，再移入 PBS/FCS 中洗 2 次，即完成解冻过程。

第五节 冷冻效果鉴定

一、胚胎冷冻效果鉴定

冷冻保存的胚胎或半胚解冻后，要对其活力进行鉴定，才能确定是否适于移植，并对其冷冻和解冻方法做出评价。

（一）形态学鉴定

胚胎解冻后在实体显微镜下观察，能恢复到冻前的形态，透明度适中，胚内细胞致密，细胞间界线清晰，可认为是存活的胚胎，适于移植。如果透明带有轻度破损，胚胎细胞基本完整，或胚内大部分细胞形态正常，可观察出细胞间的界线，仅有极少数细胞崩解成小颗粒，这类胚胎仍可移植，它们中有一部分可能发育为正常的胎儿。透明带破裂、内细胞松散、胚内细胞变暗或变亮呈玻璃状，以及进入解冻液后不能扩张恢复到冻前大小或整个胚胎崩解，均为胚胎在冷冻或解冻过程中受到严重损害而失去活力。

用相差显微镜放大200倍进行暗视野检查，存活的细胞呈球形，透明度很高，细胞膜光滑，胞质内有很少的反光微粒，细胞核较暗。荧光检查时这样的细胞均发强荧光。如果细胞仍呈球形，细胞内变得混浊，透明度降低，胞质内反光颗粒增大增多，多为生活力降低的细胞，选种细胞荧光检查时发出微弱荧光。死亡的细胞无定形，细胞变成一堆反光性很强的大颗粒，这种颗粒可能是蛋白质变性凝结成不可溶的物质而形成的，因此反光性增强而透明度变差。

（二）染色检查

1. 荧光检查法　　二乙酸荧光素（fluorescein diacetate，FDA）是一种荧光原物质，在酶的作用下可产生荧光产物。游离的FDA是一种基础的荧光染料，在脂化状态下是无色的。而脂化物水解后会产生荧光。未受损害的细胞，酶的活性很强，细胞膜完整。进入细胞的荧光素在酶的作用下，脂化物水解显示荧光。由于细胞膜完整，荧光物质不会很快从细胞中游离出来，因此在荧光显微镜下，生活力愈强的细胞显示出淡绿色的荧光愈强。死亡或生活力降低的细胞不发荧光或仅有微弱荧光。染色方法：在有盖的小捡卵杯中，加入血清PBS约2mL并放入胚胎，加入1%FDA丙酮溶液1μL，在37℃下培养5～10min，然后将胚胎移入新鲜的血清PBS中洗涤一次。再在清洁的凹面玻片上滴2～3滴血清PBS，将胚胎移入，即可在荧光显微镜下观察。应注意的是，凹面玻片要清洁无擦痕，厚度应小于3μm，不洁和有擦痕的玻片，会发生紫外光的散射，背景上会出现很多红色和绿色的光点，影响观察效果，玻片过厚时，聚光焦点可能在成像焦距之外，视野里呈现一片漆黑。玻片上的血清PBS不能过多或过少，液体过多用高倍物镜观察时镜头会与液面接触，过少时液体会很快蒸发干燥。荧光检查后的胚胎，用血清PBS洗涤后仍可移植，这种情况下应特别注意检查操作的无菌。由于荧光检查使用紫外光，对胚胎有一定的损害作用，故也应尽量缩短观察时间。

2. 台盼蓝染色检查　　胚胎用0.5%的台盼蓝溶液染色3～5min，清洗后在显微镜下观察，有活力的细胞不着色，死亡的细胞充满台盼蓝的着色颗粒。

（三）培养鉴定

1. 培养　　冷冻胚胎解冻后，用含20%血清的PBS在37℃条件下培养6～12h，能继续发育者为存活胚胎。

2. 体培养　　在没有体外培养条件时，可将解冻后的胚胎置于结扎的兔输卵管内，在兔体内培养12～24h。再从输卵管内冲洗出来，检查发育情况，能进一步发育的为存活胚胎。

（四）移植检验

将解冻后的冻胚移植给受体动物，根据受体的妊娠率和产仔率计算胚胎的存活率是最直接可靠的检验方法。轻度受损的胚胎用间接检查法检查时，可能表现为存活的胚胎，但发育潜力可能已受到损害，这种胚胎移植后也可能妊娠，但当胚胎发育到某一阶段时就可能死亡，造成妊娠中断，这在冷冻胚胎特别是一步冷冻的胚胎可以见到。

二、卵母细胞冷冻效果鉴定

（一）保护液毒性的判定

为了提高冷冻效果，冷冻前应对所选用保护剂对胚胎的毒性进行测定。测定的方法是：将卵母细胞放入冻前处理的各种平衡液和保护液中，在与冻前处理相同的温度下，处理与冻前处理相同的时间后，用基础培养液洗涤除去保护剂，然后培养或进行体外受精，将所得结果与在基础培养液中保存的胚胎比较，即可判断出各平衡液与保护液的毒性。

（二）冷冻效果检查

卵母细胞解冻后，按一般方法进行培养和体外受精，统计其受精率、卵裂率和早期胚胎发育率，并与未冷冻的卵母细胞对照做出评价。

（三）影响卵母细胞冷冻效果的因素

卵母细胞的冷冻保存技术还不成熟，因此对影响卵母细胞冷冻效果的因素进行探讨，将有助于技术的改进。影响冷冻效果的主要因素有以下几个。

1. 动物种类　不同动物卵母细胞对冷冻的耐受力不同。de Mayo 等（1985）对仓鼠和鼠猴的输卵管卵母细胞进行冷冻。结果证明，仓鼠卵母细胞的存活率和形态正常率极显著地高于鼠猴，分别为 81.3%：21.2% 和 80.1%：29.4%，而受精率则后者较高，分别为 11.8% 和 27.6%。

2. 卵母细胞的外围结构　卵母细胞的外围结构特别是透明带，对卵母细胞起着极为重要的保护作用。Quinn 等（1982）证明，透明带完整的卵母细胞冻后存活率和受精率分别为 71.0% 和 17.5%；而无透明带的卵分别为 31.0% 和 14.5%。Whittingham（1977）和 Michaelis（1985）通过对比研究证明，有无卵丘细胞对冷冻效果没有明显影响。

3. 冷冻过程

（1）冷冻介质　卵母细胞对介质的要求与胚胎不完全相同。冷冻过程中介质的pH、渗透压等的变化对卵母细胞的活力及发育能力均有影响。de Mayo 等（1985）用PBS 和 TCM-199 作冷冻液的基础液，冷冻输卵管卵母细胞发现，二者存在明显差异。其冻后存活率和形态正常率前者为 64.2% 和 67.2%，后者为 77.5% 和 79.8%，后者明显优于前者。

（2）冷冻保护剂　不同种类的冷冻保护剂对卵母细胞的毒性也不同。Critser 等

（1986）证明，DMSO 对输卵管卵母细胞具有毒性，1.5mol/L 的 DMSO 虽不影响形态正常率，但干扰受精过程。Hoy 和 Threlfall（1988）用 1.0mol/L、1.5mol/L 和 2.0mol/L 的 1，2-丙二醇对小鼠输卵管卵母细胞进行冷冻发现，随着 1，2-丙二醇浓度的增加，其冻后存活率和受精率提高，但 1.5mol/L 和 2.0mol/L 之间没有显著差异。

（3）冷冻程序　　　Critser 等（1986）对缓慢冷冻和直接冷冻法对仓鼠输卵管卵母细胞的冷冻效果进行了比较。结果发现两种方法在冻后存活率方面没有差异，但直接冷冻法的受精率显著低于缓慢冷冻法（45.7%：26.3%）。他们还证明，在缓慢冷冻中样品温度为-80℃时投入液氮的效果较优。

第五章　性别控制技术

性别控制（sex control）是指通过人为的干预，使动物按人们的意愿繁殖所需性别后代的技术。哺乳动物的性别控制主要从两方面进行研究，即受精前的性别鉴定和受精后胚胎的性别鉴定，前者主要指通过分选 X 与 Y 精子，在受精时便决定了胚胎的性别；后者则是通过鉴定胚胎的性别，移植已知性别的胚胎，以控制后代出生时的性比。

第一节　性别控制的理论基础

一、性别决定理论

严格地讲，哺乳动物的性别决定取决于染色体，常常不受环境因素影响。在大多数情况下，雌性为 XX 核型，雄性为 XY 核型，Y 染色体是性别决定的重要遗传因子。即使某一个体具有 5 条 X 染色体而仅有一条 Y 染色体，那么，它（他）还将成为雄性；此外，仅有单条 X 染色体而无 Y 染色体的个体将发育成雌性。通过经典研究已得出性别决定的两个法则。

第一个法则源于 Alfred Jost 及其同事的研究工作。Jost（1947，1973）用手术方法摘除子宫中处于发育状态胎兔的生殖嵴，然后，让胎兔发育到足月，结果此种胎兔发育为雌性。不管它们是 XX 或 XY 核型，它们都具有输卵管、子宫和阴道，但缺少阴茎和雄性副性器官。Jost 推断睾丸能产生某些使胎儿雄性化的物质。他证明主要的效应子是睾酮，并正确地预测出第二种效应子的存在，即抗米勒管激素（anti-Müllerian hormone，AMH），也称作米勒管抑制激素（Müllerian-inhibiting hormone，MIH）。这些研究结果被概括为性别决定的第一法则：在性腺发育过程中，性腺特化为睾丸或卵巢决定着胚胎后来的性分化。

哺乳动物性别决定的第二个法则与性分化的染色体基础有关。哺乳动物和果蝇两者都具有 XX/XY 染色体系统。在果蝇，X 染色体和常染色体的比率是性别决定至关重要的因素，即剂量补偿效应（dosage compensation effect），而 Y 染色体的存在与否则对性别决定无关紧要。1959 年之前，有人推测哺乳动物性别决定的控制机制也与 X 染色体的剂量有关。然而，有人相继证明携带 X 单体的个体为雌性，而带有多条 X 染色体和一条 Y 染色体者为雄性。这便提出了哺乳动物性别决定的第二法则：Y 染色体上携带有决定雄性性别所必需的遗传信息。

结合上述两个法则可以导出这样一个结论：Y 染色体上存在一个或多个为睾丸发育和形成所必需的基因。此假设基因在人被命名为睾丸决定因子（testis-determining factor，TDF），在小鼠为睾丸决定 Y 基因（testis-determining Y-gene，TdY）（Goodfellow，1993），其实就是后来研究并克隆的 Y 染色体性别决定区（sex-determining region of Y，SRY），小鼠的此基因用 *SRY* 表示（Palmer，1991）。*SRY* 位于 Y 染色体上，雌性不存在，*SRY*

就是性别决定基因。然而,许多分布于 X 染色体和常染色体上的基因也是睾丸形成所必需的。

动物的性别决定(sex determination)是指在胚胎发育的早期,由一个尚未分化的性腺发育成睾丸或卵巢的过程。哺乳动物的正常性别是由一对性染色体决定的。动物个体的性别取决于受精时雌、雄配子所携带的性染色体的类别。家畜的所有正常配子中均含有一组常染色体和一个性染色体,即雌性动物卵子所含的性染色体为 X 染色体,雄性动物的精子则具有两种类型,一类含有一个 X 染色体,另一类含有一个 Y 染色体。携带 Y 染色体的精子(Y 精子)与卵子结合受精,其受精卵就向雄性(XY)发展,而由携带 X 染色体的精子(X 精子)与卵子结合,受精卵向雌性(XX)发展。按此理论,人为地选用某一类精子与卵子结合受精,或通过对胚胎的性别鉴定并结合胚胎移植技术,就可以达到控制性别的目的。

哺乳动物睾丸决定有两个重要的基因发挥作用,即 *SRY*(sex-determining region of Y)和 *SOX9*(SRY box gene-9),这两个基因都编码与 DNA 有关的非组蛋白质(non-histone protein,NHP)的高活动区(high mobility group,HMG)蛋白家族成员。*SRY* 编码睾丸决定因子(testis-determining factor,以前称为 TDF),是目前发现的哺乳动物唯一的 Y 连锁基因,该基因足以启动睾丸的发育。*SOX9* 为一常染色体基因,其参与多种脊椎动物睾丸的决定。*DAX-1* 为 X 连锁基因,如果在人的 X 染色体上出现该基因的重复,则在 XY 个体中不会出现睾丸发育,但存在正常的生殖系统。对 *DAX-1* 基因参与睾丸发育的调节机制目前还不清楚,可能也有其他未知基因参与对卵巢和睾丸发育的调节。

表型性别的发育是性发育的最后一步,而且雌性表型性别发育仍然是表型性别发育的默认发育程序,如果没有雄性化信号,则表型会发育为雌性。

内生殖道、副性腺和外生殖器可对两类睾丸激素,即睾酮和抗米勒管激素(AMH)发生反应而分化。米勒管对 AMH 发生反应进而退化。睾酮通过 5α-还原酶转变为双氢睾酮(DHT),从而使外生殖器发生雄性化。睾酮和 DHT 通过雄激素受体发挥作用,而 AMH 则通过 AMH 受体(AMH-R)发挥作用。

支持细胞分泌 AMH 标志着胚胎功能性睾丸开始发挥作用。目前的研究表明,类固醇激素生成因子-1(SF-1)、*WT1* 基因(Wilms tumor gene 1)和 *SOX9* 能协同作用,刺激睾丸 *AMH* 基因的表达。SF-1 刺激类固醇激素生成酶的表达,因此在睾丸分化后很快就开始有睾酮的分泌。犬的睾丸一般在出生后 10d 很快就下降,但对睾丸下降的遗传和内分泌调控机制目前还不清楚。

SRY 与 *DAX-1* 竞争激活或抑制 *SF-1* 基因。如果只有单个的 X 和 Y 染色体存在,则有利于 *SF-1* 发挥作用,因此激活 *SF-1* 基因。如果在 X 染色体上存在双拷贝的 *DAX-1* 基因(或者没有 Y 染色体),则 *SF-1* 基因不会被激活。SF-1 蛋白能激活 *SOX9* 基因,指导性索发育为睾丸的支持细胞,也可能会抑制 *WNT4* 基因。*WNT4* 能诱导性腺分化为卵巢。

二、性别决定过程

哺乳动物性别决定的取向决定着未来性腺发育的导向，而性别决定的结果又是通过性腺分化及性表型来体现的。一般而言，未分化的性腺中胚层处于中性。如果没有 Y 染色体存在，性腺原基发育为卵巢，由卵巢产生的雌激素能够使米勒管发育为阴道、子宫颈、子宫和输卵管；如果有 Y 染色体存在，位于其短臂的假常染色体区段（1 区）的 SRY 组织性腺发育为睾丸。睾丸一旦形成，其间质细胞分泌睾酮，支持细胞分泌抗米勒管激素。睾酮使胎儿雄性化，导致阴茎、阴囊和其他雄性器官的形成。雄性和雌性决定通路只不过是一个类似"双向开关"的"开启"与"关闭"过程，它的"开"与"关"取决于 SRY 的存在与否。SRY 的作用贯穿于性腺发育的全过程，但这些作用又受到来自中肾的某种物质的协调。

三、性别决定模型

迄今，还没有一个公认的哺乳动物性别决定模型。最令人推崇的要数 Eicher 和 Washburn（1986）所提出的模型。这一模型是在综合当时大量研究资料的基础上设计的一个性别决定通路假设框架。它是以未分化的胎儿性腺具有双向发育潜能和指导雌、雄发育的基因都具有活性为前提。也就是说雌性发育并非处于被动的"弃权"地位，而是存在有两条平行的发育途径：一条负责卵巢发育，另一条则主导睾丸发育。假定卵巢发育途径中的第一个基因，即卵巢决定基因（ovarian determining gene，OD），位于 X 染色体或常染色体上，它可能具有激活卵巢发育途径中的下一个基因（OD-1）的功能。睾丸发育途径的第一个基因是睾丸决定基因（TdY），等同于人类的 TDF，此基因发挥作用的时间早于 OD 基因，而且表现出两方面的功能：①激活睾丸发育途径中的下一个基因（Td-1）；②抑制 OD 的活化。

如果 TdY 基因存在（当它在 XY 个体体内时）则形成睾丸，否则就形成卵巢。此模型具有一定的预见性。近几年的研究已表明，SRY 在哺乳动物性别决定中起着正常的"开关"作用。然而，尚未明确 SRY 如何影响支持细胞分化所需其他基因的表达。推测 SRY 可能是一个转录协同因子，能介导其他转录因子间的相互作用。换言之，SRY 可能改变这些因子到染色质内靶位点的可达性。但现在还没有任何直接证据证明，SRY 是睾丸决定通路相关基因的激动子，或者是卵巢决定通路中的阻遏子，或者两者都是。或许，认为 SRY 是一个阻遏子更容易让人接受。如果 SRY 是一个阻遏子，那么它必须在雌性决定通路上起作用的时间足够长，从而使雄性决定通路中相关基因的活动运作起来。如果是这样，则符合上述假设模型。

第二节　X、Y 精子鉴定及分选技术

通过性别控制可以为生产某一特定性别的后代计划配种，因此性别控制具有很大的实用价值。但一般来说，在受胎之前确定性别是十分困难的，目前唯一可行的方法是根据所需要的性别选定 X 或 Y 精子，然后用其进行人工授精（AI）或体外受精（IVF），再进行胚胎移植。

通过分选 X 精子和 Y 精子达到控制家畜性别的目的是最经济、最有意义的性别控制途径。为此，人们相继根据精子 DNA 含量、大小、质量、密度、活力、膜电荷、细胞膜表面抗原、酶及特异性 DNA 等特性建立了各种精子分选方法，如沉淀法、离子交换法、电泳法、密度梯度法等，但这些方法都有一定的局限性或准确率不高，未能在生产中应用。目前，具有一定的重复性、进展好的精子分选方法主要有免疫学方法和流式细胞仪法，而通过流式细胞仪进行精子性别鉴定是目前唯一可行的鉴定精子性别的方法，下面主要介绍流式细胞仪分选系统分选精子。

X 精子头部的 DNA 含量比 Y 精子要高出 3%～5%（表 5-1），根据两类精子头部 DNA 含量的差异，可利用流式细胞仪分选系统分选各种动物的精子，而且已经获得了预选性别牛、绵羊、猪和兔等多种动物的活后代。

表 5-1　各种动物精子 DNA 含量差异

动物	羊	犬	牛	麋鹿	马	猪	兔	负鼠	象	骆驼	人
DNA 含量（X−Y）差异/%	4.2	3.9	3.8	3.8	3.7	3.6	3.4	2.4	3.4	3.3	3.0

采用流式细胞仪分选系统分选精子，虽然其原理依然是 X 和 Y 精子 DNA 含量不同，但对细胞分选系统必须进行改造，以便能够更准确地测定 X 和 Y 精子 DNA 含量的差别。分选精子时，样品可在（8.24～41.40）$\times 10^4$Pa 的压强下筛选，分选速度为每小时 600 万个 X 精子和 600 万个 Y 精子，如果只分选 X 精子（纯度为 85%）或 Y 精子（纯度为 90%），则分选速度可达到每小时 1100 万个或更高。

（一）精子样品的制备

制备过程中对精子的损伤越小，分选的精子数量越多，受精能力越强。制样过程中可能对精子造成损伤的环节主要有：精液中加入染料和精子进入分选系统时压力的变化等。采用高速分选系统时，可将精液稀释成每毫升含 150 百万个精子，采用标准分选系统时其量加大 10 倍，按比例以 8μL/mL（5mg/mL）的速度加入 Hoechst 33342，然后在 35℃条件下温育 1h，以便使染料能均匀地通过细胞膜，减少测定误差。

（二）分选精子的收集

收集分选精子时最重要的是保存精子的活力。在精子分选过程中样品的稀释倍数越小越好。分选精液的精子浓度应该低于 1.5 亿个/mL（射出精液的浓度一般为：猪，3 亿个/mL；牛，10 亿个/mL）。当荧光染色的精子进入流式细胞仪测量室时，其周围包有一层由含 0.1%BSA 的 PBS 组成的保护层，PBS 可以增强稀释效果，BSA 可以减少精子的凝集。采用这种技术筛选的精子的纯度可以达到 95%，但死精子、形态异常的精子及精子头部的形状均可能会影响筛选结果。

（三）分选精子性别的验证

在精液分选过程中或在其完成之后，可用预先用 BSA 浸泡过的试管收集部分分选过的样品，然后用超声波处理除去精子尾部，加入 Hoechst 33342 并保持染色的均匀性，再用流式细胞仪鉴定精子性别。也可采用 FISH 技术测定携带 Y 微卫星 DNA 的 Y 精子，两者之间的准确性没有明显差别。此外，也可采用 PCR 技术，但 FISH 和 PCR 技术需要 3～4h，而测定 DNA 含量的流式细胞仪方法只需要 30min。

第三节　H-Y 抗原与动物性别控制技术

动物性别控制是一项能显著提高畜牧业经济效益的生物工程技术。因而，许多畜牧兽医工作者一直在为实现性别的人为控制进行着不懈的努力。动物性别控制的研究主要采用两条途径，即 X 精子与 Y 精子的分离和胚胎性别的鉴定。而依据 H-Y 抗原和抗体免疫反应的原理进行性别控制的免疫学方法，则是这两条研究途径中不可缺少的重要方法。因此，我们将从 H-Y 抗原研究简史与现状、H-Y 抗原在精子分离中的应用、H-Y 抗原在胚胎性别鉴定中的应用及 H-Y 抗原的研究应用前景等方面加以介绍。

一、H-Y 抗原研究简史与现状

1955 年，Eichwald 和 Silroser 以近交系 C57BL/6（B6）小鼠为材料，进行了相同和不同性别间的皮肤移植实验，发现将雄性皮片移植给雄性、雌性皮片移植给雌性及将雌性皮片移植给雄性，均不发生排斥反应。唯独将雄性皮片移植给雌性时出现了排斥反应。由于 B6 小鼠是高度近交的纯合小鼠，其每一个体的遗传基础完全相同，不应该发生排斥反应，因此认为这种雌性对雄性的排斥反应是雄鼠皮片具有一种雄性特有的细胞表面成分所致。这种成分被称为组织相容性 Y 抗原（histocompatibility-Y antigen），简称 H-Y 抗原。Oldberg 等（1971）首次对 H-Y 抗原进行了血清学分析，他以小鼠附睾精子为靶细胞，将移植过雄鼠皮植片的雌鼠抗血清与补体结合，进行了精子细胞毒性实验，发现每份精子中约有 50%的精子被致死，推测被致死的精子可能就是 Y 精子。后来，在一些移植了同源雄鼠皮片的雌鼠中发现，不论排斥反应强弱，均出现抗体反应。从此，H-Y 抗原的研究突破了移植生物学的范围，许多研究小组开始用 H-Y 抗体确定 H-Y 抗原的存在部位，试图进行 H-Y 精子与 H-X 精子的分离及胚胎的性别鉴定。

Wachtel 等（1974）用同品种雄鼠脾细胞免疫雌鼠，制备出 H-Y 抗血清，以此与大鼠、豚鼠、兔和人的细胞进行混合红细胞吸附杂种抗体试验和细胞毒性试验，发现小鼠 H-Y 抗血清与大鼠、豚鼠、兔和人的雄性细胞在血清学上具有明显的交叉反应性。现已证明 H-Y 抗原被保留在整个进化过程中，除某些过渡品种外，在所有异配子型性别品种的体细胞中均发现 H-Y 抗原的存在。在哺乳动物，已发现小鼠（1972）、大鼠（1973）、兔（1983）、牛（1986）、绵羊（1987）精子有 H-Y 抗原的表达，此外在小鼠、大鼠、兔、猪、绵羊、山羊、牛和马的早期胚胎上也发现 H-Y 抗原的存在，并以此进行了移植前胚胎的性别鉴定，获得了一些有意义的结果。

二、H-Y 抗原在精子分离中的应用

许多实验证实，只有 Y 精子才能表达 H-Y 抗原，因而，利用 H-Y 抗体检测精子质

膜上存在的 H-Y 抗原，再通过一定的分离程序，就能将精子分离成为 H-Y（Y 精子）和 H-X（X 精子）两类。将所需性别的精子进行人工授精，即可获得预期性别的后代。

（一）免疫亲和层析法

用兔抗鼠 Ig 二抗与琼脂糖-6MB（agarose-6MB）小球偶联构筑分离柱，将待分离精子与大鼠抗 H-Y 血清（一抗）进行预培养，然后洗涤预培养的精子以除去过量的抗体，将洗涤后的精子用免疫亲和层析，其中 H-Y 精子能与柱内抗体包被的琼脂糖小珠结合，而 H-X 精子则可被大量的缓冲液冲洗下来。当洗脱至显微镜下看不到精子时，收集 H-Y 精子进行人工授精或精子 DNA 分析。然后用过量的非免疫血清洗脱结合到层析柱上的 H-Y 精子，直到显微镜下看不到精子为止，收集 H-Y 精子用于进一步分析或授精。用此法分离小鼠精子，以分离的精子人工授精，观察后代性比，发现 H-X 组获得 4.2%的雄鼠（对照组为 46.6%），H-Y 组获得 92%的雄鼠，效果极为明显。后来，Bradley（1989）也以此法分离绵羊的 H-Y 精子和 H-X 精子，用以异硫氰酸荧光素（fluorescein isothiocyanate，FITC）标记的抗鼠二抗结合，并进行荧光显微镜检查。发现不被层析柱吸附的精子有 70%～80%为 H-Y 精子，结合到层析柱上面后被洗脱下来的有 75%～78%为 H-Y 精子。而对照组则有 43%～44%为 H-Y 精子，56%～57%为 H-X 精子，附睾精子和射出的精子具有同样的趋势。

此方法尚未大规模应用，主要是因为柱层析后幸存的精子相对较少，而且活力较低，还达不到生产应用的需要。

（二）直接分离法

Zavos（1983）给家兔阴道输入 H-Y 抗血清，15min 后进行人工授精，获得了 74%的雌性仔兔，而事先未输入 H-Y 抗血清的对照组，雌兔率为 44.4%。罗承浩等（1993）用小白鼠 H-Y 抗原对大鼠进行免疫，将制备的 H-Y 抗体与牛精液"感作"后进行人工授精，两年分别获得 81.8%（9/11）和 80%（4/5）的雌性犊牛。用兔 H-Y 抗血清进行实验，将效价为 1∶32 的兔 H-Y 抗血清输入发情母兔阴道内，10～15min 后自然交配，其中两只妊娠母兔最终产下 3 只仔兔，均为雌性。

（三）免疫磁力法

1．基本原理　　首先用 H-Y 单克隆抗体结合 Y 精子上的 H-Y 抗原，再加第二抗体包裹的超磁化多聚体小珠，振荡培养后，Y 精子-单抗复合体即结合到二抗磁珠上，当用磁体对样品处理时，磁化了的磁珠（含 Y 精子）则黏附在试管壁上，上清液中的精子便是所需要的 X 精子。

2．操作程序

（1）精液处理（以牛为例）　　细管冷冻精液在 35℃水浴中解冻 1min，以 900g 离心 4min。弃上清液，精子团在 35℃，pH 7.1 的磷酸盐缓冲液（PBS）中重新悬浮，以 900g 离心，重复 3 次，清洗结束后将精子小团在 PBS 中再悬浮，用血细胞计数器测定样品中精子浓度。

（2）分离方法　　第一抗体为对 IgG 的 H-Y 单克隆抗体（Mcab 12/49），第二抗体为山羊抗小鼠抗体。如果检测本法的分离纯度，可将二抗用 FITC 标记，再用流式细胞仪分离检验。

将 10μL 1∶32 稀释的单克隆抗体添加到悬浮在 250μL PBS 中的精子里，室温下培养 20min，添加第一抗体并培养到 10min 时，轻轻混悬样品。培养结束后，向每个样品添加 1mL PBS，以 900g 离心 4min。去上清液，精子小团用 1mL PBS 再悬浮，再以 900g 离心 4min。每一小团用 250μL PBS 悬浮，然后加入 10μL 1∶8 稀释的第二抗体，同时向每份样品中添加洗过的超磁化多聚体小珠。按每个精子 40 粒珠子添加，随后将样品置振荡培养箱中培养 20min。培养后用光学显微镜检查，每份样品计数 10 个精子，以确定精子与小珠结合的百分比，样品随后用磁体作用 20min。磁体使磁化了的颗粒黏附在试管壁上，使上清液易于用吸管吸出，上清液中 98% 以上就是所需要的 X 精子。

三、H-Y 抗原在胚胎性别鉴定中的应用

通过测定胚胎上 H-Y 抗原的存在与否就能对胚胎的性别做出鉴定，有报道的这类方法包括胚胎细胞毒性分析、间接免疫荧光法和囊胚形成抑制法。

（一）胚胎细胞毒性分析

胚胎细胞毒性分析的原理是，在补体（豚鼠血清）存在的情况下，H-Y 抗体可以与 H-Y 胚胎结合并使其中一个或更多的卵裂球溶解或使卵裂球呈现不规则的体积和形状，阻滞了胚胎的发育。这类受影响的胚胎即为雄性胚胎，而仍能正常发育者为雌性胚胎。将培养后发育正常的雌性胚胎进行移植，从而达到使母畜只生雌性后代的目的。

操作方法是采集 8~16 细胞期的胚胎，用无 BSA 的 WM 液洗涤 3 次。将事先经雌鼠脾细胞和被鉴定胚胎的雄性动物脾细胞吸附的灭活 H-Y 抗血清、正常豚鼠血清（NGPS）和无 BSA 的 WM 液分别按 14.3%、28.5% 和 57.2%（V/V）配成培养液，用灭菌液体石蜡制成 25μL 的小滴，将洗涤后的胚胎移入培养小滴中，在 37℃，5%CO$_2$ 饱和湿度的条件下培养 24h。然后用含 BSA 的 WM 洗涤 3 次，在 200× 相差显微镜下观察胚胎，记录受影响的胚胎和正常胚胎数。将正常胚胎移植给同期化受体，以所产后代的雌性率检验胚胎性别鉴定的准确性。用这种方法鉴定的 H-Y 胚胎移植后所生仔鼠有 86% 为雌性，但该方法以破坏雄性胚胎为代价，近年来已很少采用。

（二）间接免疫荧光法

间接免疫荧光法（indirect immunofluorescence method）是以 H-Y 抗体作为第一抗体，以用 FITC 标记的山羊抗鼠 Y 球蛋白作为第二抗体，将上述两种抗体依次与胚胎共同培养时，雄性胚胎上的抗体先与一抗结合，一抗再与二抗结合，通过洗涤将未结合到胚胎上的二抗洗去。由于二抗用 FITC 标记，放在荧光显微镜下显荧光。显荧光者为 H-Y 胚胎，不显荧光者则为 H-X 胚胎。这是一种非损害性胚胎性别鉴别法，鉴定过的胚胎都可存活，可按需要进行性别移植。

操作方法是采集 8 细胞-桑椹胚期胚胎，洗涤后置于含 10%（V/V）吸附过的灭活 H-Y

抗血清的 WM 液（含 5mg/mL BSA）中，培养 90min 后，将胚胎移入新鲜的 WM 液中洗涤 1 次，然后移入含 10%（V/V）FITC 山羊抗鼠球蛋白的 WM（5mg/mL BSA）中，再培养 90min。以 WM 液洗涤 1 次，接着用装有 FITC 激发器的倒置荧光显微镜在 20 倍下逐一评价胚胎，如果胚胎中一个或更多的分裂球上有相互联系的荧光集中区，且荧光明亮，可定为荧光胚胎（H-Y 的雄性胚）。如果胚胎中无荧光，或只有散在的或明显的非特异性荧光（这种荧光仅为模糊的雾状荧光，而不是明亮的荧光），可定为无荧光胚胎，即 H-X 的雌胚。将经鉴定过的胚胎进行冷冻或直接移植，即可达到性别控制的目的。以这类方法判为雄胚者有 78%产雄鼠，判为雌胚者有 81%产雌鼠。牛有 83%或 89%的雌性鉴定准确率，猪为 81%的鉴定准确率，绵羊为 85%的准确率。

（三）囊胚形成抑制法

利用 H-Y 抗体能够可逆性抑制囊胚形成的原理，将 H-Y 抗血清与桑椹胚共培养一段时间，具有 H-Y 抗原的雄性胚胎则被 H-Y 抗体所抑制，不能形成囊胚腔，而无 H-Y 抗原的雌胚则不被 H-Y 抗体所抑制，可在培养过程中继续发育形成囊胚。由此可将雄胚与雌胚分开，然后洗去 H-Y 抗体，在新鲜培养液中继续培养，使两种胚胎继续发育后移植或不经培养直接移植，经这种方法鉴定的胚胎移植后的存活力与正常胚无异，因而是一种比较实用的方法。

操作方法是采集晚期桑椹胚，用含 10%母牛血清的培养液洗涤 3 次，大鼠 H-Y 抗血清先以雌大鼠脾细胞吸附，然后以被检动物的脾细胞吸附并灭活。将上述处理过的 H-Y 抗血清与含 10%母牛血清的培养液按 1∶1 配成抑制培养液，将该抑制培养液用灭菌液体石蜡制成 25μL 的小滴。然后将洗过的晚期桑椹胚移入小滴中，每滴 4～5 枚，在 37℃、5%CO_2 饱和湿度条件下培养，用立体显微镜观察囊胚形成情况。形成囊胚者（雌性胚）直接移植或冷冻保存。未形成囊胚者洗涤后用含母牛血清的培养液继续培养 6h，能重新发育形成囊胚者判为雄性胚胎，可直接移植或冷冻保存，不能重新形成囊胚者则分类为不可鉴定胚。将以此法判断为雌性的胚胎移植后产生了 79.1%（38/48）的雌鼠，判为雄性的胚胎移植后产生了 91.3%（21/23）的雄鼠。Utsumi 等（1993）又用含大鼠 H-Y 抗体的培养液分别培养小鼠、兔、山羊、绵羊和牛的桑椹胚，通过核型分析证明，发育未受 H-Y 抗体影响的牛胚胎有 80%～90%具有 XX 核型，而发育受阻的胚胎约有 80%具有 XY 核型。

四、H-Y 抗原的研究应用前景

从 Eichwaid 和 Silmser 发现 H-Y 抗原至今，已经历了 60 多年的艰苦探索，虽然也曾出现过怀疑、争论和停滞，但是，随着先进研究手段的不断出现和研究工作的进一步深入，关于 H-Y 抗原在动物性别控制中的重要意义已越来越充分地显示出来。特别是近年来关于 H-Y 抗原基础理论的深入研究及 H-Y 单克隆抗体的制备，已经使用相对简单的方法分离 H-Y 精子与 H-X 精子成为可能。可以预见，免疫磁力法在未来可能会受到更多的重视，有希望发展成为一项在一般实验室就能分离 X 精子与 Y 精子的有效方法。与此同时，高纯度的 H-Y 抗原的提纯与鉴定将为生产高度特异的 H-Y 单克隆抗体提供重要的基础。虽然在这方面还有相当多的工作要做，但揭开 H-Y 抗原奥秘，使其更有效地为动物性别控制服务肯定不会太遥远了。

第四节　胚胎性别鉴定

在移植前鉴定胚胎性别是因为还没有找到一种可以利用的、比较好的受精前对精子性别选择的方法。尽管鉴定移植前胚胎性别有一定的局限性，但是这种方法对控制后代的性别仍有一定的意义。因此，许多科学工作者对胚胎性别鉴定进行了长期的研究和探讨。近十年来，胚胎性别鉴定的研究进展比较快，有些已应用于实际生产。作为一种商业化应用的胚胎性别鉴定技术，它应该具有准确性，对胚胎无损伤性，而且要简单易行，快速价廉，不需要特别的仪器设备。然而，没有哪一种方法可以完全满足所有这些标准。但是，一些方法可以满足大部分的标准。

一、性染色质鉴定法

性染色质（sex chromatin）鉴定法是世界上第一种鉴定胚胎性别的方法。Garner 等于 1968 年从兔胚胎中取出细胞，并对其性染色质或染色质小体进行分析以判定胚胎的性别。此法比较复杂且对胚胎损伤大，成功率甚低。同时染色质小体在许多家畜胚胎细胞中很难被发现和观察。然而，对于那些可辨认性染色质（暂时失活的 X 染色体）的少数胚胎来说，该技术的准确率很高，可达 100%。此法在生产实际中没有多大的价值。

二、染色体核型鉴定法

染色体核型（karyotype）鉴定法是一种经典的胚胎性别分析方法。此法的原理是，哺乳动物胚胎的核型是固定的（XX 或 XY），虽然各种家畜的染色体数目不一样，但是早期雌性胚胎的一条 X 染色体处于暂时失活状态。因此，从胚胎中取出小部分细胞进行染色体分析便可知胚胎的性别。如果处于分裂中期的染色体铺开得很好的话，此法的准确率很高，如牛胚胎，可达 100%。但是，对于某些动物，由于常染色体和性染色体之间的差别不显著，难以观察和分辨，因此，染色体核型分析的准确率大大降低。此法不适用于生产实际，因为至少有如下 3 个缺点：①需要从胚胎中取出部分细胞，从而对胚胎有一定程度的损伤；②难以获得高质量的分裂中期的染色体，至少有 30%～40% 的胚胎的中期染色体铺开不好，从而影响准确率；③获得结果需时较长。此法目前主要用于验证其他性别鉴定方法的准确性。

三、雄性特异抗原鉴定法

哺乳动物胚胎的 Y 染色体至少有一个基因产物不被其他染色体所翻译，这一基因产物便是通常所称的 H-Y 抗原。哺乳动物的雄性胚胎表达一种细胞表面 H-Y 抗原，而这种 H-Y 抗原在雌性的 8 细胞至早期囊胚胚胎中不存在。这种雄性特异因子已经成为通过免疫学方法来鉴别多种动物胚胎性别的基础。

1. 细胞毒性鉴定法　首先将同品系的雄性细胞注射到近亲系的雌性动物制备雄

性特异因子抗体。然后，筛选适当的可用的抗血清，将胚胎与适当的抗血清共同培养，之后再加入豚鼠血清作为补体。携带有 H-Y 抗原的胚胎与抗体结合后出现由补体引起的毒性而溶解或者发育延迟的现象，此即为雄性胚胎。这种方法的鉴别率甚低，约为 50%，而且会对胚胎造成不同程度的损害。

2. 免疫荧光鉴定法 此法是将胚胎与适当的雄性特异因子抗血清共同培养，并用异硫氰酸荧光素（FITC）标记的第二抗体处理，在荧光显微镜下观察有无特异荧光。有荧光者即为雄性胚胎，无荧光者即为雌性胚胎，用此法鉴定家畜胚胎性别的准确率一般为 80% 左右。此法的优点是鉴定快速而且对胚胎损害不大。对鉴定牛、羊和猪胚胎性别的准确率可达 80%～90%，但也有其缺点，因为 H-Y 抗原是个弱抗原，H-Y 抗血清的特异性较差。在检测时，会同时有数目几乎相等的胚胎出现假肯定和假否定的现象。由于死细胞无特异荧光反应，故一些胚胎无法做性别鉴定。同时，对荧光强度的观测多少会带有人为的主观性，从而造成鉴定准确率的差异。尽管有不少人试图制备 H-Y 单克隆抗体代替抗血清，但结果亦不令人满意。故此法在生产实际中的应用仍有一定的局限性。

四、分子生物学方法

（一）雄性特异性 DNA 探针法

从 Y 染色体分离筛选出雄性特异性片段作为探针，然后用放射性同位素标记，与被检测胚胎进行 Southern 印迹或斑点杂交，经过放射自显影，阳性者判为雄性。Leonard 等（1987）首次报道用牛 Y 染色体特异性 DNA 多重复序列探针鉴定牛囊胚期胚胎获得成功，胚胎性别鉴定准确率为 95%。Bondioli 等（1989）采用同法对 110 枚胚胎进行性别鉴定，经冷冻、解冻后移植，产犊 37 头，其性别鉴定准确率为 100%。采用改进的"删除富集法"对牛特异性 DNA 片段进行富集，筛选到若干雄性特异性信号，其中对阳性信号的符合率为 85%，阴性信号的符合率为 87.5%。该项技术对胚胎性别鉴定准确率高，一些国家已将其应用于商业生产。但是，该方法由于需要较多量的胚胎细胞（15 个以上），对胚胎损伤较大，并且鉴定时间较长，各种家畜必须采用同种的雄性特异性 DNA 探针等，在广泛应用上仍受到一定限制。

（二）PCR 检测法

PCR（polymerase chain reaction）检测法是目前唯一的、常规的、最具有商业应用价值的鉴定胚胎性别的方法。1990 年由 Herr 等首先应用此法在牛、羊胚胎性别鉴定中获得成功。这种方法由于对胚胎损害较小而且不易被黏附在胚胎表面或透明带里的精子所污染，同时准确率也较高，可达 90% 以上，还具有快速、简便、经济等优点，故被国内外研究人员广泛应用于家畜，特别是牛、羊胚胎的性别鉴定。PCR 法的实质就是 Y 染色体特异性片段或 Y 染色体上的性别决定基因（*SRY*）的检测技术，即通过合成 *SRY* 基因或锌指结构基因（*ZFY*）或其他 Y 染色体上特异性片段的部分序列作为引物，用少部分胚胎细胞中的 DNA 为模板，在一定条件下进行 PCR 扩增反应，能扩增出目标片段的胚胎即为雄性胚胎，否则为雌性胚胎。

用 PCR 法进行胚胎性别鉴定的过程如下（以牛为例）：①胚胎的获取，供体牛回收的鲜胚或活体采卵体外受精生产的胚胎及冷冻保存的胚胎都可用来进行性别鉴定；②胚胎细胞取样及基因组 DNA 的提取，在显微操作仪或体视显微镜下从牛的桑椹胚或囊胚中分离出几个细胞做分析，而胚胎的大部分细胞则保留下来，用于胚胎移植等；③引物的设计与合成，根据 Y 染色体上特异基因片段的碱基序列设计并合成引物；④PCR 反应，将引物与样品 DNA 进行 PCR 反应，扩增样品相应的 DNA 片段，反应总体积和反应条件依所采用的 PCR 种类而定；⑤扩增 DNA 的电泳检测，扩增后的 DNA 在琼脂糖凝胶上电泳，再经溴化乙锭染色后在紫外灯下检测，出现特异性条带的为雄性，不出现的则为雌性。

目前常用的牛胚胎性别鉴定的 PCR 法，主要有 PCR 扩增 Y 染色体特异性片段法、SRY-PCR 法等。

1. PCR 扩增 Y 染色体特异性片段法　该方法在建立牛 Y 染色体 DNA 文库及筛选得到的克隆并测序的基础上，设计并合成一对与 Y 染色体特异性片段两端的正链和负链互补的小片段单链寡核苷酸引物（长度在 20bp 左右），并在胚胎取样技术的支持下，用少部分胚细胞中的 DNA 为模板进行 PCR 扩增，将扩增产物进行琼脂糖凝胶电泳，并用 EB 染色后，再进行紫外激发检测，出现特异条带的是雄性胚胎，否则为雌性胚胎。

20 世纪 90 年代许多国内外学者从事了这方面的研究。Herr 等（1990）采用 2 对引物，一对用于扩增 226bp 的常染色体重复片段，一对用于扩增 132bp 的 Y 染色体重复序列，以 PCR 技术进行牛胚胎性别的鉴定，获得了 91.7%（11/12）的准确率。1995 年杨建民等通过建立富含牛 Y 染色体的 DNA 文库，筛选得到特异的克隆，经过测序合成了一对引物，经 PCR 扩增后得到约 140bp 的特异片段，以此鉴别牛胚胎性别，准确率 80%（8/10）。我国学者罗应荣、朱裕鼎、柏学进也进行了这方面的研究，均取得了 100% 的性别鉴别准确率。应用 PCR 扩增牛 Y 染色体多重复序列，是 PCR 法进行性别鉴定领域较深入的方法，它具有较高的鉴别准确率，操作技术比较简单，实用性强，但是该方法扩增的是较大的重复片段。哺乳动物间存在着较高的交叉率，使鉴别准确率仍存在不稳定性。

2. SRY-PCR 法　哺乳动物的性别决定基因 *SRY* 的发现及 PCR 技术的发展，不仅为 SRY-PCR 鉴定法在理论上打下了基础，在技术上也提供了可靠的保证。SRY-PCR 法和 PCR 扩增 Y 染色体特异性片段法相似，只是根据 *SRY* 基因来设计引物，通过扩增胚胎 DNA 的 *SRY* 基因进行性别鉴定。

应用 SRY-PCR 法鉴定胚胎性别，快速而准确，准确率可达 95% 以上。经鉴别后的新鲜胚胎的怀孕率并没有降低，但经鉴别后再冷冻保存时，其怀孕率则有所下降。此法的局限性是需要从胚胎中分离出几个至十几个细胞供检测用，而这一操作比较费时。同时，在操作过程中会偶尔损坏或丢失胚胎。如不小心，还会出现污染的现象。因此，应特别指出，因 PCR 反应非常灵敏，故整个 SRY-PCR 测定程序要求非常小心、谨慎和细致。如果一个细胞或者血清的 DNA 被污染，就会导致错误的判断。警惕避免污染的措施是必须将所有的试剂分别放在单一的试管或其他器具内。使用之前，这些器具必须预先准备，严格消毒，并置于不受污染的环境中待用。

随着人类对哺乳动物的性别决定基因 *SRY* 的深入研究和了解，一种更为简便易行的

SRY-PCR 鉴定法已得到发展和应用。据 Bredbacka 等（1995）报道，他们已将 SRY-PCR 鉴定技术加以改进，减少了扩增后的 DNA 在琼脂糖凝胶上电泳这一操作程序，从而使整个测定程序简单化，而且也大大缩短了测定的时间。他们的改进主要是在制备 PCR 引物时，就将其结合在一条多重复的（60 000 倍）牛 Y 染色体特异 DNA 序列的多个位点上。当牛 Y 染色体特异 DNA 序列存在时，就足以使 PCR 扩增为大量的 DNA。此法的检测分析很简单，只要在紫外光下直接观察含有溴化乙锭的 PCR 反应混合物的颜色便知分晓。如试管中含有 Y 染色体特异 DNA 序列，其扩增 DNA 的量则多，呈粉红色，即为雄性胚胎；如无 Y 染色体特异 DNA 序列，其扩增 DNA 的量则少，呈无色，即为雌性胚胎。

（三）LAMP 法

环介导等温扩增检测（loop mediated isothermal amplification，LAMP）法是由日本荣研化学株式会社建立的全新的胚胎性别鉴定法，其基本原理是分别使用不同的引物，对牛胚胎中的雄性特异性核酸序列和雌雄共有核酸序列进行扩增反应，通过检测有无扩增反应（检测反应过程中的副产品焦磷酸镁所形成的白色沉淀的浑浊度）来判定。与 PCR 法相比，LAMP 法的特点如下：①反应在恒定 65℃ 左右进行，不需要热循环仪；②特异性高，因为 LAMP 法是针对一个目标基因的 6 个区段设计 4 条引物，并且 6 个区段的顺序有严格要求以满足反应的要求；③快速高效性，LAMP 法在 30min 内就能完成扩增反应；④产物鉴定简便，因反应过程中，从 dNTP 中析出的焦磷酸根与反应溶液中的镁离子结合会产生一种焦磷酸镁的衍生物，大量焦磷酸镁衍生物导致溶液呈现白色浑浊沉淀，用肉眼或浊度仪便可判定胚胎的性别。

应用 LAMP 法鉴定胚胎性别，从冲出胚胎到鉴定结束只需 2～3h，大大缩短了胚胎的体外培养时间。但试剂盒对 DNA 污染反应极为灵敏，一旦有极少量的外源 DNA 污染，就可能出现假阳性结果。这就要求操作者必须熟悉每个工作环节（包括切割取样、配药、鉴定等），严格消毒和控制操作环境，尽量减少细节操作不当可能带来的污染。

第五节　性别控制的应用前景及存在问题

随着科学技术的不断发展，当前世界上畜牧业较发达的国家，无不利用高新生物技术来发展本国的畜牧业生产。人工授精、胚胎移植、体外受精和性别控制是人们进行家畜育种和畜牧业生产所利用的四大繁殖新技术。人工授精和冷冻精液技术从 20 世纪 50 年代以来已被广泛应用，从而充分发挥了种公畜的生产性能；胚胎移植技术则从 20 世纪 20 年代以来得到广泛推广和应用，种母畜的优良遗传性能在生产实践中也得到充分的利用。自 20 世纪 80 年代末完全体外化"试管犊牛"诞生以来，该技术目前已趋于成熟并逐渐应用于生产。因此，人们多年来所期待的在实验室内生产大量廉价优质胚胎的愿望已变成现实。而性别控制技术，虽然人们早已研究，但进展缓慢。一直到 1989 年才取得突破性的进展，然后在 20 世纪 90 年代得到进一步发展。以上提及的人工授精、胚胎移植和体外受精三项动物繁殖新技术已比较成熟并已在生产中起到了应有的作用。如果把人工授精、胚胎移植、体外受精和性别控制四大繁殖新技术结合应用于家畜育种和畜牧业生产中，那么对畜牧业生产的发展将起到无可估量的作用，产生极其深远的影响。

目前，家畜性别控制的方法很多，但在生产上推广应用都有一定的局限性。采用物理方法分离 X、Y 精子，虽有成功的报道但重复性差，在生产中推广应用的意义不大，因此对物理分离法的研究相对减少。家畜性别控制研究的热点主要集中在流式细胞仪法和胚胎性别的分子生物学鉴定上；但流式细胞仪法因分离速度慢而影响其在生产中的应用；PCR 法灵敏度高，但易污染，且易扩增异源物质，因此距离对家畜性别进行有效控制，从而达到实用水平还有一段距离。

性别控制技术应用于生产实际还存在以下问题。①尽管目前最科学、最有效的分离精子的方法是流式细胞仪法，而且分离 X 精子和 Y 精子的速度已在不断地提高。但是，要大量地应用于牛的人工授精（AI），此法的分离速度相对来说就显得较慢。因此，如何进一步提高分离速度是今后研究的重要课题。同时，从 AI 的中试结果来看，用分离精子授精后的怀孕率比未分离精子的还低。因此，如何进一步提高用分离精子授精后的怀孕率也是今后研究的重点。②用 PCR 法鉴定胚胎性别是目前能应用于生产、最具有商业价值、最有前途的胚胎性别鉴定方法，然而在操作过程中也会出现损坏或丢失胚胎和污染的现象。同时，经性别鉴定后再冷冻的胚胎的怀孕率仍低于正常胚胎。③LAMP 技术鉴定胚胎性别虽然操作简便、效率高，但试剂盒价格较贵，目前还难以在实际生产中推广使用。

胚胎的性别鉴定是一种很好的性别控制方法，但存在着许多难以克服的困难。首先，它只能应用于胚胎移植；其次，反复转移再移植的胚胎，其成活率降低；再次，不论怎样进行胚胎的性别鉴定，按照生态平衡原理所产生的雌雄胚胎比例总是 1∶1，在移植时，我们所需要的性别的胚胎被保留下来，而另一半因没有用处被扔掉，造成胚胎的浪费。从成本角度考虑，该方法不适合规模化养殖。

尽管当前性别控制方法存在许多问题，但随着科学技术的发展，相信在不久的将来人们能够结合相关学科，进一步发现动物性别决定的新途径、新理论，着眼于生产实践，探索出更加高效、快速、准确、经济的性别控制方法，然后结合体外受精、胚胎切割、胚胎移植、体细胞克隆等繁殖操作技术，促进整个畜牧业的迅速发展。

第六章 胚 胎 分 割

哺乳动物胚胎卵裂球分离与培养不仅可以扩增胚胎数量，而且经移植后可获得遗传同质的克隆动物。在畜牧业优良品种扩群和发育生物学研究方面均具有重要意义。

第一节 胚胎分割发展概况

胚胎分割是哺乳动物胚胎工程的重要组成部分。胚胎分割就是将一枚胚胎用显微手术分割为二，甚至分割为四或八，以获得同卵双生或同卵多生后代。也就是把一枚胚胎克隆（无性繁殖）为多枚，属于最简单的人工动物克隆方式。胚胎分割的意义在于获得遗传上同质的后代，为哺乳动物遗传学、生物学和家畜育种学研究提供有价值的材料；在胚胎数一定的情况下获得较多的后代而有助于提高繁殖力；增加牛的双胎受孕机会，而不必担心异性孕生不育，同时也是半胚冷冻、冻胚分割、胚细胞核移植、胚胎嵌合、胚胎性别鉴定、胚胎干细胞及基因导入等研究工作的基本操作技术。

20 世纪 30 年代，Pincus 等首次证明 2 细胞兔胚的单卵裂球在假孕受体兔体内可发育为体积较小的胚泡。1942 年，Nicholas 通过类似实验证明 2 细胞兔胚的单卵裂球有发育为胚胎的能力。之后 Seidel 和 Tarkowski 分别在兔及小鼠上进行的研究工作则进一步证实了哺乳动物 2 细胞胚的每一个卵裂球都具有发育为正常胎儿的"全能性"。

20 世纪 70 年代以来，随着胚胎培养及移植技术的发展和提高，哺乳动物胚胎分割取得了突破性进展。1970 年，Mullen 等通过二分割 2 细胞胚的卵裂球、体外培养和移植等程序，获得小鼠同卵双生后代。1978 年，Moustafu 等又成功地将小鼠桑椹胚一分为二，移植后获得了同卵双生仔鼠。在家畜胚胎分割研究方面，1979 年，Willadsen 首次报道通过分离 2 细胞胚胎的卵裂球、重新装入透明带、双层琼脂包埋、中间受体体内培养、回收和移植的有效程序，成功地获得绵羊同卵双生后代。他们用这种程序还得到了 4 细胞和 8 细胞胚的同卵双生绵羊羔（1980）和桑椹胚的同卵双生犊牛（1981）。之后，Ozil（1982）、Williams（1982）分割牛的桑椹胚和早期囊胚，将半胚分别装入透明带，移植给同期发情的受体牛，得到了同卵双生犊牛，从而省略了琼脂包埋和中间受体培养。后来，Gmica（1981）和 Williams（1984）分别在绵羊和牛的胚胎分割中，不将晚期桑椹胚以后的半胚装入透明带而直接移植，证明晚期桑椹胚之后的胚胎分割后，其半胚是否重新装入透明带并不影响移植后半胚的体内发育率。这又使胚胎分割的操作大为简化，为以后的胚胎分割研究及应用奠定了新的基础。

在家畜胚胎四分割方面，1981 年 Willadsen 研究了绵羊 4 细胞和 8 细胞胚四分割后的卵裂球发育能力，成功地获得了同卵三羔和四羔。同年 Willadsen 对 8 细胞牛胚的四分割进行了研究，得到了一组同卵三生犊牛。他们还对马的 4 细胞胚进行了四分割研究，得到 2 组同卵双生小驹。另外，Willadsen 还对 5～6 日龄牛胚进行四等分研究，得到了

4 对同卵双生犊牛，实现了用非手术采集的胚胎进行四分割。但他在方法上仍沿用 2 细胞胚二分割的操作程序。1985 年，Voelkel 成功地四分割 7 日龄牛胚，并将四分胚装入空透明带后直接移植给受体牛，得到一对同卵双生的四分胚犊牛，使四分胚的分割程序得到简化。

　　国内胚胎分割研究始于 20 世纪 80 年代中期，虽起步较晚，但发展很快。张涌等于 1986 年 6 月成功获得小鼠同卵双生后代，窦忠英等于 1986 年 10 月得到了国内首批分割胚犊牛（单生），该实验将分割所得的半胚装入透明带后，移植受体与裸胚直接移植受体的产仔率均为 25%。张涌等 1987 年 4 月首获同卵双生山羊羔。谭丽玲等 1987 年 6 月首获同卵双生犊牛。之后又有许多研究者相继报道了胚胎分割的研究成果。研究规模较大的当属谭丽玲等，他们在 1987～1990 开展奶牛胚胎分割工作，共移植受体 288 头。

　　国内在小鼠、绵羊四分胚上也取得了一定的成绩。在奶牛上，1992 年谭丽玲等得到一对同卵双生 1/4 胚犊牛；同年，窦忠英等将裸胚直接四分割，并将 1/4 裸胚直接移植受体，24 枚 1/4 胚移植 18 头受体，9 头妊娠，得到 9 头犊牛，其中一组同卵三生，一组同卵双生。

　　为了使胚胎分割技术更便于在生产中推广应用，一些学者开始对这种显微操作技术加以改进，简化其方法并避免使用昂贵仪器，而采用在立体显微镜下徒手操作的简易方法进行胚胎分割。Roire（1985）用止血钳夹住用刮胡刀片制成的显微手术刀片，分割 6 日或 7 日龄肉牛胚胎，分割成功率达到 95%以上。Williams（1988）用类似的方法分割 7 日龄牛胚得到了同卵双生犊牛。国内的研究者也在绵羊、牛、山羊及小鼠上进行了这类简易分割方法的研究。

　　世界上通过胚胎分割，已在多种动物中获得同卵双生后代或获得分割胚后代，并在绵羊及牛中获得同卵三生后代、在绵羊获得同卵四羔。胚胎分割在国内也获得了小鼠、山羊、绵羊、牛同卵双生后代，兔分割胚后代，并获得小鼠和牛同卵三生后代及绵羊和牛的四分胚后代。目前胚胎分割的研究方向，也正向着分割方法的简单化和实用化发展。

　　通过胚胎分割技术还可获得性别和遗传上完全相同的同卵孪生或多生后代，为遗传学、生理学、营养学等研究提供宝贵的实验材料。目前二分胚成功的有小鼠、兔、绵羊、山羊、牛和马，四分胚成功的有兔、绵羊、猪、牛、马，八分胚成功的有兔、绵羊、猪。

　　当然，并不是胚胎分割次数越多，产生的克隆动物就越多，如超过四分割，则产生的克隆动物个体数反而可能减少，甚至一个也得不到。

第二节　胚胎分割原理

　　早期实验胚胎学的研究发现，软体动物和部分昆虫从胚胎发育 2 细胞时期起，每个卵裂球将要发育成为什么样的器官组织，似乎在受精以后就已定下来，好像都镶入受精卵内。去掉任何一个卵裂球就不能发育成为一个完整的胚胎，所以把这种类型受精卵的发育叫作镶嵌发育。而另外，大多数哺乳动物，包括人类，早期胚胎在不同程度上具有调节发育的能力。即去掉早期胚胎的一半，剩余的部分可以调整其发育方向，仍可发育为一个完整的胚胎。反之，若把两个早期胚胎融合在一起，它们不是发育为两个连在一起的胚胎，而是在细胞间重新调整，仍发育为一个胚胎。即大多数哺乳动物的胚胎发育是调整发育，而且在早期胚胎的发育过程中，细胞分化的调整幅度很大，但随着发育的进行，其调整能力逐渐减弱，细胞的组织发育方向变得越来越固定，直至调整能力完全丧失。早期对小鼠胚胎分割的实验认为，在 32 细胞期的胚胎仍具有调整能力，但到 64 细胞期的胚胎就逐渐失去这种能力。到神经轴时期的胚胎，再分割为两半，就永远不会发育为正常的胚胎了。

早期实验胚胎学证明，哺乳动物 2 细胞胚的每个卵裂球，都具有发育为正常胎儿的"全能性"。绵羊早期卵裂阶段胚胎的分割结果也表明，至少在 8 细胞期阶段每个卵裂球都有相同的发育能力，到桑椹胚，单个卵裂球的调整发育能力减弱，在分割桑椹胚时，若一枚分割胚仅有很少的几个卵裂球时，体外培养可发育为假囊胚，移植于受体后虽能引起脱膜反应，但最终不会妊娠产仔。

大多数哺乳动物的胚胎发育到晚期桑椹胚时，会发生初步的分化。这时卵裂球致密化，一些卵裂球的空间位置完全被另外的卵裂球包围，这些卵裂球之间空间位置的相互作用，决定其发育命运。被包围在内的卵裂球和围绕在外的卵裂球分别发育为内细胞团和滋养层。这种在晚期桑椹胚出现的卵裂球之间空间位置的相互作用，在卵裂球的发育命运上有重要作用。而且这种卵裂球之间空间位置的分布并不是固有的，而是胚胎发育过程中卵裂球所处微环境不同所致。这一时期的胚胎分割后，分离的卵裂球发挥调整发育能力而重新致密化，使卵裂球重新分布而发育到囊胚。

通过研究自然情况下同卵双生的机制表明，从早期分裂阶段到原肠胚发育期间的胚胎都能够复制。这说明发生在囊胚形成阶段的第一次细胞分化，并不限制通过显微操作进行同卵双生生产。但这一阶段以后胚胎的发育调整能力也会随着胚胎所达到的发育阶段而改变。胚胎被分割后，分割胚的胚细胞只负责构成胚盘，滋养层细胞也应在分割胚中有所分布，否则不足以引起脱膜反应而妊娠产仔。所以囊胚分割时必须准确地一分为二，半胚才能正常发育，这在分割早期囊胚、扩张囊胚及孵化囊胚中均已得到证实。当胚胎从透明带中孵出后，还要经过一个扩张过程才开始附植，对山羊扩张孵化胚泡进行分割和移植的研究证明，沿对称轴分割着床前扩张孵化胚泡，半胚在体内仍具有继续发育形成完整胎儿的能力，并能获得较高的同卵双生率。

第三节　胚胎分割技术

一、分割器械

（一）显微操作仪

显微操作仪是专供显微操作的仪器。它由显微镜，左、右两个显微操纵台（机械手），显微注射器等组成。每个操纵台都有调节左右、前后距离和操作角度的粗调旋钮，还有一个操作手柄。先用调节旋钮将装在操纵台上的显微器械粗调到接近欲分割的胚胎，再通过两手操作左右操纵手柄，就可以对胚胎施行显微手术。

（二）微吸管

微吸管是胚胎分割时使用的显微器械。胚胎分割一般需要胚胎固定和半胚吸取两种微吸管。胚胎固定吸管可用直径为 1.5～2.5mm 的硬质玻璃管，在拉针仪或酒精灯上把一端拉长 10mm，在内径 70～100μm 处切断。切断时可用一烧熔的玻璃珠和欲切断处接触，与玻璃珠接触部分熔化时，把玻璃管迅速一拉，则熔化面就被切成直角。再把断面小心地在酒精灯上烧至内径为 20～30μm，拉制过程中要反复在显微镜下检验，内径过小不能起到充分固定的作用，反之则可能把胚胎吸入管内。半胚吸取管拉制方法与胚胎固定管基本相似，不同的是尖端内径稍大，为 50～60μm，要能把半胚吸入。尖端可切成直角或锐角。拉制好的吸管要用无水乙醇和丙酮冲洗或硅化处理。

（三）显微注射器

显微注射器是用微吸管固定胚胎时所应用的装置。把微吸管和注射筒用塑料管连接，调节注射筒负压就可使微吸管吸引和固定胚胎。

（四）分割工具

分割胚胎的工具可用玻璃针或切割刀。玻璃针可用 3mm 的玻璃管拉制。要求针柄部长 50～60mm，针部长 40mm，针尖用于切割部（相当于刀刃）的长度为 20～30mm，直径约 15μm，针柄和针体部呈 160°的弯角，以便操作。

显微切割刀在国外有成品出售，也可用不锈钢剃须刀片改制。把刀片用小钳折成宽3～4mm，长 15～20mm 的长条，在细油石上把尖端磨成矛状或刮脚刀状的刀刃，在磨制过程中要随时在显微镜下检查，刀刃要锋利且无缺口。刀体后端固定一个金属细柄，以便固定在操纵台上。

二、操作技术

随着胚胎分割技术的迅猛发展，胚胎分割和移植的操作程序也逐渐简化，所用工具则因研究者不同而有所不同。胚胎分割可分为三种方法，即 Willadsen 显微玻璃针分割法、Williams 显微刀片分割法和胚胎徒手分割法加以讨论。

（一）显微玻璃针分割法

这一类方法是在显微玻璃针的帮助下，分离卵裂球或直接用显微玻璃针分割胚胎的方法。Willadsen（1979）在总结前人经验的基础上，对胚胎分割方法进行了系统研究，创造出这套独特的毛细管分离法。主要步骤包括：在显微操作仪下用固定管吸住胚胎加以固定，用玻璃针在透明带上作一切口，用一移植管把细胞从透明带中移出；用一支直径仅能勉强通过细胞团的分离管吸取细胞团，使细胞间的联系变松，然后用一支只允许一个细胞通过的分离管将细胞分开；将分离完毕的细胞装入原透明带和备用透明带中，并移入绵羊血清中；黏性的血清可阻止琼脂进入卵周隙并促进包埋后琼脂固化；用双层琼脂包埋后移入中间受体输卵管中，回收琼脂筒，去掉琼脂层，将发育的胚胎移入同期发情受体。他们用这种方法对绵羊 2 细胞期、4 细胞期和 8 细胞期的 158 个二分胚的发育能力进行了研究。中间受体用周期 2~8d 的输卵管结扎绵羊，在体内培养到胚龄为 5.5~6.5 日龄时从输卵管回收，有 94.2%（65/69）的半胚发育正常，将其中 30 枚半胚移植于周期 6d 的受体后，妊娠率为 78.6%（11/14），产羔 24 只，其中 3 对为同卵双生。Willadsen（1981）还用这种方法进行了绵羊 4 细胞、8 细胞胚的四分、八分及牛 8 细胞胚的四分割研究。Allen（1984）用这种方法进行了马的 2~8 细胞胚的二分割和四分割研究。Tsunoda 用这种方法分割 2~4 细胞胚获得了同卵双生山羊羔。这种方法具有较高的同卵双生率，但操作程序复杂，又需琼脂包埋和中间受体培养，难以和胚胎移植同时进行。

Ozil（1982）在进行牛桑椹胚二分割的研究中，对 Willadsen 的方法进行了改进，他用玻璃针在透明带上作一切口并将胚内细胞分为两部分，分割后将 14 对半胚分别装入原透明带和备用透明带中，立即移于 14 头受体母牛，结果妊娠率为 64.3%（9/14），共获得 15 头犊牛，其中 6 对为同卵双生。后来，Hevman（1985）用这种方法进行了 6~8 日龄牛胚的分割。这种分割方法要求显微操作仪能同时控制 5 种显微玻璃器件，增加了分割胚胎时的操作难度。

Gatica（1984）进一步简化了显微玻璃针分割方法，分割时只需同时使用 3 种玻璃器具。先用固定管将胚胎固定，用玻璃针在透明带上作一切口，用吸管给透明带内注入少量液体而产生轻微的压力来驱出胚细胞团，再用玻璃针将其一分为二，最后用移植管将两半胚装入原透明带和备用透明带，并在透明带破口两侧稍加压而闭合透明带。将 34 枚半胚移于 17 只受体羊后有 9 只妊娠（52.9%），其中 7 只产 7 对同卵双生羔。

Nagashima（1984）先用链霉蛋白酶软化透明带，再用固定在显微操作仪上的玻璃针连同透明带分割小鼠晚期桑椹胚，而不需其他器具帮助。用这种方法获得的小鼠半胚体外发育正常的对数达到 57.3%（75/131）。

Yang（1985）在进行家兔胚胎分割时，由于家兔胚胎在透明带周围有一层坚韧黏着的黏蛋白层，分割困难，因此他们研究出了一种能够十分容易地获得兔胚空透明带和分离胚的胚细胞分离法。先用一支显微玻璃管固定胚胎，然后用一支尖端为斜面的微吸管以与固定管相对的水平方向，小心移动而穿破黏蛋白层和透明带，吸出一半分裂球注入一枚空透明带，另一半留在原透明带中。

（二）显微刀片分割法

Williams（1982）用显微手术刀片对牛的桑椹胚和早期囊胚进行了分割。在显微操作仪下，用显微玻璃吸管固定胚胎，再用显微手术刀在透明带上作一切口，并在透明带内将胚细胞团分为两部分。分割后用 40~50μm 的吸管从透明带中吸出一枚半胚并将其装入另一枚空透明带中，半胚经培养后立即移植。将 14 对质量好的半胚手术移于 14 头同期发情受体牛，结果有 9 头妊娠，其中 7 头怀双胎。之后 Williams（1983，1984）又用这种方法进行了更大数量的胚胎分割，取得了满意结果。用显微刀片分割胚胎时，有用玻璃吸管固定后，将囊胚的胚细胞团对向刀片，用显微手术刀片以水平方向将胚内细胞团一分为二的，也有用显微刀片以垂直方向直接分割的。刀具有用手术刀片或刮脸刀片磨制而成的显微手术刀，也有用盖玻片磨制而成的玻璃显微刀片。最后出现了商品化的专用显微手术刀片供胚胎分割使用。

显微刀片分割法较为简便，用固定管固定胚胎即可进行分割，还可以不经固定而直接分割，从而大大简化了胚胎分割过程。这种分割方法主要用于较晚阶段的胚胎分割。

（三）胚胎徒手分割法

这种方法就是在立体显微镜下手持显微刀片或显微玻璃针对胚胎进行分割，或者先用显微手术刀切开透明带一部分，再用玻璃针分割胚细胞团。因不需要显微操作仪的帮助而进行徒手分割，故在此单独介绍。

Rorio（1985）把玻片磨制成 3μm 微粒的毛面玻璃片，分割时将完整胚胎或去透明带胚胎放入玻片上的小液滴中，在立体显微镜下，用止血钳夹住用刮胡刀片磨成的显微分割刀片，垂直分割。他们用这种方法分割 50 枚 6～7 日龄牛胚，成功率大于 95%。Williams（1988）手持用刮胡刀片磨成的显微刀片对 7 日龄牛胚进行了二分割，将 1 枚或 2 枚裸半胚移于受体牛，妊娠率分别为 38.5%（5/13）和 45.0%（9/20）。张涌（1989）在实体显微镜下手持显微手术刀分割小鼠胚胎进行了半胚冷冻研究。

对用显微玻璃针进行胚胎徒手分割的研究也有很多。蒋世娥等（1988）在实体显微镜下徒手用显微玻璃针分割 17 枚晚期桑椹胚或囊胚，获得 10 对半胚，移于 10 只受体后，有 4 只妊娠，最终产半胚羔 5 只，其中 1 对为同卵双生。贾福德（1989）用直径为 0.5mm 的硬质玻璃棒拉成 110° 双折角的胚胎分割针，将 7～8 日龄牛胚置于塑料培养皿内的小液滴中，手持玻璃针，以平行于皿底的针尖分割部抵住胚胎，沿胚胎纵轴垂直向下连同透明带将胚胎均分为两部分。他们将 19 对这种半胚移于 19 头同期发情的受体牛中，将另外 16 枚半胚移于 16 头受体牛中，妊娠率分别为 21.1%和 12.5%。陶涛（1991）用类似的方法分割 7 日龄牛胚后，将 117 枚半胚移于 67 头受体牛，妊娠率为 29.9%（20/67），共产犊 22 头，其中有 2 对同卵双生。安铁洙（1989）徒手分割解冻后的牛胚，获得了冻胚分割移植后代。窦忠英等（1993）用此法在生产现场对奶牛胚胎进行二分割，受体妊娠率为 50%（2/4），产犊 3 头，如按整胚计算，胚胎产犊率达 75%（3/4）。马保华等（1995）在生产条件下徒手分割安哥拉山羊囊胚，共分割胚胎 26 枚，分割后全部均匀地分离为二，将半胚成对移植于 26 只受体，妊娠期满产羔者 13 只（50.0%），共产羔 16 只，其中 3 对为同卵双生，半胚产羔率为 30.8%（16/52），按分割前整胚计算，胚胎成羔率为 61.5%（16/26）。窦忠英（1992）在进行牛胚胎四分割研究时，在立体显微镜下，将 7 日龄胚胎移于塑料培养皿内的液体中，先徒手用显微手术刀切开透明带一部分，再用直径略小于胚胎的微细玻璃管（约 80μm）吸吹几次，使胚胎从透明带破口脱出，然后手持玻璃针由上向下将裸胚一分为二，再将半胚一分为二，并尽量使胚胎均等地分为四部分。囊胚尤其要注意内细胞团的四等分。将桑椹胚和囊胚各 3 枚分割为 24 枚四分胚，移植于 18 头受体，妊娠率为 50.0%（9/18），得到同卵三犊一组、同卵双胎一组和单胎四头。

以上研究表明，采用徒手简易胚胎分割法，可替代昂贵、笨重、不易搬动运输的显微操作仪。在立体显微镜下，可不用固定而直接分割胚胎，操作简便、快速，因而可以在生产现场进行，便于生产应用，但半胚存活率有待提高。

第四节　影响分割胚活力的因素

一、胚胎的发育阶段

胚胎分割时的发育阶段对半胚存活力的影响因各研究者对半胚所采取的处理方法不同而有所差异。Williams（1984）用显微手术刀分割 5.5～7.5 日龄牛胚，将半胚装入透明带后移于受体牛。在妊娠的 60d 检查，分割时处于早期桑椹胚、晚期桑椹胚、早期囊胚和囊胚阶段的半胚移植受体妊娠率分别为 17.5%（7/40）、47.5%（77/162）、60.4%（58/96）和 53.6%（15/28）。张涌（1987）将小鼠胚胎分割后，晚期桑椹胚和早期囊胚的半胚移植受体妊娠率分别为 20.0%（1/5）和 42.9%（3/7），半胚发育成仔鼠率分别为 15.0%（3/20）和 28.6%（8/28），同卵双生率分别为 10.0%（1/10）和 21.4%（3/14）。他们还对山羊晚期桑椹胚、囊胚、孵化囊胚和扩张孵化胚泡进行了比较，半胚移植后体内发育率分别为 12.5%（1/8）、20.0%（2/10）、41.7%（5/12）和 62.5%（5/8），分别产羔 1 只、2 只、3 只和 5 只，且后者有 2 对同卵双生。三种不同动物的结果均表明，囊胚阶段的胚胎比桑椹胚更适于分割。囊胚分割后半胚存活率高的可能解释是：囊胚的形态使胚胎内细胞团和极性明显可见，所以更容易对称分割；细胞间联系紧密，故更能耐受分割操作。晚期桑椹胚分割时细胞间的必要联系较易松动，而早期桑椹胚即使装入透明带，也可能因为透明带裂缝的存在而影响其体内存活。还有许多研究者都得到了类似的结果，并认为囊胚期是最适宜的二分割时期。在山羊上，已证明分割孵化囊胚及扩张孵化胚泡较为适宜。

Willadsen 在分割绵羊早期卵裂球的研究中获得的满意结果主要是由于其特殊的操作程序，他们将分离的卵裂球装入透明带而且用双层琼脂包埋。

窦忠英徒手四分割牛胚的研究表明，桑椹胚的四分胚受体妊娠率（62.5%，5/8）高于囊胚四分胚（40.0%，4/10），而且前者获得了同卵三犊。他们认为可能是囊胚内细胞团较小，不易等分，尤其是一分为二后囊腔塌陷，内细胞团和滋养层细胞不易分辨，再分割时不能等分或未能分割所致。

二、胚胎的质量

分割牛 5.5～7.5 日龄胚胎证明，质量优、良的胚胎分割后半胚妊娠率分别为 50.0%（103/206）和 43.5%（54/124），差异无统计学意义，但分割中等质量的胚胎，移植妊娠率仅为 12.5%（1/8）。Brem 把西门达尔牛胚胎按质量分为优、良、劣三等，分割移植后半胚受胎率分别为 52.4%（22/42）、28.8%（30/104）和 5.8%（6/104）。谭丽玲分割优质牛胚时半胚移植受体妊娠率为 54.8%，半胚产犊率为 30%，而随着胚胎质量下降，这两个比率迅速下降。Voelkel、陶涛和 Szell 进行的实验也得到了类似的结果。这说明在进行胚胎分割时应尽量选用优质胚胎，质量稍差的以鲜胚移植为宜，较差的胚胎应尽量不用。

三、是否装入透明带

对于桑椹胚之前各个阶段的胚胎，分割后将裸半胚移于受体的输卵管或子宫角，或者将其装入透明带移植，发育率都较低。这说明胚胎的发育早期，透明带及其完整性是必要的。因为此阶段完整透明带具有物理性保护作用，它可以防止胚胎与输卵管或子宫上皮层、白细胞、精子及其他与胚细胞不相容的细胞直接接触，还可使分裂阶段各卵裂球互相紧靠，不致分离。将桑椹胚之前的胚胎分割所获的卵裂球装入透明带并封入琼脂，是一种提高分割胚发育能力的技术。琼脂可以保护卵裂球免受子宫分泌物和白细胞的损害。不同研究者的结果均证明这一技术是早期卵裂阶段胚胎分割成功的关键。Willadsen分割牛早期桑椹胚的实验也证明了这一点。

早期胚胎在体外培养时透明带并不是维持其体外发育所必需的，在没有透明带时胚细胞也能聚集发育，但这种聚集细胞常不能像在透明带内的细胞团那样发生细胞分化，即使体外发育到有囊腔出现，移植后存活力也较低。

晚期桑椹胚以后的胚胎，已作为一个胚胎单位而不是各自联系不太紧密的细胞团。除一些动物（如兔）在囊胚扩张期间透明带仍有作用外，其他动物胚胎一旦在晚期桑椹胚阶段充分聚集化之后再完成体内发育过程，透明带并不是必需的。Warfield分割牛晚期桑椹胚至扩张囊胚，通过系统比较半胚装入或不装入透明带，或不装入透明带但用7%凝胶包被后移植，结果表明聚集化之后的胚胎，其半胚装入透明带或用凝胶包被并不显著改善其妊娠率。其他研究结果也证明分割晚期桑椹胚以后的胚胎，半胚是否装入透明带并不明显影响半胚体内发育率。但总的趋势仍是早期囊胚以后的裸半胚比晚期桑椹胚的裸半胚更能适应受体母畜的子宫环境。如果把晚期桑椹胚（甚至早期囊胚）的半胚在体外做短暂培养，使其重新聚集化再移植给受体母畜，可能有助于裸半胚的体内存活。

四、胚胎分割程度

Willadsen（1981）四分割绵羊4细胞胚、8细胞胚和牛8细胞胚证明，四分胚能发育为小囊胚，将其移植后能发育为正常胎儿，并能获得同卵多生。Allen（1984）分割2～8细胞马胚胎，装入透明带并用琼脂包埋后在绵羊体内培养3.5～5d，半胚和四分胚发育到晚期桑椹胚和囊胚者分别为56%（14/25）和92.3%（12/13），将10枚半胚囊胚和10枚四分胚囊胚分别移于10匹受体母马后，各有5匹妊娠。但前者无同卵双胎，后者有4匹怀2对同卵双胎。这说明早期胚胎经有效的四分割程序，可获得满意的效果。

在绵羊上已证明，8细胞胚的八分胚在中间受体虽能形成囊状结构，但无明显的内细胞团形成。Willadsen（1981）二分和四分牛桑椹胚的研究结果表明，半胚和四分胚在中间受体内的发育率分别为92.0%（92/100）和73.2%（52/71），将1对半胚和1对四分胚移于受体时，妊娠率分别为75.0%（21/28）和40.9%（9/22）。可见，桑椹胚四分胚的体内发育率不仅低于半胚，而且低于从8细胞胚所获的四分胚。这主要是因为已发育到桑椹胚期的胚胎，分割后胚细胞数过度减少会影响其体内发育。

五、分割胚移植数

Lambeth（1983）对牛半胚移植数与移植后受体受胎率的关系做了研究：将 1 枚半胚或 2 枚半胚移植给同等条件的受体牛的黄体侧子宫角后，妊娠率分别为 16.7%（1/6）和 62.5%（5/8），而且后者获 3 对同卵双生。Ozil（1983）移植 1 枚和 1 对半胚后，受体牛的妊娠率分别为 36.4%（4/11）和 72.7%（8/11），后者的同卵双生率为 50.0%（4/8）。陶涛、Godke 和贾福得的实验也得到了类似的结果。以上结果表明，受体妊娠率随半胚移植数的增加而增加。这可能与妊娠早期胚胎的滋养层细胞分泌抗黄体溶解蛋白的机制有关。当移植 1 枚半胚时，过少的滋养层细胞往往不能诱导这种机制的发生而造成黄体溶解，半胚自然就不能存活。2 枚半胚移植就有较多的正在发育的滋养层细胞（桑椹胚）或已发育的滋养层细胞（囊胚）。若需要移植半胚，最好移植滋养层细胞已充分发育的囊胚半胚。

Massip（1985）移植 1 对 7～8 日龄裸半胚于受体牛的黄体侧或双侧子宫角各 1 枚，结果前者妊娠率为 66.7%（4/6），半胚产犊率为 58.3%（7/12），有 3 对同卵双生，后者妊娠率为 37.5%（3/8），有 1 对同卵双生。Ralph（1988）将 2 枚绵羊半胚移于受体羊黄体侧或双侧时，妊娠率分别为 57.1% 和 20.0%。这说明将 1 对半胚移于受体母畜黄体侧时，可使它们处在最好的生理环境中，而且囊胚以后的两半胚也不容易像桑椹胚阶段那样发生融合现象。但移植 2 枚半胚时流产和胚胎死亡率高，虽然妊娠率提高，但最终半胚产仔率不一定高。

Seike 分割牛桑椹胚和囊胚后裸半胚移植，给受体黄体侧角移 1 枚半胚时，妊娠率为 72.6%（45/62），半胚产犊率为 71.0%（44/62），其中 14 对为同卵双生；而移 2 枚半胚的受体，妊娠率为 61.5%（8/13），双胎率为 53.8%（7/13），但妊娠过程中发生流产和死胎，最终仅获得 2 对双生和 1 头单生，因此认为牛晚期胚胎分割后以移 1 枚半胚为宜。Szell 则认为排卵 2 个以上的受体绵羊，移 2 枚半胚对怀双胎有利。

六、胚胎分割方法

Mertes（1985）比较了由一人操作分割 6.5～7 日龄牛胚的 3 种方法，即用眼科刀刃的断片连同透明带分割、玻璃针分割、玻璃针分割后装入透明带。结果表明，各组受体妊娠率和同卵双生率差异不显著。张涌用 4 种方法分割小鼠晚期桑椹胚及早期囊胚，其中固定胚胎并用显微手术刀片将整个胚胎一分为二、用显微玻璃针去掉透明带并将胚胎一分为二和用 0.5% 链霉蛋白酶液软化透明带并机械去带后分割的 3 种方法，所获半胚体外发育率较高且无显著差异，而用 0.5% 链霉蛋白酶液脱除透明带的裸胚分割时，半胚体外发育率显著下降，说明酶完全消化透明带损伤了胚胎的功能。Voelkel 进行 7 日龄牛胚四分割时，用直接分割为四或先分割为半胚并经培养使其囊腔扩大后再二分割为四分胚的两种方法结果无显著差异。陶涛认为，在用显微玻璃针分割胚胎时，来回拉锯或间断分割均会对胚胎的实质部分产生损害而影响半胚发育。以上结果表明，无论用什么方法分割胚胎，只要方法使用得当，不至于损害胚胎，结果都是相类似的。

七、供、受体同期化程度

Grill（1984）进行牛的胚胎分割研究时认为，与供体发情同步差在±2d 之内的受体都可以选用，±1d 内者妊娠率趋于提高。Ralph 在分割 5～8 日龄绵羊胚时，系统研究了受体与供体发情同步差对半胚存活率的影响，结果表明，－48h、－24h、0h 和＋24h 时半胚存活率分别为 37.1%、38.8%、28.2%和 16.70%。张莹（1992）移植牛半胚所得的结果是，同步差为 0d、－1d 和＋1d 时，妊娠率分别为 51.4%、47.1%和 33.3%。Tsunoda（1984）选用同步差为 0d 或 1d 的山羊作受体，妊娠率高达 55.6%（5/9）。可以看出，受体与其供体同步差为 0d 或 1d 时较好。

八、胚胎分割的操作液

大多数研究者进行胚胎分割时，都采用含 10%～20%血清的磷酸盐缓冲液。Suzuki（1986）则认为在 12.5%的蔗糖液中分割胚胎，细胞发生皱缩，容易分割，而且切面细胞受损。两半胚装在同一个透明带内也不能再融合，容易得到同卵双犊。但许多研究结果表明，有无蔗糖的存在对分割胚移植受体妊娠率无明显影响。Szell 在分割绵羊胚的研究中则认为由于蔗糖的存在，半胚发育为羔羊的比例显著下降。马保华等（1995）在徒手分割安哥拉山羊胚胎时也证明，在含 20%犊牛血清的 PBS 中分割胚胎时，半胚移植受体妊娠率显著高于在 12.5%的蔗糖液中操作。

九、体外培养和保存

分割胚在体外作短暂培养有利于其体内存活，但培养时间不宜过长，超过 4～6h 就会影响其存活力。Picard 对牛的 7 日龄分割胚进行了系统的体外培养研究，结果表明，培养 1～4h、6～10h、12h、18h 和 24h 时，半胚存活率分别为 94%、73%、58%、50%和 42%。有时胚胎分割后需要运输或因其他原因不能及时移植，则需要体外暂时保存。与体外培养时的结果类似，体外保存时间小于 4～5h 时移植后受体妊娠率明显高于保存 6～8h 的半胚。马保华等（1995）也发现，徒手分割的安哥拉山羊半胚，在含 20%犊牛血清的 PBS 中保存 30～60min 时，在镜下可明显见到半胚重新聚集为球形，但未进行移植结果比较。

十、动物种类

在同样的操作条件下，山羊胚胎分割与绵羊和牛胚胎分割相比有 3 个方面的不同：①山羊桑椹胚细胞间联系较绵羊和牛弱，所以用能正常分割绵羊和牛胚的条件进行山羊胚胎分割时容易发生胚细胞的溃散；②山羊胚胎比绵羊和牛胚柔韧，分割时易压扁胚胎，影响胚内细胞；③一旦分割开胚胎，分割处的细胞碎片极易黏于分割器械，这在绵羊及牛胚则很少见。这都可能对山羊分割胚的存活产生不利影响。

十一、冻胚分割

冻胚分割把胚胎分割与胚胎冷冻技术相结合，可充分发挥这两种技术的优势，而且可以生产异龄同遗传性状的同卵双生后代。Niemann（1986）首次进行冻胚分割，但未获妊娠。Suzuki（1986）在牛中首次获得了冻胚分割同卵双生后代。张涌在国内首先获得了小鼠及山羊冻胚分割后代。胚胎经过冷冻和解冻后，胚细胞之间的联系不如鲜胚那么紧密，直接分割时能造成胚细胞散离。所以进行冻胚分割时，要在冻前或解冻后采取一些特殊保护措施。冻前可用血琼脂包埋再进行冷冻，解冻后脱除保护剂，从琼脂柱中剥出胚胎。为了提高分割效果，解冻胚胎可在12%的蔗糖溶液中分割，并随即将半胚移入血清 PBS 中保存或培养。

第七章 嵌 合 体

胚胎嵌合就是通过显微操作，使两枚或两枚以上受精卵（胚胎）的全部或一部分胚胎细胞嵌合在一起，人工复合胚胎，以获得嵌合体动物的技术。嵌合体（chimera）一词起源于希腊神话，是指狮头、羊身、龙尾的怪兽。在生物学上，把一个生物有机体中存在着不同基因型细胞或组织的个体称为嵌合体。

在自然界中，人们已发现牛、猪、猫、水貂等动物妊娠期间偶尔会自然发生嵌合体，如异性孪生犊牛为 XX/XY 嵌合体。但直到 20 世纪初，人们为了探索细胞分化及细胞之间相互作用的机制，才开展了对嵌合现象和嵌合体的研究。哺乳动物胚胎嵌合的研究，最早见于 20 世纪 40 年代初，Nicholas 和 Hall（1942）在大鼠中进行，但未得到个体。60 年代初，波兰的 Tarkowski（1961）和美国的 Mintz（1962）分别获得小鼠的人工嵌合体。70 年代又先后获得绵羊、大鼠和兔的人工嵌合体。到 80 年代又分别获得牛、猪的人工嵌合体，还获得大鼠-小鼠、绵羊-山羊和马-斑马等种间嵌合体。

第一节 胚胎嵌合的意义

由于嵌合体动物在胚胎发育过程中的特殊性，胚胎嵌合可以作为发育生物学、细胞生物学、胚胎学、免疫学和医学研究的一种手段，为这些研究提供特殊的动物模型，也可用于人工创造特殊的动物。

一、嵌合体研究发展概况

嵌合体只是偶尔在妊娠期间自然发生，更多的嵌合体动物是人工研制培育出的。19世纪末至 20 世纪初，在胚胎生物学领域提出了以下有关课题：胚胎细胞的命运和发育能力怎样？决定发育的因子是什么？分化能否逆转？基因表达是如何控制的？发育时细胞之间是以什么样的关系发生互作并参与发育的？为了阐明上述有关课题的机制，作为实验手段，人们进行了嵌合体研究。早在 1901 年，Spemann 为了阐明两栖动物（蛙）的发育机制，就进行了嵌合体研究，最早培育出嵌合体个体。大约经过了半个世纪，人们开始利用嵌合体方法对鸟类及哺乳动物的发生机制进行研究。

在哺乳动物中，Nicholas 和 Hall（1942）用不同品系大鼠的 1 细胞期卵裂球进行制作嵌合体研究，获得了发生聚合的胚胎，并有一枚胚胎发育至产仔。由于当时无法对嵌合体动物进行检测，因此未能被确认是嵌合体。之后在一段较长时期内未见有关嵌合体研究的报道，直到 20 世纪 60 年代初期，Tarkowski（1961）获得了 8 细胞期胚胎聚合的嵌合体小鼠，首次在哺乳动物中培育出了嵌合体。Minta 自 1960 年开始进行小鼠嵌合体研究，1965 年获得了正常的小鼠嵌合体。Gardner（1968）创建了囊胚注射法制作出嵌合体小鼠。之后嵌合体研究迅速开展起来。

1973 年以前，有关哺乳动物嵌合体的报道仅限于小鼠。1974 年以后先后获得大鼠、兔、羊的嵌合体。到了 20 世纪 80 年代，还获得了绵羊和山羊、牛和水牛等属间嵌合体等。

我国对动物嵌合体的研究起步较晚，1982 年李幼兰等利用简易方法制作出了嵌合体小鼠；1988 年陆德裕等用不同发育时期内细胞团构建获得嵌合体兔；张锁链等（1989）进行了小鼠嵌合体的研究，获得嵌合体小鼠。1987～1989 年，孙长美、林大光等进行了猪胚胎嵌合体的研究，经显微注射将 8～12 细胞注入受体的囊胚内细胞团，移植后约 40% 妊娠，其中 1 头产仔 2 头。

二、胚胎嵌合是发育工程的重要技术

1. 胚胎分化研究　　通过把不同时期、不同来源、不同基因型胚胎细胞嵌合在一起，根据它们在嵌合体组织或器官中的存活率与分布，可揭示胚胎早期分化的规律。还可通过嵌合胚胎内细胞团以外的细胞，研究各类胚胎细胞核的全能性及其正常分化能力。利用种间嵌合体进行分化方面的研究更为有效。

2. 性分化机制研究　　利用嵌合体可以研究性别分化，以及参与性别分化的细胞及其规律。还可以进行 X 染色体失活及其作用分析和在性腺功能不全中基因作用的分析。

3. 孤雌生殖研究　　小鼠实验证明，可以通过嵌合技术产生孤雌生殖个体，有人认为，这种方法可以用于其他哺乳动物，并可设法将这种技术用于动物育种。

4. 基因表达机制研究　　将基因型明显不同的 2 组或 3 组（依需要而定）卵裂球相聚合，以各卵裂球（细胞）特异性抗血清或 DNA 克隆探针为标记，通过分析发育过程中这些细胞的排序与相互间分化能力的关系，可阐明各细胞遗传信息与发育的关系，以及在分化后的组织、器官中的位置。

三、在免疫学和医学方面的应用

1. 研究免疫机制　　通过分析嵌合体中白细胞的免疫应答，可揭示正常的防御机制。

2. 建立疾病模型　　人类疾病，特别是遗传疾病，大都可以利用嵌合体建立特定的模型。以此嵌合体疾病模型为材料可以研究疾病的机制和治疗方法。

四、在动物生产中的应用

1. 人工创造种间嵌合体　　种间杂交往往不能成功或后代不能繁殖，但利用胚胎嵌合则可以获得种间嵌合体。对一些有灭绝危险的野生动物，可通过胚胎嵌合，以家畜为受体来进行保种。

2. 用于分析胎儿与母体的相互关系　　以实用为目的，进行异种间的受精卵移植，特别是对有灭绝危险的野生动物，以家畜为受体进行保种。

3. 人工创造有特殊经济价值的个体　　对水貂、狐狸、绒鼠等毛皮动物，可以利用胚胎嵌合体技术获得用交配或杂交法不能获得的毛皮花色类型，以成倍提高毛产品的商品价值。

4. 可作为外源基因的导入方法　把外源目的基因导入干细胞，再把干细胞与胚胎嵌合，可把目的基因转入胚胎。这种方法已引起科学家的重视。

第二节　嵌合体动物的制作原理与方法

一、嵌合体动物的制作原理

（一）细胞识别与黏着

制作嵌合体动物的关键是使两个（或两个以上）细胞团细胞之间，或注入细胞与胚胎细胞之间黏着在一起。而细胞间相互黏着、聚合，首先要通过细胞识别。所谓细胞识别（cell recognition）是指一个细胞对另一个细胞的认识和鉴别。发育中的细胞具有选择性地与其他细胞相亲和的现象称为细胞黏着（cell adhesion）。细胞识别主要依赖于细胞表面的细胞黏着分子（cell adhesion molecule，CAM），它们介导细胞之间的相互识别、黏着及相互作用。

在胚胎发育过程中若细胞识别与黏着正常，则可发育成功能完善的组织和器官；反之，若细胞识别与黏着发生障碍，则形成不同程度畸形的个体。对两栖类原肠胚形态发生过程的研究表明，早期胚胎的各个细胞具有相同的黏着特性。随着分化的进行，细胞表面的黏着特性出现差异。将取自胚胎两种不同组织的部分细胞以放射性同位素标记后，混合培养，经一定时间测定放射性强度，发现同类型细胞间的聚合速度远大于不同类型细胞间的聚合速度，说明胚胎细胞的聚合具有组织特异性。这种特异性并不因种属差异而丧失，因而没有种属特异性。当来自两个不同种属的胚胎细胞混合培养时，它们通常不顾种属的不同而按照组织特异性"捡出"（sorting out）形成聚合体。如把鸡胚和小鼠胚的细胞混合起来，它们不是按种属，而是按同细胞类型重聚在一起，形成一种具有不同种属的嵌合体。在此聚合体中包含两个种属的同属一类组织的细胞。另外，从同属哺乳类的兔和小鼠胚胎分离的肝细胞也可以互相聚合。胚胎细胞间的相互识别与黏着为胚胎嵌合提供了可能。

（二）细胞识别与黏着的分子基础

细胞识别与黏着的分子机制一直是一个十分诱人的研究课题，但因其复杂性而成为细胞生物学领域的一个难题。虽研究多年，仍有很多问题不清楚，不过近年取得了很大进展。

在细胞表面存在许多或整合于质膜中或结合于质膜外的糖复合物（糖蛋白、蛋白聚糖及糖脂）。目前所发现的参与细胞识别与结合的大分子几乎都是糖复合物，主要是糖蛋白。糖复合物的糖链可被凝集素或具有凝集素样结构域（糖识别结构域，CRD）的蛋白质识别与结合，也可被细胞表面的糖代谢酶类（糖基转移酶及糖苷酶）识别与结合。无论是凝集素与糖配体，或酶与底物间的识别与结合都是特异的，这种特异性的识别与结合可能是细胞识别与黏着的主要分子基础。此外，肽链与肽链间及糖链与糖链间的识别与结合也可能参与细胞间的识别与黏着。

至今已鉴定出许多 CAM。CAM 分为 Ca^{2+} 依赖性与非依赖性两大类：依赖性 CAM

主要是钙黏素（cadherin），根据不同组织来源分为 E-cadherin、N-cadherin 及 P-cadherin。在早期胚胎组织中，细胞的黏着主要依赖于黏着素。另一类非依赖性的 CAM 是属于 Ig 样的蛋白质，因为这类 CAM 分子含有类似抗体分子的折叠构象。CAM 都是跨膜糖蛋白，分子结构可分为 3 部分：胞外部分为肽链的 N 端部分，一般较大，带有糖链；跨膜部分可单次跨膜或多次跨膜；胞质部分为 C 端部分，一般较小，可与质膜下的骨架系统相结合或与信号转导体系相联系。

细胞黏着分子通过 3 种方式介导细胞识别与黏着：两相邻细胞表面的同种 CAM 分子间的相互识别与结合（同亲性），两相邻细胞表面的不同 CAM 分子间的相互识别与结合（异亲性），两相邻细胞表面的相同 CAM 分子借助细胞外的多价结合分子而相互识别与结合。

早期胚胎细胞的 CAM 主要是钙黏素类，钙黏素属同亲性 CAM，目前已鉴定的钙黏素有 30 余种，分布于不同的组织。即使同一种组织也可在不同发育时期或不同部位表达不同的钙黏素。这可能是当时当地特异性细胞间相互作用所决定的。钙黏素只与同种钙黏素分子相互作用。钙黏素是胚胎发育中表达很早的 CAM。例如，小鼠的 8 细胞胚胎表达 E 钙黏素。继 E 钙黏素出现在细胞表面之后，细胞之间松散联系的卵裂球变成紧密黏合的桑椹胚。用 E 钙黏素的单克隆抗体处理桑椹胚则导致细胞分离。这表明 E 钙黏素是桑椹胚阶段主要的细胞黏附分子。它不仅介导细胞黏合，还是黏合连接（带状桥粒）的主要成分之一。点状桥粒中的桥粒黏蛋白（desmoglein）也是一种钙黏素。

另一类 CAM 整合素（integrin）也参与包括胚胎发育在内的一系列重要的生命活动。整合素属异亲性 CAM，作用依赖于介导细胞与细胞之间及细胞与细胞外基质之间的识别与结合。整合素在每个组织细胞中几乎均有表达。整合素分子无论在结构、功能及其调节上都比其他 CAM 复杂。介导细胞之间相互黏合的整合素通常不与其配体结合，需活化后才具有配体结合活性。引起整合素分子活化的因素往往是细胞外的刺激，这些刺激引起细胞内的变化，并作用于整合素分子的胞质部分，继而引起其胞外部分的构象发生改变，遂与配体的亲和性增高而达到活化。活化的整合素又可失活，而使黏附的细胞彼此脱离。一个细胞可以通过表达不同的整合素而变更其黏附性，也可通过控制整合素的活化状态及特异性而调节其黏附性，还可通过调节细胞表面的整合素分子数而控制细胞黏附的牢固程度。

（三）植物凝集素的凝集作用

植物凝集素（phytohemagglutinin，PHA）又称凝集素（lectin），是一类可以结合特定糖基的糖蛋白，糖蛋白含量少的称为 PHA-P，糖蛋白含量多的称为 PHA-M。大多数 PHA 的相对分子量都介于 $100\,000 \sim 150\,000$，多数是由 4 个亚基组成，含碳水化合物 $4\% \sim 10\%$，少数由两个亚基组成，每一个亚基都有一个与特定糖结构相结合的结合位点。因而，PHA 具有连接细胞表面糖蛋白的作用，从而使一定种类的细胞凝集。不同来源的 PHA 对一定的糖基具有专一的识别作用。胚胎细胞对 PHA 的敏感性较强，即在较低浓度 PHA 作用下就可发生细胞凝集，这可能与胚胎细胞表面糖蛋白及糖脂的结构有关。

细胞黏着分子的相互识别与结合作用及 PHA 的凝集作用，使相互接触的、同类的细胞相互黏着在一起形成了嵌合体胚胎，进而形成了嵌合体动物。

二、嵌合体动物的制作方法

根据使用胚胎的发育阶段，哺乳动物嵌合体个体的制作方法大致分为两种，即着床前早期胚胎的嵌合体制作方法和着床后胚胎嵌合体的制作方法。

（一）着床前早期胚胎的嵌合体制作方法

使用着床前早期胚胎的嵌合体制作方法有两种，即聚合法和注入法。

1. 聚合法　聚合法是把早期胚胎细胞团或卵裂球聚合在一起，从而制备嵌合体的方法，目前已被广泛地用于各种实验动物。聚合法又分为早期胚胎聚合法、早期胚胎卵裂球聚合法和共培养聚合法 3 种。

（1）早期胚胎聚合法　早期胚胎聚合法是把 8 细胞期至桑椹胚期的胚胎，去掉透明带后，将 2 个（或 2 个以上）胚胎细胞团聚合在一起，形成一个胚胎，再经体外发育培养，使其发育到囊胚阶段，后移植到同期的受体子宫内，以获取嵌合体个体。

操作顺序如下：①采集胚胎，采集 8 细胞期至桑椹胚期胚胎；②透明带除去及卵裂球的分离，用显微操作仪通过显微操作除去透明带，分离卵裂球或用含 0.2%～0.5%链霉蛋白酶的 Hank's 液处理 3～8min，除去透明带；③聚合，将除去透明带的胚胎细胞团用培养液洗涤 2 次，分别进行配对，将配对后的 2 个或 2 个以上来源的胚胎细胞团移到含有浓度为 0.05%～0.5%（0.5～5μg/mL）PHA 的 PBS 培养液中，用微细玻璃针调整使胚胎细胞团之间紧密接触，接触面积越大越有利于聚合，放置 10～20min，使其聚合；④聚合胚胎的培养，聚合后的胚胎用培养液清洗 2 次，在体内或体外培养 20～24h，使其发育到囊胚；⑤移植，用常规方法将发育到囊胚期的聚合胚胎移植给合适的受体；⑥根据标记（marker）判断嵌合体。

（2）早期胚胎卵裂球聚合法　早期胚胎卵裂球聚合法是把 8 细胞期至桑椹胚期的胚胎去掉透明带后，将胚胎细胞卵裂球离散，从双方胚胎细胞球中各取一部分细胞（至少 2～4 个细胞），放入一方动物或猪的透明带内，用 PHA 培养使其聚合，然后进行体内或体外培养发育到囊胚后，再移植到该种动物的受体子宫中，从而获得嵌合体的方法。这种方法之所以使用桑椹胚之前的胚胎，是因为这个时期的胚胎尚未发生致密化，即尚无完善的细胞间连接复合体出现，容易分离胚胎卵裂球。致密化后的胚胎须经酶处理，破坏细胞间的连接，使其松动，才能使卵裂球彼此分开。

（3）共培养聚合法　该方法是将胚胎细胞与目的聚合细胞在一起共同培养制备嵌合体，主要用于大量细胞（如 ES 细胞等）与胚胎细胞的聚合，将浓度为（1～10）×10^5 个/mL 聚合细胞悬浮培养液，制作成微滴，每个微滴放入 10～15 枚去除透明带的胚胎共同培养 2～4h，使其聚合。

2. 注入法　注入法是通过显微操作将一些细胞（通常 5～15 个细胞）注入发育胚胎的卵周间隙或囊胚腔内来制备嵌合体的方法。注射用的细胞可以用卵裂球，可以用发育后期的胚胎细胞，还可以用畸胎瘤细胞和胚胎干细胞。若注入的细胞并入内细胞团并参与形成胚组织或器官，就形成了嵌合体。

该方法是指，在哺乳动物中的受精卵分裂并分化成为两种明显不同的组织——内细胞团（inner cell mass，ICM）和滋养层（trophoblastic，Tr）细胞以后，将目的细胞或细胞团注入由 Tr 细胞完全包围 ICM 并形成内腔（胚囊腔）时的胚胎中，即注入囊胚腔或 ICM 内，以获得嵌合体个体。Gardner（1968）最早使用这种方法，以后又经过改进，不同的研究者分别提出自己独特的方式，采用了各种各样的方法。虽然采用这种方法需要一些特殊的仪器设备（显微操作仪、微型拉针仪、微型锻造仪等），较为费事，但是该方法与胚胎细胞或卵裂球聚合法相比，操作比较容易，成功率也较高，并有以下优点：其一，对着床前需要透明带的家畜（兔等）来说，使用此法较好；其二，在培育种间嵌合体时，若受体胚为囊胚，其滋养层细胞为受体基因型，采用此方法可防止着床后胚胎的流产或死亡；其三，由桑椹胚以前通过注入法获得的聚合胚，不仅内细胞团，而且滋养层细胞也为嵌合体，这就可以通过分析目的细胞导入囊胚后的情况，来查明聚合胚在以后发育中其他卵裂球和导入细胞发生分化的能力及作用。注入法分 8 细胞-桑椹胚期卵周间隙注入法、囊胚腔内注入法和囊胚内细胞团（ICM）置换法 3 种。

（1）8 细胞-桑椹胚期卵周间隙注入法　　通过显微操作将一些细胞注入 8 细胞至桑椹胚期胚胎的卵周间隙，使其聚合而形成嵌合体。即将需要注入的胚胎细胞团或胚胎干细胞等，用含 0.25%胰蛋白酶和 0.5mmol/L 乙二胺四乙酸（EDTA）的无钙、镁离子的 PBS 处理 5～30min，或用 0.5%链霉蛋白酶处理 2～10min，使其分离成单个卵裂球。然后，通过显微注射注入受体胚胎的卵周间隙，培养 24～72h 后进行移植。

（2）囊胚腔内注入法　　将一些细胞注入囊胚的内细胞团上，使其聚合而形成嵌合体。显微操作注射时应从受体囊胚的内细胞团的界面处注入，并将细胞注射到囊胚的内细胞团上，有利于细胞与胚胎内细胞团聚合，培养 24～72h 后进行移植。

（3）囊胚内细胞团（ICM）置换法　　为了解 ICM 的发育分化潜力及其影响因素，从受体囊胚中去掉原有的 ICM，移入新的 ICM，称为囊胚重组（reconstitution of blastocyst）或 ICM 置换（ICM exchanging）。即在已经确定了发育能力的具有一定基因型的滋养层细胞中，只交换了 ICM，培育出新的囊胚。因此，这种方法可以广泛应用于了解确定了基因型的 ICM 发育能力，及其与不同基因型的滋养层细胞之间在个体发育中的相互关系。其方法是通过显微操作在受体囊胚内细胞团处的透明带做一个切口，将内细胞团取出，切除，注入供体内细胞团，培养 24～72h 后进行移植。

（二）着床后胚胎的嵌合体制作方法

使用着床后的胚胎培育嵌合体的方法有体内法和体外法两种。

1. 体内法　　该方法是用剖腹手术从子宫外部直接把目的细胞及组织注入或植入着床胚胎中，培育出嵌合体个体。因为只能使用一次子宫，不能反复进行，所以较少采用这种方法培育嵌合体个体。

采用该方法时，在着床部位从内膜一侧距内腹膜侧约 1/4 处，用直径为 20～30μm 的灌注吸管对着胎盘将细胞或组织注入胎儿体内。此时，注入色素可以检查注入是否成功。Weissman 等（1977）用这种方法将从妊娠中期卵黄膜血岛分离出的细胞 104～105 个注入同一妊娠日龄的胚胎中，获得骨髓造血细胞或胸腺细胞嵌合体个体。移植具有遗传性贫血因子的细胞，可以获得具有贫血因子的嵌合体个体。此外，Goodwine 等（1982）

用其他细胞移植也获得了嵌合体个体。

2. 体外法 该方法是用外科手术法取出着床胚胎，在显微镜下用固定吸管固定住胚胎，然后用注射吸管将目的细胞或组织注入胚胎中。对小鼠、大鼠进行实际操作时，用 7.5～8.5 日龄的原肠期胚胎。这种方式与体内法相比，处理程序明确，实施时极为有效，但目前建立着床后胚胎培养法，并取得成绩的报道仅限于小鼠。Beddington 从小鼠子宫中取出 7.5 日龄原肠期的胚胎，用 H-脱氧胸腺嘧啶核苷标记目的细胞，以其他品系的胚胎为宿主，用显微操作仪注入细胞，体外处理时小鼠胚胎发育迟缓约 36h。

第三节 嵌合体的鉴定

嵌合体标记（marker of chimera）也可称嵌合体分析（analysis of chimera），是嵌合体制作的关键一步。不论是实验获得还是自然产生的嵌合体，都需要采用识别方法来证实是否是真正的嵌合体。作为标记物应具备以下条件：①能被固定在细胞内，绝对不能跑到细胞外；②使细胞内的原有物质可以在细胞间移动，并对其他细胞毫无影响；③能稳定地存在于被标记的细胞及其分裂增殖的所有细胞内；④能通过发育广泛地存在于机体的内外组织；⑤容易识别，不需很多的手段和烦琐的处理即能从外观和组织学上加以识别；⑥在发育生物学中处于中性的物质，不影响细胞淘汰、细胞混合和融合等发育过程。迄今所用的嵌合体鉴定方法大致分为人工标记（活体染色色素）和遗传标记两种。

1. 人工标记 实验发育生物学最初利用的最典型的标记物是活体染色色素和油滴。此外，使用的标记物还有 0.1～0.23μm 的有孔珠状物、放射性物质（主要是 ^{3}H-脱氧胸腺嘧啶核苷）、荧光胶体金、黑色素颗粒、辣根过氧化物酶等，这类标记物多用于蛙类嵌合体的鉴别，在哺乳动物中较少用。

2. 遗传标记 遗传标记能稳定地继承遗传上的差异，是最适宜的标记方法。它是根据嵌合体在嵌合前两个胚胎本身所具有的特性作为标记来进行鉴别的。例如，由遗传所决定的黑色素及通过生物化学（活性酶）、染色体、细胞学、组织学、组织化学、免疫组织化学等方法能够鉴别的物质等。

（1）色素分析法 这是最简单的直观分析法，一般选择肤色、毛色有差异的动物的胚胎来制作嵌合体。此法的缺点是不能判断只有内脏器官发生嵌合的嵌合体。

（2）生物化学法 主要通过测定嵌合体血液或组织中的特定酶（同工酶），如磷酸葡糖异构酶、磷酸葡糖变位酶、6-磷酸葡萄糖脱氢酶等，也可以根据细胞抗原、血清运铁蛋白和白蛋白类型来确定是否有亲缘关系，以鉴定是否是嵌合体。

（3）形态学方法 通过细胞学、组织形态学及核型、染色体数目、性染色体特征对嵌合体做出鉴定。

（4）组织化学方法 主要是通过免疫组织化学方法进行鉴定，如用磷酸葡萄糖异构酶-1B 抗体进行组织器官鉴定，就能确定器官组织嵌合的程度和细胞的分布。

随着分子生物学的发展，可采用 DNA 克隆探针来进行嵌合体的鉴别，这将是一种快速准确的方法，目前使用最多的是色素法和同位素标记等遗传标记方法。

第八章　细胞核移植

通过体细胞核移植技术进行动物克隆一直是人们无法完全掌控的一个过程。在这个过程中，最典型的难题包括高比例的胚胎流产、死胎和出生后死亡。这些发育上的问题来源于异常的基因组重编程-卵母细胞重置体细胞的末端分化记忆的能力。随着这些问题的解决，体细胞核移植技术必将成为动物胚胎工程的一项重要技术。

第一节　概　　述

细胞核移植是哺乳动物克隆最为有效的方法。从理论上讲，动物克隆的数量不受限制，可以无限延续。

有关核移植技术，也走过了由科学幻想到生活现实的过程。早在 1938 年以前，著名德国实验胚胎学家 Hans Spemann 就提出一个所谓核等效的概念，认为所有的动物细胞都含有一个核，其中容纳着细胞基因。当形成的胚胎分裂成 10 个左右的细胞时，每一个核内的基因都有其最完备的潜能，即每个细胞都是全能性的，它有能力使细胞组成眼睛、肝、脑或成年动物的任一其他部分。但随着胚胎的发育，通过命令基因的开启或关闭，细胞开始分化。这就提出了一个有趣的问题：分化的单个细胞核是否还保留着构成完整个体的能力。一般科学家由于不考虑核等效观点，认为特化细胞会不可逆地改变其DNA，甚或抛弃所有的基因。而 Spemann 却不以为然，他认为只有除去一个未受精卵的核，并用一个分化细胞的核代替它，才能解决这种争论。这就是今天大家所感兴趣的体细胞核移植，但由于当时的技术限制而只是一种科学幻想。"多莉"（Dolly）羔羊的出生，使幻想变成了现实。1997 年 2 月世界上第一例体细胞核移植动物"多莉"诞生的报道引起了世界普遍关注，在全世界掀起了克隆的讨论狂潮，并成为世界十大科技新闻之首，引起一连串科技幻想。在欧洲，一些人由于受到 20 世纪 70 年代制造人的幻想小说的影响，很快就提出了克隆人的幻想。

哺乳动物核移植（nuclear transfer），就是人们通常所说的动物克隆（animal cloning）。动物克隆广义上讲就是指动物的无性生殖（asexual reproduction），即用无性生殖的手段，由单一个体产生外形、性能和基因完全一致的多个动物。动物克隆除采用产生"多莉"所用的体细胞核移植方法之外，也可用胚胎分割及胚胎细胞核移植等方法得到。早期动物克隆方法是采用胚胎分割，即用显微术将未着床的早期胚胎一分为二、一分为四或更多次地分割，然后分别移植给受体，妊娠产生多个遗传性状相同的后代。但并不是随着分割次数的增加，产生克隆动物的数目也增多。如超过四分割，产生克隆动物的个体数目反而减少，甚至一个也得不到。

之后人们就发明了核移植技术，其产生克隆动物的效率大大高于分割技术。用显微术从早期胚胎分离一个卵裂球或分离一个培养的体细胞，将单个供核细胞的核导入去核的成熟卵母细胞中，重建一个新的胚胎，即重组胚（reconstructed embryo）或克隆胚（cloned embryo），克隆胚激活后就可以在体外发育，将发育到一定时期的重组胚胎移植到受体母亲，由受体母亲维持其进一步发育，直到妊娠足月后生产出一个基因型与卵裂球或培养体细胞完全相同的克隆个体，现在一般把细胞核移植技术得到的动物称为克隆动物，它才是真正意义上的克隆动物。根据核移植供核细胞的不同，可以把细胞核移植分为胚胎细胞核移植、胚胎干细胞核移植、胎儿成纤维细胞核移植和成年动物体细胞核移植。

哺乳动物核移植的早期研究开始于 1975 年，Bromhau 将兔胚的细胞核移植到未受精的卵母细胞中，获得了桑椹胚。随后，卵母细胞的体外成熟（IVM）、体外受精（IVF）和胚胎移植（ET）技术的发展，特别是显微操作技术的出现，使哺乳动物核移植研究取得重大突破。

1981 年报道采用核移植技术把小鼠胚胎的内细胞团（ICM）细胞核直接注入去核受精卵中，得到了 3 只正常的小鼠，但其结果未被其他实验室重复出来。直到 1983 年，McGrath 和 Solter 等首次利用显微操作技术与细胞融合技术，以单细胞期小鼠胚胎为供体细胞进行核移植，得到了产仔的结果，并建立重复性很高的核移植程序，使得核移植的效率得到很大的提高。1986 年，Willadsen 利用绵羊胚胎细胞核移植产仔，并提出：①作为核受体，卵母细胞较受精卵有更大的优越性；②羊桑椹胚细胞核具有发育全能性。随后，动物的克隆技术发展很快，牛、兔和猪等胚胎细胞克隆动物也相继获得了成功。随着核移植技术的不断改进与完善，供体细胞核由原来的早期胚胎细胞，逐步变成胚胎干细胞（ES 细胞）、性原细胞、胎儿成纤维细胞及成年动物体细胞。1996 年，Campbell 等利用血清饥饿法处理绵羊的干细胞作为核供体，移植到去核的成熟卵母细胞中，获得了 4 只克隆羔羊。1997 年，Wilmut 等用饥饿培养法，将成年母羊的乳腺上皮细胞作为核供体，成功地克隆出世界首例体细胞核移植后代——“多莉”，并建立了一整套绵羊体细胞核移植程序，如恢复体细胞核全能性的“血清饥饿法”、体细胞的传代阶段确定、体细胞克隆后代与亲本核供体间的 DNA 微卫星分析技术，成为全世界同行公认的哺乳动物体细胞核移植技术的基本程序。从此，世界各国在体细胞克隆方面进行了大量的研究，并已获得了可喜的效果。体细胞克隆小鼠、牛、山羊、猪、猫、兔、骡、马、大鼠和水牛等相继获得了成功。

一、胚胎细胞核移植

胚胎细胞核移植是指将供体胚胎解离成单个卵裂球，然后将其与去核的受体卵母细胞或受精卵融合，从而获得大量遗传上同质的克隆胚胎（cloned embryo）的一种胚胎工程技术。

1928 年，Spemann 采集受精后分裂前的蝾螈（无脊椎动物）卵子，用头发将其缚分为两部分，但不完全分开，中间有细胞质相连。缚分后，有核的一半卵子正常分裂，无核的一半不能分裂。待有核部分发育至 4～8 细胞时，将缚的头发略微放松，只让一个细胞核经相连的细胞质进入无核部分，于是拉紧头发将两个半卵完全分开。原来无核的一半卵子现在也有了核。结果是两个半卵均发育成了正常胚胎。1938 年，Spermann 又用同样的方法将 16 细胞期单细胞导入无核胞质部分，结果也得到了正常胚胎。于是

Spemann 提出将不同时期细胞移入去核卵母细胞中，通过观察其发育能力可以确定这个时期细胞的发育潜能。

胚胎细胞核移植最早由 Briggs 和 King 于 1952 年在两栖类（脊椎动物）上完成。他们将囊胚细胞的核移入去核的未受精卵内，重构的胚胎全部发育成小蛙。此后，许多学者对鱼类和两栖类的核移植做了大量的研究工作。哺乳动物的细胞核移植到 20 世纪 70 年代后期才得以进行。

1. 小鼠　　1977 年，Hoppe 和 Illmensee 将原核期小鼠的雌原核（或雄原核）去掉。将剩下的单个雄原核（或雌原核）用细胞松弛素 B 处理，使其二倍化。将 93 枚这种单性生殖胚胎移植给 5 只受体后，4 只妊娠，得到 5 只来自雌核、2 只来自雄核的仔鼠。

1978 年，Modinski 用标记的小鼠 8 细胞胚细胞注入没有去核的受精卵中，发现在四倍体囊胚中存在标记的染色体。

1981 年，Illmensee 和 Hoppe 首次报道将鼠内细胞团细胞核移植到去核合子中，经过体外培养，有 34%的重组胚胎发育为桑椹胚。这种胚胎移入受体后，19%发育产仔。Illmensee 和 Hoppe 最早进行核移植时应用的是直接穿刺吸注法。用一尖锐的玻璃针，直接刺入原核期合子中，将供核注入，再直接抽出原核。小鼠卵子抗损伤性差，当针从卵子中撤出后，卵细胞膜不能及时封闭，导致卵细胞质外流，卵子死亡。

在原核互换进行核移植研究中，1983 年，Megrath 和 Solter 在重复 Illmensee 和 Hoppe 实验时，创立了无损伤去核注核法。去核时，首先用细胞松弛素 B 处理合子，使其质膜变得柔韧。然后用 25~20μm 直径尖针刺破透明带，但并不进入卵细胞质中，只停留在卵周隙中，在卵周隙将原核及部分细胞质吸入吸管，当吸管撤退时，管中的细胞质与透明带中的剩余细胞质就像揪面团样被分成两部分。注核时，只要将针进到卵周隙，将供核体注入卵周隙即可，注核后用仙台病毒（sendai virus）介导融合，将供核引入受体。这种方法的去核率为 96%（70/73），注核率为 97%（68/70），融合率为 99%（67/68）。用这种方法进行小鼠原核互换后，得到 10 只核移植小鼠。

同期的核移植研究还认为，核质同步化移植可以明显提高核移胚的体外囊胚发育率（Smith，1988）。虽然用去核合子或 2 细胞期的去核细胞质为受体获得了核移植小鼠，但以去核卵母细胞为受体，产生核移植后代的研究却困难重重。

1988 年，Tsunoda 首次在小鼠上应用去核卵母细胞作受体，用仙台病毒将 ICM 细胞核引入，用乙醇激活卵细胞质。结果有 75%的核移胚形成原核，20%的核移胚卵裂，5%的核移胚发育到囊胚。Tsunoda 等在 1989 年和 Kono 等在 1991 年的实验中表明，8 细胞期的胚胎细胞，引入去核卵母细胞内的重构核移胚没有发育到囊胚，而 ICM 细胞供核的核移胚则有少数发育到囊胚。

Kono 等在 1992 年用去核的第一次分裂末期的小鼠卵母细胞作核受体，将不同细胞周期位置的 2 细胞胚细胞引入受体细胞质，15h 后，用乙醇激活重构胚。结果，无论供核细胞处于周期中的什么位置，大多数重构胚都会放出一个极体。只有 GII 晚期供体细胞核重构的胚可以发育成个体。1993 年，Cheong 采用去核的 MII 卵母细胞为核受体，将处于细胞周期不同位置的 2 细胞期、4 细胞期、8 细胞期的卵裂球用电融合法引入受体。融合后 1.5h 以多次电脉冲充分激活细胞质。结果表明，供核为 GI 期的重构胚不会再放出第二极体，只形成一个原核，这种重构胚囊胚发育率为 77.8%。供核为 S 期的重构胚，发育不超过 4 细胞。供核为 GⅡ期的重构胚，一般要放出第二极体（有 67.5%的重构胚放出第二极体），其囊胚发育率为 20.8%。最后 Cheong 将处于 GⅠ早期的 2 细胞期、4 细胞期、8 细胞期胚细胞导入受体卵内，其重构胚囊胚发育率分别为 77.8%、71.4%和 46.2%，并且均得到了核移植小鼠。

国内孟励等在 1996 年，分别以去核卵母细胞和融合的去核 2 细胞胞质作核受体，以 4 细胞至桑椹胚细胞作一代核供体。研究结果认为，小鼠去核卵母细胞作核受体不如融合的去核 2 细胞胞质好。实验得到 4 细胞与融合的 2 细胞胞质重构的核移植后代，其分裂率为 89.3%，桑椹胚率为 32%。将 67 枚发育胚移植受体，得到 5 只核移植小鼠。同年，湖南医科大学陆长富等采用 Kono（1992）的核移植程序，也得到了核移植小鼠。

英国剑桥大学的 Willadsen 在哺乳动物中首次采用成熟卵母细胞与供核的胚细胞融合得到核移植绵羊。实验共得到 3 只 8 细胞胚来源的羊羔，实验还证明电融合法优于仙台病毒融合法。

1989 年，Smith 和 Wilmut 以绵羊 16 细胞胚细胞和 ICM 细胞作核供体，构建绵羊核移胚。16 细胞核移胚一次电融合率为 82%。用交流电场处理后，融合率为 88%。ICM 细胞核移胚一次电融合率为 47%，用交流电场处理后，仍为 47%。实验还表明，融合后用含细胞松弛素 B（7.5μg/mL）的培养液培养 1h，可显著提高核移胚囊胚发育率：16 细胞胚细胞（11%：35%）、ICM 细胞（0%：56%）。将 22 枚核移囊胚移给受体，共产 4 只羔羊，其中 3 只羔羊来源于 16 细胞胚细胞，一只羔羊来源于 ICM 细胞。

用绵羊体内成熟卵母细胞和体外成熟卵母细胞构建核移胚，融合率（40%：40%）与桑椹胚发育率（56%：49%）差异不显著，这一研究说明，绵羊体外成熟卵母细胞可以用于构建核移胚。

1993 年，国内谭景和等用 8 细胞绵羊胚与去核的绵羊卵母细胞重构核移胚，获得了 10%（5/51）的桑椹胚发育率，但没有后代产生。

2. 牛　　1987 年，首次在牛上进行了核移植尝试，将电融合法引入了牛核移植程序。将 4～8 细胞期胚细胞核引入去核合子后，只有 4 细胞核可发育至产仔，而 2～8 细胞期的供核发育不超过 4 细胞期。

1987 年，Prather 在牛上首次采用去核的 MⅡ卵母细胞胞质为核受体，用电融合法将 8～16 细胞期胚细胞引入去核卵母细胞，经中间受体培养后有 6.4%（23/357）发育至桑椹胚，移植受体后首次得到来源于 8～16 细胞期胚胎细胞核移植的犊牛两头。

在完善核移植方面，首先是去核问题的研究。由于牛卵母细胞含有较多卵黄颗粒，去核操作时，实际是盲目操作。当吸出大约 35%的细胞质时，去核率仅为 65%。采用 Willadse 两步法把卵母细胞一分为二，去核率自然就是 50%。1990 年 W. E Sthusin 对卵母细胞染色去核后与 16～32 细胞期胚胎细胞重构核移胚，实验组与对照组（不用 Hoechst 染色）相比，核移胚发育率无显著差异（22%：28%）。这一实验基本奠定了卵母细胞去核的方法，即先用 Hoechst 染色，然后去核，经荧光镜紫外线检测后，剔除未去核卵母细胞，从而在牛上保证 100%的去核率。目前这种方法在牛核移植研究中被广泛采用。

其次，是解决卵母细胞来源问题。1987 年，Prather 最先采用 MⅡ卵母细胞构建核移胚，结果核移胚体外囊胚发育率为 7.8%，1991 年将这一构建效率提高到了 28%。1993 年，Barlies 用 IVM 卵母细胞得到了与体内成熟卵母细胞相似的构建效率（19%∶18%），首次获得了以 IVM 卵母细胞构建的核移植后代。

1992 年利用体外成熟卵母细胞和由体外成熟培养/体外受精/体外培养（IVM/IVF/IVC）而得到的 16 细胞期细胞重构核移胚，结果得到了 9.4% 的体外囊胚发育率，并获得核移植小牛。1994 年，Keefer 等利用体外成熟卵母细胞与 IVF、IVC 得到囊胚的 ICM 细胞重构核移胚，获得 5% 的体外囊胚发育率并得到核移植犊牛。

第三，关于构建核移胚卵母细胞卵龄的问题，也有不同看法。使用幼龄较小的卵母细胞，去核率高，但重构胚却不容易被激活；使用老龄卵母细胞，虽然去核率较低，但却容易被激活。因此 20 世纪 90 年代初期，人们多选用老化卵母细胞构建核移胚，可以避免卵母细胞不易被激活的问题。而老化卵的去核问题可以用 Hoechst 33342 染色法解决。

1994 年，Aoyagi 报道了一种复合激活程序，可以显著提高幼龄卵母细胞的激活率和发育率。具体程序为 IVM 后 19～22h 对卵母细胞去核，24h 用 Ca 载体处理 5min，24～30h 将去核卵母细胞放入放线菌酮中培养，中间施以一次电脉冲（25h）。激活后（30h）的去核卵母细胞再与供核细胞重构核移胚。结果表明这一程序激活率为 94%，核移胚囊胚发育率为 42%。

1999 年，Booth 等用环己亚胺（CHX）（10μg/mL）和二甲氨基吡啶（DMAP）2μmol/L 对牛卵母细胞及核移胚活化进行系统研究。结果表明，利用 DMAP 对卵母细胞的活化处理非常理想，已与卵母细胞体外受精水平相近，CHX 则对核移胚的活化好些。

第四，关于供核细胞与卵母细胞胞质细胞周期同步化对牛核移胚的影响。1993 年，Barn 和 Campbell 分别进行了研究。结果表明，当核移入 MⅡ 卵质中，会发生核膜崩解、染色体浓缩、核膜重建、原核膨大等一系列形态学变化。此种条件下，只有 GI 期和 S 早期的核保持了正常染色体倍发生，这与 Collas 等在兔上的研究结果一致。由于早期胚胎细胞大多数处于 S 期，因此应用 MⅡ 卵细胞质构建核移胚，其效率必然会受影响。1994 年，Campbell 将胚细胞分别引入未激活（MⅡ）和激活 4h 后卵细胞质中（S 期），结果后者囊胚发育率达到了 55.4%，而前者只有 21.3%。于是 Campbell 提出了协调核移植供核细胞与受体细胞的两个方案。其一是将供核细胞的周期位点控制在 GI 期和 S 早期，与 MⅡ 去核卵母细胞构建核移胚；其二是对去核卵母细胞进行激活，使其进入 S 期，降低促成熟因子（MPF）水平。用这种卵细胞质可以和 GI、S、GⅡ 期中任意时间的供核细胞构建核移胚。

国内牛核移植的研究报道较少。1992 年，庞也非等以 IVM 卵母细胞和 IVF8 细胞胚构建核移胚，得到了 71% 的融合率，体外培养后得到 42.3% 的分裂率，只有极少数发育至桑椹胚。1995 年，卢克焕等得到国内第一头核移植犊牛。1996 年，朱裕鼎等也得到核移植犊牛。1997 年，张涌等得到核移植犊牛。

3. 山羊 1991 年，张涌获得了世界上首次山羊胚胎细胞核移植的成功。以 4～32 细胞期胚胎卵裂球作核供体重构胚发育差异不显著，4 细胞 57%，8 细胞 60%，16 细胞 63% 和 32 细胞 63%，共得到 5 只核移植羔羊。成勇等（1995）得到连续核移植山羊后代

4 只。1995 年，张涌等获得第五代克隆山羊羔 11 只，共得 1 代、2 代、3 代、4 代、5 代核移植克隆羊 45 只。

4. 兔　　Bromhall 于 1975 年最早进行了兔核移植尝试。他用两种方法将桑椹胚期的分裂球引入未去核兔卵母细胞中。一种方法是用内径为 8～10μm 的注射管直接将胚细胞注入卵母细胞中，另外一种是用病毒融合介导将卵裂球引入卵母细胞中。直接注射法的分裂率为 5.1%（30/593），融合介导的分裂率为 18.8%（19/101）。

1988 年，Stice 首次采用去核的 MII 卵母细胞作核受体，用电融合法将 8 细胞期胚胎引入构成核移胚，164 枚重构胚移植受体后得到了 6 只仔兔。其去核率为 92%，融合率 84%，活化率 46%，妊娠率 27%，产仔率 3.66%（6/164）。

由于兔卵母细胞胞质比较清亮，去核时在核管内可以看见 MII 染色体，因此在兔的卵母细胞去核时，多采用 McGrath-Solter 法。兔卵母细胞的去核成功率可达 100%。

1990 年，Yang 等用电融合法将 16～32 细胞期的胚细胞，导入未去核的卵母细胞中，结果有 43% 的重构胚发育至囊胚。而将 16～32 细胞期胚细胞引入经 Hoechst 33242 染色并由荧光镜紫外线照射 3min 的未去核卵母细胞时，桑椹胚发育率为 15%～22%。这一研究的目的在于寻找简捷的去核方法。

1990 年，Collas 和 Robl 认为，卵母细胞没有被充分激活是核移植成功率低的主要原因。首先采用多次电脉冲激活核移胚，其次在融合液内添加钙、镁。与对照组相比，大大提高了融合率（94%：79%）、活化率（85%：68%）及囊胚发育率（48%：5%）。这次实验还表明，电激活将核移胚在含细胞松弛素 B 的培养液中继续培养 1h，可降低重构胚裂解率（4%：14%）。

1991 年到 1992 年，Collas 和 Robl 在兔上系统地研究了核质同步化与核修饰的关系，以及其对核移胚发育的影响。研究发现，胚核移入同时激活的卵母细胞胞质后，发生生发泡破裂（GVBD）、染色体超前凝聚（PCC）原核形成（融合后 4h）和核膨大（融合后 50～8h）。以 S 期的供核移入去核 MII 卵母细胞中，囊胚发育率最高，可达 71%。获得 GI 和 S 早期胚细胞的方法是，先用乙酰甲基秋水仙碱（0.5μg/mL）处理胚细胞团 10h，使其停在 M 期；解除分裂抑制后（用不含秋水仙碱的培养液多次清洗），置含有 DNA 合成抑制剂 [阿非迪霉素（aphidicolin）（0.1μg/mL）] 的培养液中 6h，让其分裂，并使其停留在 S 早期。

同期 Collas 和 Robl 的研究表明，随着供核胚胎发育阶段的提高，其构建核移胚的效率逐渐下降。8～32 细胞期的融合率为 93%～100%，而当供核细胞为 ICM 细胞和 Tr（滋养层）细胞时，融合率则分别为 81% 和 71%。同时，供核的核移胚原核形成延迟。与 8～32 细胞期相比，囊胚发育率也较低（71%：20%）。

国内最早由杜淼等在 1990 年进行了兔核移植研究，得到了剖腹产胎儿。1993 年，刘林、安民等用去核 MII 卵母细胞与桑椹胚细胞构建核移胚，得到了 33.3%（10/30）的囊胚发育率。1993 年，黄少华等采用 8～16 细胞胚的鲜胚细胞和冻胚细胞分别与去核的 MII 卵母细胞构建核移胚，获得了 58.0%（47/81）和 53.8%（7/13）的分裂率。将 53 枚重构胚移给 5 只受体，得 1 只雌兔。1994 年，唐铁山用 32～64 细胞期胚细胞与去核的 MII 卵母细胞构建核移胚，164 枚重组胚移植 9 只受体，5 只妊娠，产下 7 只核移植兔。同时实验还获得了连续两代克隆兔胚。1995 年，王斌等采用 16～32 细胞胚的卵裂球与去核卵母细胞重构核移胚，也得到了核移植仔兔，同时实验也获得了二代克隆兔胚。1996 年，周琪用 16 细胞期细胞与去核卵母细胞构建核移植胚胎，获得了 32.2%的囊胚发育率，并得到 3 只核移植仔兔。实验同时得到了三代克隆兔胚和颗粒细胞核移胚，发育至 8 细胞期（发育率为 5.6%，1/18）。

5. 猪　1989 年，Prather 等将 8 细胞期胚细胞作核供体，以去原核合子和去核 MⅡ卵母细胞作受体构建核移植胚。其中，利用原核交换（1 细胞期核移植）获 7 头仔猪。2 细胞、4 细胞、8 细胞期胚细胞作核供体，电融合率分别为 77%（59/77）、83%（115/138）、86%（71/83），体内桑椹胚发育率为 9%（1/11）、8%（7/83）、19%（11/57）。46 枚重构胚移植后得到一头 4 细胞来源仔猪。

1992 年，Nagashima 和 Yamakawa 利用体外成熟卵母细胞（24h）去核后与 6～8 细胞胚卵裂球构建核移胚，结果融合率为 82%，激活率为 62%～63%，有 45.7%的重构胚发育到 2～4 细胞期，没有个体出生。

1995 年，国内窦忠英等获第一批核移植仔猪 6 头。他们以桑椹胚卵裂球作核供体，移入体外培养成熟的去核卵母细胞卵周隙后电融合，将 87 枚重构胚直接移植到 11 头受体猪输卵管，1 头妊娠，产 6 头核移植仔猪。

1996 年，陈乃清等以去核卵母细胞分别与 2 细胞期、4 细胞期、8 细胞期和 16 细胞期胚细胞构建核移植胚胎，重构胚的发育率依次为 55.6%、52.4%、43.8%和 29.6%。将 61 枚核移胚移植受体后，产下 5 头仔猪。

1997 年，赵浩斌等获得了胚胎细胞克隆猪。

二、胚胎连续核移植

利用发育的核移植克隆胚的卵裂球作为核移植供体细胞再进行核移植，得到的克隆胚胎称为第二代克隆胚，依次类推。这种技术称为胚胎继代克隆，又称胚胎再克隆或胚胎连续克隆。

理论上，利用连续核移植的方法可以从一个 32 细胞胚胎核移植而得到同一胚胎来源的 32 个克隆胚，若它们都能发育到 32 细胞期，再用其卵裂球经过核移植就可以得到 1024 枚二代克隆胚胎。虽然有些报道认为继代克隆有融合率下降的趋势，但牛胚胎细胞核移植的研究表明，连续核移植可以提高融合率与重构胚的桑椹胚发育率。

1. 牛　1989 年，Willadsen 得到牛六代克隆胚胎。1993 年，在 Stice 和 Keefel 进行的继代核移植研究中，得到了牛六代克隆胚胎，同时得到第一代、第二代和第三代克隆犊牛。Stice 详细地比较了第四代克隆胚的效率。结果表明，随克隆代数的增加，融合率明显下降，第二代克隆胚比第一代克隆的桑椹胚发育率明显下降（10%：20%），三代以后的克隆胚发育率又有所回升（19%）。1990 年 Bondioli 的研究也很引人注目，他将一枚胚胎连续两次克隆得到 8 头犊牛，同时将另一枚胚胎反复克隆，得到 190 多枚克隆胚。

2. 山羊　1993 年，成勇等得到二代克隆山羊羔 4 只（4/143）。1995 年，成国祥等得到二代克隆山羊胚（未产仔）。1995 年，张涌和李裕强得到连续五代克隆山羊共 45

只，其中五代克隆羊 11 只（产仔率 11/34），最多从 1 枚胚胎经继代克隆获得了 7 只克隆羊羔。

3. 兔 连续核移植仅限于国内报道。1994 年，国内唐铁山等首次得到二代克隆兔胚（桑椹胚发育率为 4/27），没有个体出生。1995 年，王斌也得到了二代克隆兔胚（未产仔）。1996 年，周琪得到了三代克隆兔胚（桑椹胚发育率为 1/18）。1998 年，Yin 等得到了二代克隆兔胚（桑椹胚发育率为 7/60）。

4. 小鼠 胚胎连续核移植的研究进行得较少。国内孟励等 1996 年利用去核的融合 2 细胞质与 4 细胞胚细胞重构核移胚后进行了连续核移植的研究，二代囊胚发育率为 5.9%，但未得到二代克隆小鼠。

三、胚胎干细胞核移植

胚胎干细胞（embryonic stem cell，ES 细胞）是早期胚胎或原始生殖细胞（PGC）经离体抑制分化培养而筛选出来的，在发育阶段上类似于早期胚胎的内细胞团细胞，这种细胞具有分化潜能和正常二倍体核型。它既可进行体外培养、扩增、转化与筛选，又可分化为包括生殖系在内的各种组织。胚胎干细胞分离培养主要用于克隆动物、制作转基因动物和研究动物胚胎发育、分化和遗传等问题。另外，在分子生物学研究中，干细胞可以作为一种外源基因载体用于研究外源基因在宿主体内的行为。哺乳动物的干细胞系，首先是由 Evans 和 Kaufman（1981）在小鼠上建立的。至今，除小鼠外的其他哺乳动物胚胎干细胞的研究仍停留在类 ES 细胞水平外，尚未有建立 ES 细胞系的报道。

1. 小鼠 虽然在小鼠上早已获得了真正意义上的 ES 细胞，但实际上由于小鼠卵母细胞显微操作较为困难，直到 1999 年才获得小鼠干细胞克隆后代。此前，在 1989 年，Tsunoda 首先利用小鼠 PGC 与去核的 M II 卵母细胞重构核移胚，重构胚发育到囊胚的概率较高，但没有得到个体。1993 年，Tsunoda 利用小鼠 ES 细胞与去核的 M II 卵母细胞构建核移胚，胚胎能够附植，但没有得到个体。1999 年，Wakayama 等未使用电融合，而是用传统的胞质内直接注射法进行小鼠 ES 细胞核移植，取得了小鼠 ES 细胞克隆的成功，第一次得到活的 ES 细胞克隆小鼠。

哺乳动物 PGC 的核移植最早在小鼠上进行。1992 年，Tsunoda 等用小鼠雄性生殖细胞核移植得到了囊胚，但未能获得发育足月的后代。

2. 绵羊 1992 年，Moor 等用绵羊类 ES 细胞核移植后得到囊胚。1996 年，Campbell 等用绵羊类 ES 细胞核移植后，得到 5%~21% 的囊胚发育率，移植受体后得 5 只羊羔。其后，Wells 等（1997）也用培养传代至第 9 代的类 ES 细胞进行核移植得到了羔羊。

3. 牛 利用传代培养 23d 的 ICM 细胞（类 ES 细胞）与去核卵母细胞构建核移胚，实验得到 659 枚重构胚，重构胚卵裂率为 70%，囊胚发育率为 24%。将其中的 34 枚囊胚移植 27 头假孕受体，13 头妊娠（48%）。妊娠至 220d 时，有 5 头怀孕，最后产出 4 头犊牛。

用牛原始生殖细胞核移植获得了早期妊娠结果。利用牛 PGC 与去核卵母细胞构建核移胚，得到 62% 的分裂率（72/117）和 9%（10/117）的囊胚发育率，但没有得到妊娠。用从牛胎儿分离的 PGC 核移植获得妊娠，其中一头出生，但产后不久死亡。Mueller 等

（1999）报道，他们用长期培养的牛 PGC 克隆后获得了一头公牛。

4. 猪 1999 年，Miyoshi 等将猪囊胚来源的细胞培养 24～30 代时（称为类 ES 细胞），与去核卵母细胞构建核移胚，36 枚重构胚中，16 枚融合，5 枚分裂，没有得到囊胚。

5. 兔 用兔类 ES 细胞作核供体，仅得到囊胚，没有个体产生。胎儿分离的原始生殖细胞经过核移植后，胚胎仅发育到附植前。进一步研究表明，兔胎儿雄性生殖细胞核移植后的囊胚发育率显著高于雌性。

四、胎儿成纤维细胞核移植

利用早期胎儿的成纤维细胞进行核移植并得到后代，这一技术比胚胎干细胞核移植技术又前进了一大步，且发生了质的变化，因为它证明了分化细胞具有潜在的发育全能性。

1. 绵羊 1996 年，Wilmut 等首次利用控制周期的胎儿成纤维细胞与去核卵母细胞构建重构胚得到 3 只羔羊。将 172 枚重构胚放入中间受体培养，4.5d 后回收到 124 枚胚胎，其中 34 枚到达桑椹胚，移植受体产 2 只羔羊。另外，体外培养 24 枚，13 枚到达桑椹胚，移植受体后，产 1 只羔羊。1997 年，Schnieke 利用转染的胎儿成纤维细胞获得 6 只核移植转基因绵羊。

2. 牛 1998 年 2 月，Cibelli 等用转染的胎儿成纤维细胞，获 3 只核移植转基因牛出生。1998 年，Wells 等利用胎儿成纤维细胞构建核移胚。研究表明，利用饥饿培养 4d 的细胞与去核的卵母细胞构建核移胚要优于用饥饿培养 3d 的细胞（融合率 54.7%：37.3%）。实验还表明，用去核卵母细胞与 G0 期细胞构建核移胚，当融合与激活同时发生（AFS）时，其融合率要高于融合后再激活（FBA）的核移胚（53.1%：40.8%）。但是，FBA 核移胚囊胚发育率却大大高于 AFS 核移胚（52.37%：25.4%）。1999 年。Edwards 利用胎儿成纤维细胞与卵母细胞构建核移胚。实验表明，融合后立即激活重构胚与融合后 4h 激活重构胚，两者发育率无显著差异（24.7%：31.8%）。1999 年，Hill 等研究了饥饿处理胎儿成纤维细胞对未激活的去核卵母细胞构建核移胚的影响。342 枚未做饥饿处理的重构胚中，241 枚融合，32 枚发育至桑椹胚；410 枚饥饿培养的重构胚中，236 枚融合，67 枚发育到桑椹胚，两者差异显著。1999 年，Laehamkaplan 等利用饥饿培养细胞与去核卵母细胞重构核移胚。一组饥饿细胞注核前用钙离子载体培养 5min，注核方式采用直接注射法。结果表明，处理组的分裂率和囊胚率均高于对照组，分别为 80%（137/172）：36%（47/132）和 12%（21/172）：4%（5/132）。1999 年，Shin 用牛胎儿成纤维细胞构建核移胚，获得了 44.4%的桑椹胚发育率，移植受体后得到 4 头妊娠。1999 年，Vignon 用胎儿成纤维细胞与成年动物上皮细胞同时构建核移胚，结果表明成年动物细胞来源核移胚发育率低于胎儿细胞来源核移胚，两组均得到了犊牛。

3. 兔 1999 年，Galat 利用兔胎儿成纤维细胞与去核卵母细胞构建核移胚，实验分两组，一组将成纤维细胞周期控制在 G0 期，另一组没有控制成纤维细胞周期。结果两组核移胚发育率差异显著：控制组为 58.1%（25/43）的桑椹胚发育率，未控制组为 21.1%（8/38）的桑椹胚发育率。

4. 猪　1999 年，Du 等利用猪胎儿成纤维细胞构建核移胚，62 枚融合胚中，5 枚发育至桑椹胚，只有 2 枚发育至囊胚。Onishi 等（2000）获得胎儿成纤维细胞克隆猪。

5. 山羊　Baguisi 等（1999）获得胎儿成纤维细胞克隆山羊。

五、体细胞核移植

哺乳动物卵母细胞受精后细胞不断分裂和分化。首先进入早期胚胎，之后进入完全分化的细胞类型而构成动物个体。20 世纪 80 年代初，科学家的研究就已证实低等动物分化的体细胞核至少有一部分具有全能性（di Berardino，1980）。深入研究的结果表明，两栖类不仅生殖细胞具有全能性，其体细胞也具有全能性，同样可以在去核卵母细胞内重建后，重新发育成可育的成体（Bourdon，1999）。哺乳动物体细胞全能性研究的结果与此有所不同。1974 年，Brinster 就发现小鼠骨髓细胞与小鼠囊胚嵌合后，骨髓细胞可进入嵌合体小鼠体内。这一研究结果表明，哺乳类分化的体细胞可以脱分化重新发育并参与再分化。为了研究体细胞核的再发育能力，Czolowska 等（1984）将鼠胸腺细胞移植到小鼠卵母细胞内，当胸腺细胞与未激活的 M Ⅱ 卵母细胞融合后，胸腺细胞表现出染色体超前凝聚（premature chromosome condensation，PCC），而胸腺细胞在融合到激活的卵母细胞中时，核出现原核样核的形态变化，如染色体去凝集、出现可见的核仁、核膨大等。进一步的研究表明，小鼠胸腺细胞融合到激活不同时间后的卵母细胞时，小鼠胸腺细胞核会发生不同变化，若在卵母细胞激活 30min 内完成融合，就发生核膜破裂、染色体去凝集、核膨大等事件；若融合是在卵母细胞激活 30min 后完成，小鼠胸腺细胞则只发生核膨大而不出现核膜破裂（Szollosi et al.，1988）。这些研究为体细胞克隆研究奠定了基础。由于人们传统认为哺乳动物的分化细胞已丧失全能性，因此，核移植研究多集中在胚胎和胚胎干细胞上。1991 年，Kono 等报道已获得了小鼠胸腺细胞核移植发育的囊胚，只是没有发育足月获得克隆小鼠。然而这一结果当时并未引起人们的注意。直到 1997 年 2 月，英国罗斯林研究所科学家 Wilmut 等第一次报道获得了成年体细胞核移植绵羊时，人们才开始关注起体细胞克隆研究。Wilmut 等的研究是用培养的成年绵羊乳腺上皮细胞进行核移植，用血清饥饿培养法将绵羊乳腺细胞控制于 G0 期，与去核卵母细胞重构核移胚。结果 277 枚融合胚中，有 29 枚发育至桑椹胚，移给 13 只受体后，5 只妊娠，最后产下一只乳腺上皮克隆绵羊，即"Dolly"。可见分化细胞并没有涉及遗传物质的不可逆的修饰。这一事件堪称 20 世纪末生物学研究的又一项重大成就，也因此爆发了"克隆风暴"。虽然有人曾对克隆绵羊"Dolly"的诞生提出过质疑（Pennisi，1997；Pennisi，1998；Sgaramella and Zinder，1998），但经过实验证明，"Dolly"的确是由乳腺上皮细胞克隆而来的（Ashworth et al.，1998；Signet et al.，1998）。

1. 小鼠　1998 年，Wakayama 等采用 Illmensee 和 Hoppe 的直接注射法分别将小鼠 G0 期的颗粒细胞核、基底细胞核及神经细胞核注入去核的 M Ⅱ 卵母细胞中，有 67% 的颗粒细胞胚、40% 的基底细胞胚和 22% 的神经细胞胚在体外发育至囊胚，结果只有颗粒细胞来源胚发育成 31 只仔鼠（17/800、6/298 和 8/287）。实验同时用睾丸支持细胞和脑神经细胞进行克隆，但只获得了胎儿。

2. 牛　在绵羊与小鼠体细胞克隆小鼠成功后不久，日本科学家 Kato 等用培养的卵丘细胞和输卵管上皮细胞作核供体进行克隆，结果获得了卵丘细胞克隆牛5头、输卵管上皮细胞克隆牛3头，其中有3头卵丘细胞克隆牛出生后很快就死亡，有一头输卵管上皮细胞克隆牛也在出生后不久就死亡，并获得1头脊背肌肉细胞克隆小牛（Kato et al.，1998）。1998年，Vignon等利用2月龄小牛成纤维细胞和成年牛成纤维细胞作供核细胞，而将去核的成熟卵母细胞激活后在体外继续老化8～12h。供核的两种细胞均分为血清饥饿培养组和对照组。1998年，Yoko Kato应用血清饥饿培养的牛卵丘细胞和输卵管上皮细胞与去核MⅡ卵母细胞构建核移胚，将10枚核移胚移给5头受体，得到8头犊牛，其中3头来自输卵管上皮细胞，5头来自卵丘细胞。同年，Wells等（1998）也报道取一头约13岁的老牛颗粒细胞培养传代、冷冻、解冻后，用传4～8代的细胞进行克隆得到了两头犊牛，其中一头存活。后来报道用同样的细胞得到了10头体细胞克隆牛，而用颗粒细胞的二代克隆胚胎再克隆没有得到后代（Wells et al.，1999）。Zakhartchenko等（1999）报道用3岁牛乳腺上皮原代培养细胞和耳皮肤成纤维细胞进行克隆，结果得到了一头乳腺上皮原代培养细胞克隆牛和一头耳部皮肤成纤维细胞克隆牛。1999年，日本科学家在世界上首次使用动物乳汁克隆出动物，他们用从牛的初乳中获得的牛乳腺细胞核移入去核卵母细胞，重组胚共移植8头受体牛，3头妊娠，其中1头流产，其余2头分别于1999年4月20日及21日产两头克隆牛，出生重分别为22.5kg及23kg，这种方法可以不伤及体细胞供体。Shiga等（1999）则用一头12岁和一头14岁老牛的肌肉细胞培养物传4代后进行克隆，结果得到4头肌肉细胞克隆牛。其中两头在产后3d内死亡，一头自然淘汰，一头存活。在这些核移植的研究中，用的体细胞都是来自新鲜或经短期培养传代后的细胞。Kubota等（2000）报道用一头17岁老牛的耳部皮肤成纤维细胞培养达3个月传15代后，经过核移植得到了体细胞克隆牛。

3. 兔 1999年，Dinny利用成年兔耳上皮成纤维细胞和去核成熟卵母细胞构建核移胚。结果在体外培养中获得了29%的囊胚发育率，体内则得到了79%的囊胚发育率（没有得到妊娠）。

4. 山羊 中国科学院遗传与发育生物学研究所与扬州大学农学院于1999年报道获得了体细胞克隆山羊（1998年9月6日出生），并被科学技术部评为1999年度中国基础科学研究十大进展之一。2000年，郭继彤在导师张涌的指导下，获得成年体细胞克隆山羊（"元元""阳阳"）。刘灵等（2001）在美国得克萨斯州立大学研究获得一例成年体细胞克隆"波尔"山羊。

5. 猪 Polejaeva等（2000）报道用颗粒细胞核移植，获得的体细胞克隆胚胎的核再核移植到去核合子内完成二次核移植，结果由此克隆胚胎发育得到了成年体细胞克隆猪。

体细胞克隆动物技术一旦成熟，立即与转基因技术结合。目前，利用体细胞核移植技术，已产生转基因绵羊（Schnieke et al.，1997）与转基因牛（Cibelli et al.，1998）。由于现有体细胞克隆技术产生克隆动物的效率低、费用昂贵，同时，出生的克隆动物死亡率高，大部分有生理、免疫等方面的缺陷（Garry et al.，1998），这又成为新的研究热点。关于核移植的一些基本理论问题，如分化细胞的发育潜能问题、个体发生中的基因表达、卵母细胞胞质对分化细胞的去分化作用机制、正常合子生命启动问题、核移植胚胎激活与正常合子启动的异同，以及供核细胞与受体细胞质、细胞器之间的相互作用等的解决，是提高体细胞克隆效率必不可缺的。

六、异种动物细胞核移植

异种动物之间核移植的研究在两栖类上很早就已开展（Fischbety et al.，1961），并得到了异种克隆个体（李书鸿，1994）。在 20 世纪 70 年代，我国学者童第周等也成功地获得了鱼类属间核移植成体鱼、亚科和科间核移植幼鱼（李书鸿，1994；童第周等，1973）。

在哺乳动物种间核移植研究方面，1973 年，Brun 将小鼠胎儿成纤维细胞、仓鼠细胞及人宫颈癌传代细胞（Hela）分别移入去核的非洲蛙卵中，结果上述哺乳动物细胞全部发生了核膨大，并出现了 DNA 合成。其中，人 Hela 细胞供核的重构胚一直可以发育到囊胚。1973 年，我国科学家童第周等将大白鼠的肝癌细胞（walker-256）按 2～3 个或 6～7 个一组移入蟾蜍的受精卵中，结果大部分卵子不能正常发育，而只形成不正常的囊胚和原肠胚。1986 年，McGtrath 和 Solter 利用原核互换技术，研究了小鼠种间的核质互作，结果所有的胚胎在几次分裂后，全部停止了发育。1990 年，美国的 Wolfe 利用牛 4.5～5.5d 的胚胎细胞作核供体，分别用北美野牛、山羊、仓鼠、家牛 M II 去核卵母细胞作受体，进行了种间核移植的研究，结果经电融合后重建的杂种克隆胚胎除仓鼠外，其余的都在体内培养后发育到了囊胚。1993 年。国内梅祺、邹贤刚、杜淼等利用去核的兔体内成熟卵母细胞和 8 细胞鼠胚分裂球重构核移胚，结果小鼠早期胚胎卵裂球在兔卵母细胞内发生了染色体超前凝聚（PCC）和核膨大，重组的异种克隆胚胎体内培养后发育得到 5.4% 的囊胚，这表明克隆异种动物胚胎也能正常发育到植入前期。成年哺乳动物体细胞种内核移植获得成功以后，Dorainko 等（1998）又将培养的野牛、绵羊、猪、猴和大鼠的皮肤成纤维细胞融合到去核家牛卵母细胞中，结果重建的异种体细胞克隆胚胎都能按照核供体动物自有的胚胎发育模式完成胚胎早期发育到囊胚期（Mitalipova et al.，1998）。进一步研究将克隆的异种胚胎移植到核供体动物中，结果得到了异种牛克隆胚胎和绵羊-牛克隆胚胎的早期妊娠结果。但妊娠受体解剖结果发现异种克隆胚胎移植后得到的是囊状物植入体（Dominko et al.，1999）。同样方法，White 等（1999）用盘羊体细胞核移植到家羊卵母细胞重建异种克隆胚胎，结果也发育到了囊胚，移植后也发现有妊娠样的积液。用人的体细胞作核供体移植到牛卵母细胞后也能够继续发育到胚胎期（Lanza et al.，1999）。2000 年，Lanza 等报道用野牛体细胞作核供体移植到家牛卵母细胞重建克隆胚胎，将获得早期发育的克隆胚胎移植到受体家牛后获得妊娠，并有两只妊娠期已高达 200d，最终流产，没有获得活的个体。

为了拯救国宝大熊猫，我国也开展了大熊猫异种克隆的研究。陈大元等（1999）报道用培养的大熊猫成年体细胞作核供体与去核兔卵母细胞重建得到了异种体细胞克隆囊胚。西北农林科技大学家畜生殖内分泌与胚胎工程重点实验室将大熊猫的皮肤细胞与山羊和牛的 M II 去核卵母细胞重组，其克隆胚体外发育到囊胚的发育率达到了 18%。但由于难以找到合适的胚胎移植受体动物，大熊猫克隆未能取得突破性进展。大熊猫克隆技术必须解决异种动物核移植并能够借助异种受体妊娠产仔的问题，否则就失去了利用克隆技术保护大熊猫的实际意义。若异种动物体细胞克隆成功的话，今后将在进行濒危和珍稀动物的保护及动物资源保存等方面发挥重要作用。目前，异种动物克隆存在的主要问题是克隆胚胎移植受体的选择及其克隆胚胎妊娠后发育的持续，若能够获得异种远缘间克隆的胚胎正常发育并能妊娠发育足月，异种哺乳动物克隆就能取得成功并将在动物克隆史上写下辉煌的一页。

第二节　核移植的原理和意义

核移植作为获得同卵多生后代的一种方法，具有与胚胎分割和嵌合体制作不同的优点：①发育到 64 细胞期的牛单个胚细胞，仍然可以重返单细胞合子阶段，进而发育成多拷贝优良的、遗传上（除胞质遗传外）完全一致的动物个体；②应用核移植技术可使克隆胚胎重复克隆；③把以核移植为基础的胚胎克隆（embryo cloning）技术与胚胎性别鉴定技术相结合，可以获得预期性别的大量克隆胚胎；④将来自不同遗传品系的胚胎冷冻保存，进行经济性能检验，筛选出最优的克隆胚胎，对其反复克隆，就可以迅速建成优良的动物品系。

细胞核移植的基本原理在于：①胚胎、胚胎干细胞、胎儿成纤维细胞、成体细胞的每一个细胞核都具有相同的遗传物质；②已发生早期分化的胚胎细胞核移植到成熟卵母细胞中（现在基本上都用成熟卵母细胞），可因其特殊因子的作用，使植入的核基因表达被重新编排或调整，将"发育钟"拨回受精状态，即恢复"全能性"（totipotent）；③胚胎干细胞也具有全能性及调整能力；④胎儿成纤维细胞、成体细胞等已分化细胞同样具有潜在的发育全能性，经过去分化培养，可以恢复其全能性。因而，经过核移植后的重组胚胎可以正常发育为具有相同遗传物质的新生个体。

动物克隆技术对哺乳动物细胞生物学、遗传学、繁殖生物学、发育生物学等学科具有重要的理论意义，为个体发育中的细胞分化、核质关系及其互相作用机制等重大理论研究提供了先进的手段。在畜牧生产实际中，可以使遗传性状优良的个体在群体中大量增殖，从而加快动物育种和品种改良进度。在医学上，为干细胞生产、人体器官复制开辟了一条有意义的途径。动物克隆技术还可用于濒危野生动物的扩繁和保种，在野生动物物种保护、珍稀动物和濒危动物拯救方面具有巨大作用；可以用来扩增转基因动物的后代数量，提高转基因技术的效能。将经过性别鉴定的胚胎进行克隆，可获得大量期望性别的动物，对于性别控制具有重要的实践意义。

第三节　细胞核移植的显微操作

哺乳动物的核移植主要涉及以下基本技术：①供体细胞的准备；②受体卵母细胞的准备；③移核；④供体细胞与受体卵母细胞的融合；⑤重构胚的激活；⑥重构胚的培养；⑦继代细胞核移植。

一、供体细胞的准备

供体细胞的准备是核移植技术最为关键的一环，也是影响核移植技术非常重要的因素之一。作为核供体的细胞可以是胚胎细胞，也可以是 ES 细胞或 ES 样细胞、胎儿成纤维细胞、未分化的 PGC 或高度分化的成年动物体细胞。理论上讲，获得大量同源核供体是提高细胞核移植克隆胚胎效率的重要途径之一。但是，因核供体的种类和发育阶段的不同，其核移植的效果仍存在着很大差异。

（一）胚胎作为核供体

哺乳动物胚胎细胞核移植实验证实，从 2 细胞期到内细胞团的胚胎细胞都具有发育的全能性，都可以作为供体细胞。然而供体细胞的胚龄和类型对核移植结果有时产生一定的影响。胚胎发生致密化后，胚胎细胞间发生紧密连接，形成桥粒，使卵裂球分离的难度增加，常导致死亡。研究表明，用发生"极化"的胚胎的卵裂球作核供体，分裂率随胚龄的增加而下降。Navara 等（1992）的实验表明，以牛致密桑椹胚的胚细胞作为核供体时，重构胚的发育能力大大下降，其桑椹胚和囊胚的发育率明显低于用未极化的卵裂球作为核供体（3%∶27%），这就说明胚胎细胞初步分化后，其全能性下降。此外，供体细胞的大小对细胞融合的效果有直接影响，细胞愈小，两细胞间的接触面愈小，融合率愈低。因此，在哺乳动物的胚胎细胞核移植时一般选择 16～32 细胞期的胚胎细胞作为核供体较为合适。然而，Zakharchenko 等（1996）的研究发现，晚期桑椹胚的核移植效果最好，且体内胚胎优于体外胚胎。不过，当用囊胚的 ICM 作供体细胞时，其融合率明显降低（Okoshi et al.，1997）。供体细胞和受体细胞所处的细胞周期阶段对核移植胚胎的发育率也有重要影响。小鼠核移植实验的早期研究曾表明，融合晚期的供体和受体细胞可取得最好的胚胎发育率（Smith and Wilmut，1988）。为此，Blow 和 Laskey（1988）曾假设 DNA 在有丝分裂过程中有一种称作"许可因子"的细胞质因子与其相互作用，但这种因子是不能通过核膜的，故而核膜对 DNA 复制的调控有重要作用。根据这一假设，如将供体细胞核与 GII 的受体卵母细胞融合，供体细胞的核膜将发生破裂（Kanka et al.，1991）；如果移植的细胞核处于 GI 期或 S 期，DNA 再次复制而形成多倍体，将可能导致核移植胚胎的死亡。这一假设似乎已被越来越多的实验所证实。Collas 等（1992）在兔的核移植实验中发现，GI 期供体细胞核的囊胚发育率（71%）明显高于 S 期的细胞核（15%）。此外，在羊（Campbell et al.，1994）和牛（Cheong et al.，1996；Tanaka et al.，1995）的一些实验报道中也得到了相似的结果。特别是 Wilmut 等（1997）用血清饥饿法将绵羊的乳腺上皮细胞静止在 GI 期，成功获得了成年体细胞的克隆羊，进一步表明细胞周期调控对核移植效果的重要性。

在核移植实验中，细胞周期调控的常用方法是用一种细胞微管抑制剂诺考达唑（nocodazole）将供体细胞核停留在 M 期，当去掉 nocodazole 后一段时间，大部分细胞核便会处于 GI 期。具体的处理方法是用低浓度的 nocodazole（0.5～1μg/mL）处理 12～16h（Cheong et al.，1996；Tanaka et al.，1995）或高浓度的 nocodazole（2μg/mL）处理 15min（Campnell et al.，1997），然后在终止处理 1.5h 后进行核移植。Tanaka 等（1995）比较了终止处理后不同核移植时间的效果，结果发现 6h 的发育率最好，而 Cheong 等（1996）则发现 1.5h 最好。

此外，通过激活卵母细胞使其胞质内的促成熟因子（MPF）活性下降，也可防止供体细胞核发生 DNA 复制，从而保证核移植胚胎的正常发育，提高核移植的效率（Campnell et al.，1993）。

（二）体细胞作为核供体

1997 年，"多莉"的成功诞生，表明成年哺乳动物的体细胞不仅具有基因组的全能性，还能在卵母细胞胞质中恢复到发育的起始状态，完成整个个体发生过程。自此，成年动物的多种体细胞（包括皮肤成纤维细胞和颗粒细胞等）被广泛用作克隆的核移植供体细胞，并在绵羊、小鼠、牛、山羊和猪等多种动物上获得成功。

用体细胞作为核供体进行核移植时，亦需对其细胞周期进行调控。调控供体细胞周期最为常用的方法是血清饥饿法。颗粒细胞经血清饥饿培养后，其核移植胚胎的囊胚发育率明显高于新鲜颗粒细胞核移植胚胎的囊胚发育率。然而，近年来越来越多的研究表明，血清饥饿培养对供体细胞的再程序化没有必要，使用标准培养系统培养的成年牛肌肉细胞成功克隆出 3 头犊牛。正常贴壁培养的供体细胞核移植囊胚发育率与血清饥饿培养的供体细胞相近，但非贴壁培养供体细胞的囊胚发育率则显著下降。由此表明，细胞周期的调控对体细胞核移植的效果并不是不重要，而是因为细胞培养过程中的接触抑制也同样起到调控细胞周期的作用。

调控细胞周期的另一种方法是用阿非迪霉素（aphidicolin，APD）培养处理供体细胞。APD 是一种哺乳动物 DNA 聚合酶的可逆性抑制剂，可将细胞周期阻抑在 GⅠ到 S 期的过渡阶段。先用血清饥饿法培养猪的成纤维细胞 2d，再用含 6μmol/L APD 的 10%BS 培养液培养 14h，可使 80.2%细胞停留在 GⅠ/S 期。

不同种类的体细胞，其核移植效果存在着明显差异。目前普遍认为，颗粒细胞的核移植效果最好。究其原因，可能是：①卵丘细胞是自然静止在 G0/GⅠ期的细胞；②颗粒细胞上存在着与卵母细胞紧密联系的微绒毛细胞质桥（cytoplasmic bridge of microvilli），它们将有助于核供体同受体胞质间相关因子的交换；③卵丘细胞内端粒酶的活性较高，不会由于染色体端粒变短而使细胞老化。

（三）胚胎干细胞作为核供体

ES 细胞是早期胚胎细胞或囊胚内细胞团细胞经抑制分化后培养而筛选出来的一类全能性细胞，这种细胞具有正常的二倍体核型，它既可以在特定条件下进行无限增殖而不发生分化，又可以在特定条件下分化为包括生殖系在内的各种细胞和组织。迄今，在小鼠和人中已培养建立胚胎干细胞系，而牛、兔、羊、猪也已分离培养出类干细胞，目前正在进行建立家畜胚胎干细胞株系的研究。此外，将 PGC 从胎儿的原生殖脊分离出来进行培养，也可以形成在功能和形态上与 ES 细胞相同的细胞系。ES 细胞具有体外发育的全能性，并且可以在体外无限传代，因此它是动物克隆的理想供体细胞。ES 细胞作为核移植供体细胞与体细胞的制备方法类似，亦需进行细胞周期的调控。

供体细胞一般均为活的细胞。绵羊物理变性的体细胞核移植到受体卵母细胞后，亦能重新激活发育到囊胚阶段，并获得克隆绵羊。由此表明，体细胞克隆的必要成分是供体细胞的细胞核 DNA，而非染色体蛋白质和功能性的中心粒。这一研究结果提示，供体细胞可以通过冻干保存，使得供体细胞的保存运输更为简单方便。

二、受体卵母细胞的准备

在哺乳动物的核移植研究中，用作核受体的主要有去核受精卵（原核胚）及去核 MII 成熟卵母细胞两种。虽然采用去核受精卵的细胞质作为核受体已得到了克隆动物，但供体胚胎不能超过 2 细胞阶段，否则其重构胚无法正常发育。成熟的卵母细胞被广泛用作核移植的受体细胞。最初，受体卵母细胞大都采用超排体内成熟的卵母细胞。随着卵母细胞体外成熟培养技术的完善，现在人们都采用体外成熟的卵母细胞作为受体细胞。此外，冷冻保存的卵母细胞作为核移植受体细胞也是今后的发展方向。用开放式拉长细管（open pulled straw，OPS）法玻璃化冷冻保存的牛卵母细胞作为核受体进行体外受精胚胎细胞的核移植，获得了产犊结果（出生后死亡）。

受体卵母细胞在核移植前需进行去核。如果不去核或去核不完全的话，将会因重组胚染色体的非整倍性和多倍体而导致发育受阻和胚胎早期死亡。因此，去核方法极为重要，目前常用的去核方法有以下几种。

（1）盲吸法　由于第一极体刚排出或排出后不久，染色体就在极体的附近，因此用显微去核针吸取极体附近的部分细胞质便可去掉细胞核。然而，卵母细胞在清洗和去掉周围卵丘细胞的过程中，部分卵母细胞的第一极体会移位，这样将会影响到卵母细胞的去核率。通常，采用盲吸法去核的时间应尽可能选择在刚排出第一极体时，对于体外受精的牛卵母细胞来讲，一般是在体外受精后 18～20h。动物的种类不同，其盲吸法的去核效率也不同。兔卵母细胞的去核率达 92%；牛和绵羊卵母细胞胞质中由于存在大量脂滴，中期染色体在光学显微镜下无法看到，故去核成功率平均仅为 65%；猪卵母细胞的去核率为 74%。

（2）"半卵法"　将卵母细胞切为两半，去掉含有极体的一半，然后用不含极体的一半进行核移植。虽然这种方法的去核率可保证 100%，但由于细胞质减半，会影响胚胎的正常发育，因此有人将两枚去核的半卵与供体细胞融合，取得了良好的效果。2001年，Booth 等将两枚半卵与颗粒细胞融合，取得了 90% 的融合率和 37% 的囊胚发育率。

（3）荧光引导去核法　先用 Hoechst 33342（2～8μg/mL）对卵母细胞染色 10～15min，然后在荧光显微镜下确定核的位置，去核后再观察吸去的细胞质或去核后的卵母细胞是否含有细胞核，以保证去核成功率。

（4）微分干涉和极性显微镜去核法　对于一些脂肪颗粒含量较少的卵母细胞（如兔和小鼠等），在微分干涉相差显微镜下可观察到染色体，因此对于这类卵母细胞可直接在微分干涉相差显微镜下去核。然而，对于脂肪颗粒含量较多的卵母细胞（如牛和猪），在微分干涉相差显微镜下则看不到染色体。美国在极性光学显微镜的基础上研制出了一种纺锤体图像观察（spindle view）系统，在这种显微镜下，可直接观察到牛等卵母细胞的纺锤体，从而可准确地对卵母细胞去核。目前，这种去核方法已被越来越多的实验室采用。

（5）功能性去核法　将卵母细胞浸泡在 Hoechst 33342 DNA 染色液中，然后用紫外线照射核区，从而使核丧失功能。由于经紫外线照射处理的染色体仍具有一定活性，故常造成核移植胚的染色体异常，对细胞有较大损伤。

（6）离心去核法　　离心去核法的原理是根据细胞核与细胞质的密度不同，细胞核的密度大于细胞质，用离心的方法可使没有透明带的卵母细胞核被甩向一侧而最后脱离卵母细胞。将MⅡ的牛成熟卵母细胞透明带去掉，然后置于含有 7.5%、30%、45%Percoll TCM-199 密度梯度液的 0.4mL 离心管中，5000g 离心 4min 进行去核，卵母细胞去核后进行胚胎细胞核移植的融合率为88.9%，卵裂率为46%。然而，该方法必须去掉透明带，不利于随后的胚胎发育，如果同样能应用于透明带完整的卵母细胞，那么这种方法会成为一种有效的去核方法。

（7）化学试剂去核法　　用鬼臼乙苷（etoposkle）和放射菌酮处理处于第一次减数分裂中期的小鼠卵母细胞，处理后的染色体相互紧密结合，不易分开，形成染色体复合体，在卵母细胞排出极体时，染色体复合体随极体一起排出，这样可使卵母细胞去核成功率达 90%。

（8）末期去核法　　在牛卵母细胞成熟 30h 后，先用 7%的乙醇激活 5min，再培养 3h，使其排出第二极体，然后去掉第二极体及其附近的少量细胞质，其去核率可达 98%，高于去掉第一极体及其附近的大量细胞质（59%），且可获得 38%的囊胚率（MⅡ去核只获得 16%囊胚率）。

以上几种去核方法的前 4 种比较常用，特别是第 3 种方法目前应用最广，而第 5 种方法紫外线照射可能影响卵母细胞胞质的功能，进而影响核移植效率，故一般不予采用。融合时细胞质过少会对重构胚的进一步发育产生不利影响。去核时受体细胞质吸出量一般以 1/4～1/3 为宜。卵母细胞在显微操作去核过程中，均会丢失一些重要的细胞质因子，对细胞有所损害。因此，非损害性去核方法还需进一步探索。另外，卵母细胞的卵龄也会影响去核率。一般，随着卵龄的增加，同样条件下的去核率降低，原因在于作为去核标志的第一极体发生崩解或位置移动，从而不能准确地确定去核部位。同时，老化的卵母细胞纺锤体有向细胞中央迁移的趋势，而且还可能发生崩解，使去核不彻底，降低核移植胚的发育能力。用 IVM 牛卵母细胞的核移植结果表明，体外成熟培养 18～20h 的卵母细胞去核率较高。

三、移核

去核卵母细胞经恢复，就可作为核移植的受体接受核供体移入。按核供体移入部位的不同可分为两类，即带下注射（移植）和细胞质内注射。若采用带下注射，可采用斜口玻璃针（大小因供核细胞大小而定）吸取已分离好的单个供体细胞，并沿去核时留在透明带上的切口插进去，然后反吸一点细胞质，将细胞连同细胞质一起注射到卵周隙内，这样可使供体细胞与细胞质紧密地黏在一起，便于随后的融合。但在吸取供体细胞时，要保证细胞膜的完整才能使供体细胞细胞膜与卵母细胞细胞膜黏合在一起，有利于融合。

用 5～10μm 的注核管将直径小于 20μm 的供核细胞反复抽吸几次，使其细胞膜破裂，然后直接注入去核的卵母细胞胞质中，其分裂率高于 65%，生下正常犊牛。而采用融合法的卵裂率低于 30%，主要原因是融合率低于 50%。由此表明，当用体积较小的供体细胞（直径<20μm）进行核移植时，细胞质内注入法显然优于细胞融合法，这在牛、小鼠都得到了证实。

四、供体细胞与受体卵母细胞的融合

带下注核的卵母细胞必须对其进行融合处理，才能使供核细胞与受体卵母细胞形成卵核复合体。目前，细胞融合的方法主要有 3 种，即化学方法、仙台病毒融合法和电融合法。用化学方法进行细胞融合对细胞有毒，且需去掉透明带，故很少应用于细胞核移植技术；使用仙台病毒融合法，对胚胎发育有影响，易发生污染，且对牛等动物无效，故亦很少用；电融合法是目前动物核移植的最佳融合方法，因其不仅可使供体细胞与受体卵母细胞的细胞膜有效融合，还可引起卵母细胞的激活。电融合原理是依靠直流脉冲使细胞膜产生可逆性的微孔，进而导致它们的融合。牛、绵羊的实验表明，电融合法可获得比病毒融合更高的融合率，且效果稳定。然而，该方法的影响因素较多。首先，待融合细胞间的接触面与脉冲电场磁力线方向要相互垂直。其次，脉冲强度、时间和融合液种类要相互配套，在一定渗透压和离子强度的融合液中，电脉冲强度与时间不足，膜不能有效穿孔或穿孔面积数量不够，不能诱导有效的融合；相反，电脉冲强度过大或时间过长，会导致膜的不可逆性击穿使细胞崩解。不同的动物种类，不同的融合仪器，甚至不同的实验室条件，融合参数都有差异。同时，卵母细胞的卵龄、不同来源及供核体积的大小融合效果也不一致。体内成熟的卵母细胞和体外成熟的卵母细胞细胞膜组分及理化性质的不同，导致核移胚融合率不同。牛卵母细胞成熟培养 24h，经一次电脉冲刺激的融合率为 1%，而成熟培养 42h 的卵母细胞，其融合率仅为 40%。对兔的研究表明，小龄卵母细胞构建的核移植胚胎比老龄卵母细胞的核移植胚胎有更高的融合率。对猪 2 细胞胚胎细胞的电融合研究表明，非电解质融合液（甘露醇）对于融合率和融合胚的发育均优于电解质融合液（DPBS）。另外，融合率与供核细胞的大小也有密切关系。体积较小的供体细胞，由于其与受体细胞之间的接触面较小，故融合时相对比较困难；而体积大的供体细胞，由于与受体卵母细胞的细胞膜接触面较大，故融合率较高。用 PHA 促使注入卵周隙的小鼠细胞与卵母细胞黏合，可提高其融合率。随着胚龄的增大，卵裂球表面微绒毛数目下降；卵母细胞表面微绒毛相互融合的数量也随着其卵龄的增大而大大减少。由此表明，细胞膜上的微绒毛与融合有关。因此，在核移植实验中，应注意控制卵母细胞的卵龄和供核细胞的体积及供体胚胎的胚龄。

五、重构胚的激活

核移胚的正常发育有赖于卵母细胞的充分激活，低的核移胚发育率可能与卵母细胞未充分激活有关。在核移植操作中，常用电脉冲诱导供体细胞与受体卵母细胞间的融合与激活。但这种电激活方法不能引起重组胚产生受精时精子所诱导的所有反应。在正常受精过程中，精子引起卵母细胞内游离 Ca^{2+} 浓度升高并伴随着一系列 Ca^{2+} 的振荡，而且持续时间长达数小时。而电脉冲仅能引起 Ca^{2+} 浓度的单次升高，故而激活率不高。虽然用电激活时，随着卵龄的增加，激活率明显升高，但老化的卵母细胞不利于融合和核移植胚胎的发育。为了提高卵母细胞的激活率，采用电融合后再用化学试剂（乙醇、钙离子载体等）激活处理的方法，可明显提高核移植胚胎的发育率。用 Ca^{2+} 载体 A23187 和电脉冲对去核后的牛卵母细胞激活处理后，再在含亚胺环己酮（10μg/mL）的培养液中培养处理 6h，卵母细胞核移植后的分裂率达 94%，囊胚发育率达 42%。通过近年来的大量研究，下列 4 种方法均能有效地激活各个成熟阶段的卵母细胞：①钙离子载体结合电激活、放线菌酮和细胞松弛素处理；②乙醇结合放线菌酮和细胞松弛素处理；③离子霉素或钙离子载体结合 6-二甲氨基吡啶（6-DMAP）处理；④电激活结合三磷酸肌醇与 6-DMAP 处理。

六、重构胚的培养

经融合和激活后的重构胚，其培养方法主要有体内和体外培养两种。体内培养就是在细胞核质融合后，以琼脂包埋，移入暂时的中间受体（如羊、兔）的输卵管内，培养 4～5d 后，回收胚胎进行移植。例如，羊和牛重构胚用琼脂包埋后，移入休情期母羊结扎的输卵管中培养 4～7d，发育至桑椹胚和囊胚；猪的核移植重构胚移入同期化受体母猪输卵管内做体内培养，3d 后发育至 4 细胞期，7d 后发育至扩张囊胚。这种方法操作较为复杂，成本高，不利于商业性核移植。大鼠原核交换核移植胚体外培养的卵裂率为 89%。小鼠 4 细胞和 8 细胞核移植胚胎体外发育至囊胚的比率分别为 72% 和 35%。虽然用体细胞与胚胎共培养可克服大多数哺乳动物（尤其是反刍动物）胚胎体外发育阻滞，使牛克隆胚胎发育至囊胚时的细胞数和分化程度与体外受精囊胚无差异，但是体外培养时间延长可能会影响胚胎移植到受体后的发育，使胚胎和胎儿的死亡率增加，导致巨犊综合征和难产。因此，不断改进体外培养系统，将可提高核移植的效率。

七、继代细胞核移植

继代细胞核移植又叫连续细胞核移植，即将核移植胚胎的卵裂球分开，作为供核细胞，再进行连续多代的核移植，以便从一枚胚胎得到更多的克隆胚胎。继代核移植的早期研究表明，重构胚发育率会随着核移植代数的增加而降低。然而，继代核移植胚胎的融合率和胚胎发育率都与原代核移植胚胎相同，进而提出继代核移植是可行的。原代和继代核移植胚胎的囊胚发育率（12.9%：14.9%）和移植妊娠率（35.7%：33.3%）并无显著差异。进行牛胚胎的连续核移植得到第 1 代、第 2 代和第 3 代的小牛。用超排体内胚胎作为核供体进行牛继代核移植实验，虽然继代核移植胚胎的囊胚发育率（31%）低于原代核移植的胚胎（43%），但每枚供体胚胎的克隆胚胎数随着代数的增加而直线上升（一代：6.2±4.3；二代：19.8±9.2；三代：30.0±14.7）。由此可见，继代核移植对于提高胚胎克隆的效率是非常有效的。为保持受体卵母细胞原有的体积，采用两枚半卵与一个受体细胞核融合，进一步提高了胚胎继代核移植效果（分裂率分别为 60.88% 和 92%，囊胚发育率为 23.28% 和 37%）。对胎儿成纤维细胞发育的胚胎进行继代核移植，得到了 2 只发育正常的继代核移植小鼠，并证明处于细胞分裂中期的胎儿成纤维细胞核在核移植后发育程序可以重编。

第四节　影响核移植效果的主要因素

哺乳动物核移植的程序烦琐，因而其影响因素也较多。归结起来，主要体现在以下几方面。

一、受体卵母细胞的选择

要通过细胞核移植技术成功克隆哺乳动物，受体细胞的质量尤为重要。目前，用于核移植的受体细胞主要有分裂间期受精卵和MⅡ的卵母细胞，其中后者最为常用。

当用分裂间期的去核受精卵作为受体细胞质时，将2细胞期的小鼠胚胎作为供体细胞注入去核受精卵，可获得后代，而将小鼠、大鼠、牛的2细胞期以后的胚胎细胞注入去核的受精卵中，发育均不能超过4细胞期。研究表明，用去核的2细胞期胚胎细胞质作为核移植受体时，移入的核没有发生膨大，重构胚发生致密化的时间较早，形成的囊胚小，内细胞团的细胞数少。因而，成熟的卵母细胞可能更适合作为核移植的受体细胞。大量的研究表明，未受精的成熟卵母细胞胞质较原核期的受精卵母细胞胞质具有较强的促使移入核供体发生去分化的能力。关于这两种胞质差异的原因，目前有两种解释：第一，导致移入的核去分化而重排其发育程序的因子，可能仅存在于成熟后的卵母细胞胞质中一个相对较短的时间内，染色体只有直接暴露于这些因子下，才能发生去分化并再分化。第二，这些因子可能在整个细胞期中都出现，但当原核形成后，其被隔绝在原核之内，去核时会连同原核一起被去掉。因此，现在的核移植研究中一般都采用未受精的卵母细胞作为受体细胞。在对小鼠、牛等动物核移植时用不同发育阶段卵母细胞作为受体时发现，用成熟的去核卵母细胞（MⅡ）作为核受体，才有利于核供体在重构胚中的再程序化。用小鼠胸腺细胞做核移植实验时发现：只有以MⅡ的去核卵母细胞作为受体，移入的供体细胞核才能发生降解，并重新聚合形成新膜。

在对牛的核移植研究中，假设利用S期的卵母细胞胞质和位于细胞周期中GⅠ、S、GⅡ期胚胎细胞构成的重构胚均可重新发育，而MⅡ的卵母细胞胞质只有和GⅠ期、S早期的胚胎细胞重组才能重新发育。因此，S期卵母细胞胞质被称为广泛的核受体。对牛的胚胎核移植研究表明，当供核细胞没有进行同步化处理时，以S期卵母细胞胞质为受体，核移植胚胎的桑椹胚或囊胚发育率要高于以MⅡ卵母细胞胞质为受体的核移植胚胎（50%：23%），且其染色体为二倍体的比例显著高于以MⅡ卵母细胞胞质为受体的核移植胚胎。然而，兔核移植的研究表明，作为核移植受体，MⅡ的去核卵母细胞要优于S期的去核卵母细胞。

二、供体细胞的细胞周期

细胞周期是由间期和分裂期（M期）组成，其中，间期又分为GⅠ、S、GⅡ期。GⅠ期为DNA合成的准备阶段，S期为DNA合成期，GⅡ期是S期向分裂期过渡的阶段。细胞周期主要由促成熟因子（MPF）调节，MPF的活性受P34cdc2蛋白磷酸化作用的调节。在间期，P34cdc2的ATP结合位点被磷酸化，使MPF无活性。在M期，P34cdc2

可使一系列与核膜破裂、核仁消失和细胞骨架重建等过程有关的蛋白质发生磷酸化，对 M 期的起始和 M 期完成后间期的恢复均具有重要作用。因此，控制供核细胞细胞周期的长度及其在细胞周期中的位置是必需的。

（一）胚胎细胞核

哺乳动物胚胎细胞周期有其自身的特点，大部分胚胎细胞均处于 S 期，这一方面是由于随着受精卵的分裂，早期胚胎细胞体积逐渐减小，细胞生长受透明带的限制；另一方面是由于母源性转录产物和细胞成分使早期胚胎不需要合成供自身发育的物质，因此 GⅠ期缺乏或很短，而胚胎细胞能够集中进行染色体复制与分裂。在哺乳动物早期胚胎细胞周期中，S 期很长且时间相对恒定。小鼠 2 细胞期、4 细胞期、8 细胞期胚胎的 S 期约 7h，猪 2 细胞期、4 细胞期胚胎的 S 期约 14h，牛胚胎前 3 个细胞周期的 S 期约 8h，兔 32 细胞期胚胎的 S 期 8h，绵羊胚胎细胞周期绝大部分时期亦为 S 期。在胚胎基因组转录激活或称为母体-合子转折（MZT），即胚胎细胞核在由母源性 mRNA 指导的发育转变为由胚胎自身产生的 mRNA 指导的发育时期前后，胚胎细胞周期阶段长短变化很大。小鼠 2～16 细胞期胚胎，牛 8～16 细胞期胚胎以前，GⅠ期缺乏或很短（1～2h）。兔 16～32 细胞期胚胎，GⅠ期缺乏或很短（30～60min）。猪 2～4 细胞期胚胎的 GⅠ期也缺乏或很短，约 2h。总之，早期胚胎细胞周期的 S 期较长且时间相对恒定，占胚胎细胞周期的绝大部分时间，GⅠ期缺乏或很短，GⅡ期变化很大，从而导致胚胎细胞卵裂不同步。因此，随机利用胚胎细胞作为核移植的核供体时，核供体大多处于 S 期。

（二）体细胞核

利用体细胞作为核供体时，体细胞的细胞周期相对来说比较恒定。例如，支持细胞和神经细胞都处于 G0 期，而刚排出卵周围的卵丘细胞 90%以上处于 G0 期或 GⅠ期。所以选用某一特定类型的细胞即可达到细胞周期同步化的目的。目前，绝大多数研究者都采用了血清饥饿培养处理来调控供体细胞周期，并取得了良好效果。利用日本黑牛的体细胞作为供核进行核移植，核移植前供体细胞的特殊培养系统是没有必要的。无论是胎儿成纤维细胞还是成年动物成纤维细胞，采用血清饥饿法和常规培养法均可获得妊娠及产仔的结果。

然而，作为核供体的胚胎或体细胞，其基因组转录激活的时间是核移植研究应考虑的重要因素。小鼠胚胎的转录激活发生于 2 细胞期，牛胚胎基因组转录活动的启动发生在 8 细胞期。2 细胞以后阶段使核供体丧失全能性的现象可能暗示着胚胎分化的不可逆变化是在转录激活时发生的。对小鼠 2 细胞胚胎作为核供体的核移植研究发现，转录激活前后的胚胎细胞，其核移植胚胎的体外发育率是相似的，表明核供体基因组的转录起始，并非导致其重构胚进一步发育能力的唯一因素。在成年绵羊体细胞核供体处于 G0 期时，其重构胚比处于同期的胎儿体细胞重构胚囊胚率低，进而表明除了核供体的细胞周期阶段之外，还有其他因素参与细胞核的再程序化。目前，对诱发真核细胞有丝分裂的 CDK 酶（细胞周期蛋白依赖性激酶）活性的主要负调控酶——Cdc14（一种高度保守的蛋白磷酸酶）的功能研究表明，Cdc14 被其抑制因子 Cfil"锚定"于细胞核内，生物活性随着细胞周期的发展呈规律性变化，GⅠ期、S 期和 GⅡ期时都较低，而在 M 期的后期会从其与 Cfil 的整合物上释放出来，并能通过对 CDK 活性的抑制，使有丝分裂过程终止。这或许可为今后细胞克隆时供体细胞周期的精确调控提供一条新的有效途径。

三、核质同步性对重构胚发育的影响

在融合后的重构胚中，核供体与受体细胞质间的相互作用，对其融合后的正常发育非常重要，当供受体之间的细胞周期同步时，核移植重构胚在体外培养的囊胚率可达95%，不同步者其囊胚发育率只有76%。当 GⅠ期核移入 GⅡ期胞质，94.6%可卵裂，GⅡ期核移入 GⅠ期胞质，45%可卵裂，但克隆胚胎很难发育到囊胚阶段。此外，核供体的转录激活与受体细胞质的代谢活动（母源 RNA 降解）有关，从而当用去核的细胞作为核受体时，非同期化的核质间更易出现不兼容现象。早期的胚胎发育受包括 RNA、蛋白质等母源细胞质因子的调控，核供体与受体细胞质环境的互作，会促使核供体产生再程序化。在某些哺乳动物核移植研究中已发现，伴随"再程序化"，移植的核供体会发生一系列的变化，如转录减慢或终止、染色体超前凝聚（premature chromosome condensation，PCC）、形成原核状和膨大等，这些变化都是卵母细胞活化作用的结果。供体的细胞核与受体的细胞质不同步时，会引起核质不相容。如将 GⅠ期的核供体移入去核卵母细胞中，DNA 合成与正常胚胎细胞的 DNA 合成相似，胞质对染色体的结果影响较小，可形成正常的赤道板和纺锤体；如将 S 期的核供体移入去核卵母细胞中，染色体则发生非均质染色体提前浓缩，胚胎通常不能存活；如以 GⅡ期细胞为核供体，未激活的去核卵母细胞为核受体时，DNA 发生复制，核移植胚胎必须排出一半染色体，否则会形成四倍体而严重影响核移植胚的发育。对家兔原核胚进行人为改变核质比的实验表明，具有异常核质比的胚胎发育到囊胚时的细胞数较正常胚胎的细胞数少，故在核移植时也应控制核质比的变化，以尽可能减少对重构胚发育的影响。

细胞核移植重组胚的 DNA 合成，既受核供体周期阶段的影响，又受受体细胞质周期阶段的影响。那么，如果核供体没有进行同期化处理时，怎样对受体细胞质进行同期化处理呢？可以通过激活的方法来达到受体细胞质同步化的目的。激活后，细胞质的 Ca^{2+} 浓度上升，细胞静止因子（CSF）活性下降，随后 MPF 活性下降（激活后 120min，MPF 活性降到原来的 20%）。对牛的核移植研究表明，当没有同步化的核供体与激活后的去核卵母细胞相融合时，胚胎发育率明显提高。将胚胎细胞移入处于不同细胞周期阶段的卵母细胞胞质以研究移入核的发育和核移胚的发育能力，结果表明，当核供体移入未激活的细胞质（MPF 活性高，M 期）后，发生核膜崩解、染色体浓缩、核膜重建、原核形成及核膨大等一系列形态上的变化。此时，只有移入 GⅠ期和 S 早期的核供体才能保持染色体的正常倍数；如果移植的细胞核是处于 GⅡ期或 S 晚期的，不完全的染色体浓缩将可能导致核移植胚胎的死亡。当细胞核移入激活后（10h）的卵母细胞胞质后（MPF 活性低，S 期），不发生核膜崩解和染色体浓缩，但发生核膨大，这种细胞质可诱导 GⅠ期核进入 S 期，进行 DNA 复制，而 GⅡ期核不再进行 DNA 复制，只有在核膜破裂后 DNA 才能再复制。当核处于 GⅠ期时，无论细胞质环境如何（未激活，激活后）均发生 DNA 的合成。电激活对完全体外化牛细胞核移植影响的结果也表明，将体外受精发育到

8～32 细胞期胚胎的单个卵裂球与去核后两次电脉冲激活的卵母细胞相融合，其核移植胚胎的卵裂率和桑椹胚或囊胚率均高于没有激活的卵母细胞作为受体细胞质。因此，在体细胞核移植时，一般将核供体细胞周期调到 G0/GⅠ期，或选用处于 GⅠ期数目较多的细胞类型的细胞。在胚胎细胞核移植中，如不进行胚胎细胞的细胞周期同步化处理，就应采用激活后的 MPF 活性消失的去核卵母细胞作为核受体，以保持核膜的完整性，使核移植胚具有正常的染色体倍数。

总之，细胞周期阶段对细胞核移植胚胎的发育和染色体组成、结构有很大影响，一般以未激活去核卵母细胞为受体时，以 GⅠ期核作供体为宜；当核供体细胞周期不同步化时，应采用激活后的去核卵母细胞为受体。可见，在进行细胞核移植时应考虑细胞周期阶段的相互协调性。但针对不同的种类，具体哪种组合最佳，需对重构胚的 DNA 合成、核型、蛋白质变化、细胞骨架的成分及变化进行进一步研究。

第九章 胚胎干细胞

胚胎干细胞（embryo derived stem cell 或 embryonic stem cell，ES 细胞）是由早期胚胎内细胞团（inner cell mass，ICM）或原始生殖细胞（primordial germ cell，PGC）分离出来的多潜能细胞，它具有与胚胎细胞相似的形态特征及分化潜能。其在饲养层上或含有白血病抑制因子（leukemia inhibitory factor，LIF）或分化抑制因子（DIA）的培养基中培养时，可保持未分化状态，含有正常的二倍体核型，具有发育的全能性或多能性。在适当条件下其又可被诱导分化，将此细胞注入受体胚胎时，可参与包括生殖腺在内的各种组织的发育形成。同时，其又可以在体外进行培养、扩增、转化、筛选和冻存。正是这些特征使 ES 细胞在培养的细胞和个体发育之间，在体细胞与生殖细胞之间架起了桥梁。目前随着基因工程和胚胎工程技术的迅速发展，ES 细胞已成为生物工程研究的热点。ES 细胞不仅用来克隆高产优质珍贵动物，而且可对 ES 细胞进行基因打靶，把外源基因定点敲入或把内源基因敲除，使人们可以在试管内改造动物或创造新动物，产生人们需要的生长快、抗病力强、高产的家畜品种。把 ES 细胞做上标记转入胚胎，可以研究胚胎发育、分化和基因调控规律。利用 ES 细胞还可以提供临床器官移植或器官组织修复的原材料。因此，ES 细胞与基因工程和胚胎工程结合，必将极大地推动细胞生物学、发育生物学、遗传学等基础学科的发展，并将为畜牧业生产、生物药品工业和临床医学带来巨大革命，从而为人类创造更多财富。

第一节 概　述

一、胚胎干细胞的生物学特点

（一）来源

目前，胚胎干细胞主要来源于囊胚的内细胞团、早期胚胎生殖细胞（embryonic germ cell）或胎儿的原始生殖细胞。哺乳动物胚胎在囊胚期之前，其卵裂球具有全能性（totipotency），即在一定的条件下，单个卵裂球能发育成完整的后代。当胚胎发育到囊胚期时发生第一次细胞分化，胚胎细胞分化为滋养外胚层和 ICM。前者以后仅分化为胎盘的滋养层，后者是发育多能性（pluripotency）细胞，即将 ICM 细胞注入另一胚胎的囊胚腔中，ICM 可分化为胎儿组织中任何一种类型的细胞。胚胎在着床前，ICM 又分化出原始内胚层，紧贴着囊胚腔的内层生长，最终发育为卵黄膜。胚胎着床后不久，ICM 又分化出原始外胚层。原始外胚层又分化为胚胎的 3 个胚层（germ layer），进一步发育成胎儿。实验研究发现，ICM、原始外胚层和 3 个胚层的细胞都具有发育多能性。胚胎发育到原肠胚以后 3 个胚层进一步分化，失去多能性，只有来源于卵黄囊中的原始生殖细胞仍保持多能性。

（二）细胞学特点

与普通细胞相比，胚胎干细胞的体积较小，细胞核大，核质比高，核仁明显，体外培养时呈扁平而紧密的多细胞克隆状生长。在正常培养体系中，ES 细胞能保持非常稳定的核型。在 ES 细胞的周期中，S 期较长，占据整个周期中的大部分时间，无 G I 期检查点（check point）。核型为 XX 的 ES 细胞不出现 X 染色体失活现象，具有保持无限增殖且不分化的特点。

（三）功能

胚胎干细胞在饲养层细胞（feed layer cell）上或在含有分化抑制因子，如白血病抑制因子(leukemia inhibitory factor，LIF）的介质中能维持未分化状态，并实现自我更新（self-renewal）。因而，它可以像普通细胞系一样在体外无限增殖，或进行冷冻保存。而在无分化抑制物的介质中或在特定诱导因子的作用下胚胎干细胞会出现分化。ES 细胞注入囊胚腔或与早期胚胎的卵裂球聚合后，再移入子宫能获得嵌合体后代，并且 ES 细胞能分化为生殖干细胞。因此，ES 细胞在体内能分化为机体内任何一种类型的细胞。与早期胚胎卵裂球不同的是，胚胎干细胞不能直接发育为后代，目前的研究结果表明，ES 细胞在体内不能分化为滋养外胚层（trophectoderm）和原始内胚层（primitive endoderm）。因而，不能直接发育为胎儿，只能通过细胞核移植，或与早期卵裂球聚合，或注入囊胚腔发育成完整的个体，或形成机体内的某一特定组织。在体外，胚胎干细胞在诱导因子的作用下也能实现定向分化。小鼠的胚胎干细胞已在体外诱导分化为神经元细胞、神经胶质细胞、神经干细胞、胰岛细胞、肝细胞、成骨细胞、脂肪细胞，骨骼肌细胞、血管内皮细胞、心肌细胞、造血祖细胞、卵黄囊细胞、平滑肌细胞、软骨细胞、黑色素细胞和原始内胚层细胞。人和灵长类的 ES 细胞在体外能发育成含多种细胞系和未分化细胞的胚状体（embryoid），其结构类似于早期胚胎。胚状体在体外可进一步分化为滋养层和内、中及外胚层细胞。ES 细胞注入遗传同质或有免疫缺陷的成年小鼠皮下或肾脏的壳膜下能形成畸胎瘤，典型的畸胎瘤是原肠样结构，从里到外由上皮细胞层、平滑肌、骨骼肌或心肌、神经组织、软骨或骨骼、毛发结构构成，从发育生物学角度来说，这些细胞分别来源于内胚层、中胚层和外胚层。

（四）分子特征

胚胎干细胞的表面存在阶段特异性胚胎抗原（stage-specific embryonic antigen，SSEA），不同种动物抗原的种类不同，如人胚胎干细胞含有较高的 SSEA-3 和 SSEA-4，而小鼠的 ES 细胞仅存在 SSEA-1。人 ES 细胞表面还含有肿瘤排斥抗原-1-60（tumor rejection antigen-1-60，TRA-1-60）和 TRA-1-81。所有的 ES 细胞内都含较高活性水平的碱性磷酸酶、Oct-4 蛋白和端粒酶。目前发现 Oct-4 蛋白的靶基因至少有 7～8 个。Oct-4 在小鼠的原核胚，ICM 细胞和 PGC 具有较高的水平。小鼠 ES 的 Oct-4 蛋白表达受到抑制时，ES 细胞就分化为滋养层，而 Oct-4 的水平被人为地过高增加后，ES 细胞就会分化为原始内胚层和中胚层。

因此，Oct-4 是维持 ES 多能性的关键调控因子。端粒酶对维持细胞染色体的端粒长度具有重要作用，端粒酶的活性和端粒的长度是细胞寿命长短的标志。在胚胎细胞，PGC 和 ES 细胞中两者的指标均高于体细胞。体细胞在体外的寿命一般为 50～80 代，而人的 ES 细胞在培养 300 代后仍然具有较高的端粒酶活性。此外，ES 细胞的核型非常稳定。ES 细胞的以上特征对于研究哺乳动物的发育机制和细胞治疗尤为重要。

（五）ES 细胞自我更新的分子机制

目前，对 ES 细胞维持多能性和实现自我更新的分子机制认识是非常有限的。现有的研究结果认为 ES 细胞通过 3 种信号转导途径维持正常功能：

1）LIFES 细胞表面有一复合受体，它是由低亲和性的 LIF 受体（LIF-R）和普通亚基 gp130 构成的异源二聚体。LIF 与受体结合后激活 JAK（Janus kinase），此酶通过对 STAT3 的磷酸化激活维持细胞自我更新的基因。

2）转录调控因子 Oct-4 在 ES 细胞中始终维持一定的水平。它是 ES 细胞维持多能性和进入分化的开关，是 DNA 特异结合蛋白，通过激活或者抑制靶基因的转录活性，维持 ES 细胞的自我更新。在 ES 细胞中 Oct-4 的表达水平必须维持在体内表达量的 50%～150%，才能实现自我更新和维持多能性。STAT3 和 Oct-4 可能作用于相同的靶基因而相互协调维持 ES 细胞的功能。

3）通过抑制酪氨酸磷酸酶 SHP-2 和细胞外调节激酶 ERK，维持 ES 的正常功能。SHP-2 能去除酪氨酸上磷酸基团，它作用于 gp130 受体的胞内区。gp130 和其他的膜受体受到刺激后 ERK 被激活。SHP-2 和 ERK 对 STAT3 功能有负调控作用，它们能转导抑制 STAT3 功能的信号。此外，细胞内的结合蛋白通过改变构象，参与 SHP-2 和 ERK 的调节功能。

二、胚胎干细胞研究的意义

胚胎干细胞的分离和细胞系的建立是生命科学领域的重大成就之一，ES 细胞在细胞学、发育生物学、畜牧学和医学上具有重要应用价值。

（一）ES 细胞是研究哺乳动物个体发生发育规律极有价值的工具

由于 ES 细胞可分化为胚胎内胚层、中胚层和外胚层中任何一种类型细胞。因此，通过追踪 ES 细胞在胎儿发育过程中的踪迹，就可以探明器官、组织形成的时空次序；研究高等哺乳动物个体的发生、发育规律。目前常用的方法是用表达特殊产物的基因，如 β-半乳糖苷酶基因或绿色荧光蛋白基因，对 ES 细胞进行遗传标记，在体外筛选后，阳性细胞被注入囊胚腔，再把胚胎移入子宫内，通过组织化学染色或直接观察嵌合体胎儿组织中标记基因的产物，就可追踪 ES 细胞的分化过程，探明胚胎发育过程中组织、器官形成的规律。利用器官分化诱导因子的启动子驱动标记基因的表达，可研究某一器官的形成时间和发育过程。小鼠的 ES 细胞已成为研究哺乳动物早期发育规律的常用材料之一。人的 ES 细胞正用于研究人胚胎正常发育过程和畸胎发生的原因。

（二）ES 细胞是研究细胞分化的理想手段

ES 细胞仅在饲养层细胞上或在添加白血病抑制因子（LIF）或白细胞介素-6 家族（IL-6）的培养液中能维持不分化状态。当培养液中添加分化诱导剂时 ES 细胞会出现定向分化，如视黄酸（retinoic acid）能诱导 ES 细胞分化为神经元和神经胶质细胞，二甲基亚砜（DMSO）能诱导 ES 细胞分化为平滑肌细胞，双丁酰环腺苷酸能诱导 ES 细胞分化为体壁内胚层。通过研究 ES 的分化特点，可揭示细胞内信号转导的路径，发现新的信号受体，揭示细胞分化和凋亡机制等。

（三）ES 细胞是研究基因功能的首选细胞

由于 ES 细胞具有稳定的核型，并易于诱捕外源基因，因此是进行基因敲除（knock-out）或定向敲入（knock-in）外源基因的理想细胞。用遗传修饰的 ES 细胞生产嵌合体或用细胞核移植技术获得克隆后代，通过观察这些后代的表型变化，就可探明未知基因的生物学功能和表达调控规律。

（四）ES 细胞法是生产转基因动物的主要方法之一

ES 细胞与普通细胞一样，外源基因转染后，通过随机或定向整合把外源 DNA 插入基因组中。经过筛选获得阳性细胞，然后把阳性细胞注入囊胚腔或与其他卵裂球聚合获得嵌合体后代，如果转染的 ES 细胞分化为生殖干细胞，其后代就为转基因阳性动物。也可以把转化后的 ES 作为核供体，用细胞核移植技术直接获得转基因动物。

（五）ES 细胞治疗技术将引起一场医学革命

某些由细胞坏死、退化或功能异常引起的，目前还难以治愈的顽固性疾病，如帕金森综合征、阿尔茨海默病等，通过移植由 ES 细胞诱导分化形成的新细胞可能得到治疗。动物模型的研究结果表明，用 ES 细胞分化出的特殊组织细胞已成功地治愈了糖尿病、浦肯野细胞退化症、肝衰竭、心衰竭、迪谢内肌营养不良、成骨不全症等疾病。随着 ES 细胞分离培养和细胞治疗技术的发展，每个人都将拥有与自身遗传物质完全相同的 ES 细胞系，一旦机体某一类细胞的功能出现异常，通过诱导 ES 细胞的定向分化，可对病变细胞进行修复，人的寿命因此将会大大延长。随着组织工程技术的发展，通过对 ES 细胞的体外诱导分化，有可能培育出人造组织或器官，目前临床上遇到的供体器官不足和器官移植后免疫排斥反应等问题将会迎刃而解。

（六）ES 细胞可用于研究细胞癌变机制和新药物的筛选

细胞癌变主要是正常的细胞周期发生紊乱，细胞无序增殖所致。ES 细胞在正常的培养环境中能维持稳定的核型，是研究致癌物质诱发细胞癌变机制的理想材料。在研究新药的过程中，需要对药物的作用机制和药效进行研究。ES 细胞在体外能分化为多种体细胞，可以直接作为实验材料来筛选新药。如在研制治疗心肌疾病的药物过程中，可先把 ES 细胞诱导分化为的心肌细胞作为实验材料，然后筛选副作用小而治疗效果稳定的药物。这种药物的研制途径可缩短新药的开发周期，并且治疗的针对性强。

三、胚胎干细胞研究的历史

（一）EC 细胞阶段

哺乳动物胚胎干细胞的研究源于小鼠的胚胎瘤细胞（embryonic carcinoma cell，又称 EC 细胞）。1958 年，Stevens 发现小鼠的畸胎瘤，并把它移植到 '129' 品系小鼠的精巢或肾脏的被膜下，获得了 EC 细胞。1974 年，Brinster 发现在小鼠的囊胚中注射 EC 细胞能形成嵌合体后代。1981 年，Mintz 等发现 EC 细胞能分化为生殖细胞。EC 细胞的发育多能性引起了人们浓厚的研究兴趣。到 1981 年为止，世界上已获得 5 个染色体正常的小鼠 EC 细胞系。1989 年，Pera 等获得人的 EC 细胞，并发现它可分化为来源于早期胚胎三胚层的组织细胞。人的 EC 细胞，仍然是研究人胚胎发育机制和细胞定向诱导分化常用的实验材料。由于 EC 细胞注入囊胚后能形成畸胎瘤或在成年期易发生恶性肿瘤，从 20 世纪 70 年代中后期，研究人员开始探索从正常小鼠胚胎中分离培养类似于 EC 细胞的发育全能性细胞。

（二）ES 细胞阶段

1981 年，Evans 和 Kaufman 宣布从延迟着床的小鼠胚胎中分离得到了胚胎干细胞，整个研究花了 8 年时间，当时他们用两人名字的第一字母，把这种细胞命名为 EK 细胞（Evans and Kaufman，1981）。同年，Martin 也从囊胚的 ICM 中分离得到小鼠的 ES 细胞。分别发现了用 PGC 培养分离小鼠 ES 细胞的新途径。此后，小鼠 ES 细胞的分离技术逐步程序化，并成为研究小鼠胚胎发育不可缺少的材料。

1988 年 Doetschman 等建立了仓鼠的 ES 细胞系。1994 年 Wheeler 和 Robert 的研究小组分别用胚胎培养法和原始生殖细胞（PGC）培养法获得了猪的 ES 细胞。1996 年 Thomson 等获得了猴子的 ES 细胞。其他家畜 ES 细胞的分离培养比小鼠困难得多，但也取得了较大进展，绵羊、牛、水貂、家兔和山羊等相继获得类 ES 细胞。人 ES 细胞的分离在近几年来取得了突破性进展，1998 年美国威斯康星大学的 Thomson 等和以色列科学家合作，从人的体外受精囊胚中分离得到了 ES 细胞。同年，从流产 5～9 周龄胎儿的 PGC 中分离得到了全能性干细胞。2000 年，从早期胚胎中分离出人的 ES 细胞。最近，美国先进细胞技术公司从猕猴孤雌激活的胚胎中分离出 ES 细胞系，这种细胞系在体外培养 8 个月后仍然维持不分化状态。通过畸胎瘤实验表明，这种 ES 细胞能分化为来源于中胚层的软骨、肌肉和骨骼，来源于外胚层的神经细胞、黑色素细胞、皮肤和毛囊组织，来源于内胚层的肠上皮和呼吸道上皮。这一发现为人 ES 细胞的分离培养提出了新方向，如果这种 ES 细胞分化出的体细胞与正常 ES 细胞分化出的体细胞功能无差异的话，那么，目前人 ES 细胞分离中遇到的伦理问题就可解决。因为，这种 ES 细胞不是来源于功能正常胚胎，而是卵母细胞。

（三）细胞和基因治疗阶段

人 ES 细胞的成功分离引起了医学界的震动，人们普遍认为 ES 细胞的应用将会引起一场医学革命。从理论上说，ES 细胞可修复机体内衰老、功能异常或损伤的细胞和组织，甚至可以形成新的器官。这给某些顽症的治疗带来了希望，人的寿命也会因此大大延长，具有极为广阔的基础研究和商业应用前景。许多国家的政府对 ES 细胞技术都予以重视，并投入巨资加以研究。同时，有关干细胞研究和利用的公司也纷纷成立，极大地推动这项技术的发展。近 3 年来，这一领域的研究进展突飞猛进。ES 细胞的研究也带动了成年动物体内干细胞的分离和研究技术的发展。小鼠的 ES 细胞在体外被诱导分化为血管前体细胞、分泌多巴胺的中脑神经元，后脑的 5-羟色胺神经元和具有分泌胰岛素功能的胰岛细胞。分化的 ES 细胞在移植后 30d 可在小鼠视网膜表面分化为优质的神经元细胞，在视网膜的内网织层形成神经网络。为克服供体细胞移植后的免疫反应，治疗型克隆技术的研究发展迅速。这项技术是用患者的正常细胞作为遗传物质的供体，通过克隆技术生产早期胚胎，再分离与患者基因组完全匹配的 ES 细胞系，用这种细胞去修复退化或病变的组织和器官就不会发生免疫反应。2000 年，蒙纳士（Monash）大学的研究小组在小鼠上证明这一途径是可行的，他们把鼠的颗粒细胞注入去核的卵母细胞中，获得体细胞核移植囊胚，又从囊胚中分离得到了小鼠的 ES 细胞。体内外的诱导分化实验表明这种 ES 细胞可分化为 3 胚层细胞，与其他来源的 ES 细胞功能完全一样。2002 年，Rideout 等用患先天性免疫缺陷（Rag2＋）小鼠的体细胞作为供体，通过细胞核移植技术获得早期胚胎，然后从囊胚培养分离出 ES 细胞系，再用基因治疗手段，对突变基因进行修复获得正常的 ES 细胞，最终通过干细胞移植技术对（Rag2＋）小鼠进行了成功治疗。2003 年，Barberi 等用小鼠核移植胚胎中分离的 ES 细胞对患帕金森综合征的小鼠进行了成功治疗。为克服治疗性克隆将来出现的人卵母细胞的匮乏，杂合克隆技术也引起了人们的研究兴趣，即用人的体细胞提供遗传物质，用其他哺乳动物的去核卵母细胞作为受体，通过克隆技术获得嵌合胚胎，再分离人的 ES 细胞。尽管这一技术能否实现人们期望的目标还有待进一步实验，但这无疑为 ES 细胞技术的发展提供了新的思路。人的体细胞移入牛的去核卵母细胞中可以发育到囊胚。ES 细胞技术的发展也为基因治疗提供了新的方法，因为 ES 细胞比组织干细胞更易于基因改造，且寿命较长。

第二节　胚胎干细胞建系方法

哺乳动物早期胚胎的发育属于调整型，每个细胞都具有全能性。由胚胎建立 ES 细胞的原理，就是把囊胚期的内细胞团或桑椹胚在体外培养，使其大量增殖，并设法阻止其分化。1981 年，Evans 和 Kaufman 通过手术切除受精后 2.5d 小鼠卵巢并结合给予外源激素而改变母体激素水平获得延迟着床的囊胚，将其培养于用丝裂霉素 C 处理的 STO 饲养层上，获得增殖而未分化的 ICM，之后离散 ICM 并培养于 STO 饲养层上培养，从而得到多个 ES 细胞克隆，经传代克隆，第一个建立了未分化的 ES 细胞系。此后，不同的学者在 ES 细胞分离材料的获取及处理、分化抑制物和培养基的选择等方面作了某些变动和简化，但主要的步骤和基本原理没有改变。

一、ES 细胞分离材料的获取及处理

如前所述，ES 细胞的分离成功，有赖于选择适宜的具有全能性的细胞或细胞团进行分化抑制培养。制作嵌合体和核移植技术是证明细胞全能性的直接而有效的方法。目前已经证明，小鼠、兔、羊、猪、牛等多种动物的桑椹胚之前及囊胚的 ICM 细胞具有发育的全能性，因此桑椹胚或囊胚成为分离 ES 细胞的常用材料。小鼠的 PGC 核移植可以发育到囊胚，用牛的 PGC 建立类 ES 细胞系获得成功，后用 PGC 分离到了小鼠、大鼠和猪的类 ES 细胞，因此提示人们 PGC 也是一种适宜于 ES 细胞分离的材料。

（一）早期胚胎的获取及处理方法

不同种动物甚至同种不同品系动物的胚胎在发育速度上存在着差异。对 ES 细胞分离效果而言，不同动物所选择的胚胎发育阶段也有所不同。一般小鼠多选用 3.5d 囊胚或 2.5d 的 16～20 细胞桑椹胚；猪取 9～10d 囊胚；兔取 3.5～4d 囊胚；绵羊取 8～9d 囊胚；牛取 6～7d 桑椹胚或 7～8d 囊胚；人取囊胚（7～8d）。此外，通过体细胞核移植获得重构胚并在体外（或经中间受体）培养至所需发育阶段，也是一个获取早期胚胎的有效来源。

为了提高 ES 细胞分离的效率，在总结前人大量工作的基础上，许多学者设计了不同的方法处理所获得的胚胎，并取得了不同的结果。常用的处理方法分别有延缓胚胎着床、分离 ICM、除去透明带、热休克处理和离散卵裂球等。

延缓胚胎着床是通过摘除动物卵巢或给予外源激素而改变母体生殖激素水平，影响子宫内环境使胚胎着床延迟，从而获得延迟着床的胚胎。

分离 ICM 即通过免疫外科法、组织培养法或机械剥离法除去胚胎的滋养层细胞，只取 ICM 进行培养，目的是消除滋养层细胞对 ICM 的竞争性抑制增殖作用和分化诱导作用，其中免疫外科法较为常用。免疫外科法具体过程是用酸性台氏液处理完整囊胚，去除透明带，用 Hank's 液冲洗后，将胚胎移入小鼠脾细胞抗血清，作用一定时间后再移入含新鲜豚鼠血清的 Hank's 液中。经过此步骤处理，滋养层细胞被破坏而获得 ICM。

脱带处理是通过胰酶或透明质酸酶等处理或机械切割的方法，将透明带除去而得到裸胚进行培养。

热休克处理是将体内发育至 2 细胞或桑椹胚阶段的胚胎，从输卵管或子宫中冲取，置于高于正常温度条件下处理一定时间（如 41℃，60min），以增加 ES 细胞克隆率。

离散卵裂球是将桑椹胚或囊胚 ICM 经胰酶消化，并辅以机械方法分散成单个卵裂球后，将多裂球接种于饲养层上培养。

不同作者对不同处理方法的评价有所不同，对不同的动物而言也存在着差异。认为离散小鼠桑椹胚卵裂球，分离 ES 细胞可取得比直接培养囊胚或桑椹胚更好的效果。Wells 等系统比较了不同品系延迟着床，不同胚龄和热休克对小鼠 ES 细胞分离的影响，结果是总体水平上 'CBA×G57BL/6' 高于 '129' 品系。延迟着床和热休克均可提高 ES 细胞的分离效果。对水貂桑椹胚、囊胚及 ICM 分离 ES 细胞的影响进行比较，结果表明桑椹胚和 ICM 优于囊胚。比较了兔不同日龄和不同方法处理的胚胎对 ES 细胞分离效果的

影响，结果是切割囊胚效果最好，去除或保留透明带的全胚贴壁太晚，而离散胚只形成不含 ICM 的亚囊胚。由此看来，动物种类或品系不同及不同学者操作上的差异，对 ES 细胞分离的结果存在很大影响。相比较而言，小鼠 ES 细胞分离方法较为成熟，而其他动物在采取胚胎不同发育阶段和处理方法上还需要进一步研究和改进，以便更易于获得理想的 ES 细胞。

（二）原始生殖细胞的获取

在哺乳动物，原始生殖细胞（PGC）最早出现于靠近尿囊基部的卵黄囊内胚层内，以后由于胚胎的纵向折转，卵黄囊的这部分成为胚胎的后肠，原始生殖细胞由此作变形移动，经背侧系膜向生殖嵴移动。因此，PGC 的获得主要是随其在早期胚胎中的迁移而取相应的组织。例如，在小鼠取 12.5d 胎儿的生殖嵴，大鼠可取 10.5d 尿囊中胚层，12.5d 背肠系膜及 13.1～14.5d 生殖嵴；牛取 2.9～3.5d 胎儿生殖嵴；猪可取 24d 背肠系膜或 25d 生殖嵴；人取 5～9 周龄胎儿生殖嵴或背肠系膜。将所取得的组织用胰酶消化，接种于饲养层上培养。

对哺乳动物而言，PGC 的获得需经分离与纯化两个步骤。PGC 的分离常采用的方法为机械法和消化法。PGC 在细胞悬液中常常与大量其他细胞混杂在一起。这就需要最大限度地清除杂细胞，以获得纯度较高的目的细胞。目前常用的纯化方法有密度梯度离心法、流式细胞仪法和免疫磁力法。

在 PGC 的分离过程中，机械法就是指采集动物的生殖腺及其周围组织，用含胎牛血清（fetal calf serum，FCS）的 PBS 或培养液（如 DMEM、TCM-199 等培养液）冲洗数次，然后用细针刺扎生殖腺或者用硅化玻璃压碎、研磨生殖腺，待细胞释放出来。消化法是采用消化液处理生殖腺，然后收集 PGC。用胶原酶分离 PGC 的详细过程为：将取出的生殖腺，冲洗多次，移入 1mL 新制备的 I 型胶原酶溶液的塑料管中，室温下孵育 15min。弃去胶原酶溶液，用含有 10mg/mL 的无钙镁 Whittingham 培养液冲洗生殖腺 3 次，然后吹打数次，使组织充分解聚，所得细胞悬液几乎都为单个细胞。

密度梯度离心法纯化，又称等密度沉降分离法。其基本原理是根据密度差异，在强离心的作用下，细胞在非连续密度梯度中，主要介于自身密度梯度的两种密度介质的交界面上。在连续密度梯度到达与其密度相同的分离介质层中，并保持平衡。目前用于 PGC 纯化的介质有 Percoll 和 Ficoll 两种。Percoll 是一种硅胶颗粒，外面被乙酰胺吡咯烷酮包被，无毒，无刺激，对细胞无吸附作用，产生的渗透压很小，在全部密度梯度范围保持等渗。Percoll 在离心过程中会自然形成密度梯度。将 Percoll 密度梯度用于小鼠 PGC 的纯化。详细过程为：①用 9 份 Percoll 和 1 份 10×Whittingham 培养液相混合，制成等渗的 Percoll 贮备液；②用 Whittingham 培养液稀释 Percoll 贮备液；③用 2.5%FCS 和 10μg/mL DNA 酶把细胞悬液稀释到 2mL 25% 的 Percoll 液（密度约为 1.030g/mL）中，缓慢将其置于 1.5mL 65%Percoll 液（密度约为 1.070g/mL）的上层，然后在其上层加入 1mL 12% 的 Percoll 液（密度约为 1.020g/mL）；④200g 离心 20min；⑤用微量移液管吸取含 PGC 最多的 Percoll 密度梯度层，加培养液制成细胞悬液；⑥200g，离心 5min，去除 Percoll；⑦重新用培养液制成 PGC 悬液，供检测、鉴定、培养。

结果表明血红细胞（密度大于 1.07g/mL）和其他小的体细胞进入高密度 Percoll 层（1.07g/mL），位于管的底层；PGC 由于体积大密度小（1.04～1.06g/mL）在 25%和65%Percoll 界面处；而死细胞通常密度小，在 Percoll 梯度中将保持在顶部。此法可使PGC 纯度达到80%～90%，活细胞在90%以上。

流式细胞仪法（flow cytometry，FCM）又名荧光激活细胞分选仪（fluorescence-activated cell sorter，FACS）。它是将流体喷射技术、激光技术、空气技术、γ 射线能谱技术及计算机技术与显微荧光光度计密切结合的仪器。其工作原理是：经荧光色素染色的细胞或包裹在鞘液中的其他生物微粒，从 50～100μm 的喷嘴高速喷出时，通过聚焦光源和各种光敏元件，测量这些细胞或微粒所发射的散光和荧光，经计算机分析处理而将细胞分离开来。用流式细胞仪纯化 PGC，纯度高达 99%以上，每小时可纯化得到 6250～31 250 个活的 PGC。

Duzova（1997）用免疫磁力细胞分离法（immunomagnetic cell separation method）纯化 ES 细胞，纯合率可达 91%以上，该法也可用于 PGC 的纯化。其工作原理是：外有第二抗体的磁性颗粒可停留在磁场分离柱中，然后在分离液中与一抗结合的细胞相结合，将阴性细胞（不结合一抗）除去；而后除去磁场，使磁性颗粒-第二抗体-第一抗体-阳性细胞复合体中的阳性细胞从分离柱中洗脱；这种方法不影响细胞活性。具体做法是：①将 TT2 细胞（ES 细胞）与饲养层细胞制成细胞悬液，把细胞密度调整为 1.5×10^6 个/mL；②离心细胞，并用 300μL 培养液再次悬浮；③分别加入 0.5mg/mL SSEA-1 抗体（一抗）100μL，4℃孵育 45min；④900g 离心 4min；⑤300μL 培养液再次悬浮，加入 25μL 大鼠抗小鼠 IgM 抗体（二抗）包被的磁性颗粒，4℃孵育 20min；⑥将 200μL 培养液加入细胞悬液中；⑦将细胞悬液加入磁场分离柱上，并用 500μL 培养液洗涤，阳性 ES 细胞结合到柱上，除去磁场，洗涤分离柱，获得 ES 细胞鉴定、培养。

二、ES 细胞的分化抑制培养

选择用于进行 ES 细胞分离的胚胎（胚胎细胞）或 PGC，是具有全能性的细胞或细胞团，在体内这些细胞处于快速增殖和有序分化状态。所谓分化是指全能性或多能性细胞在形态、生理生化和功能上向专一或特异性方向的变化过程，对动物而言，其实质是个体产生稳定性组织差异的过程。从分子生物学角度讲，这一过程是细胞特异基因在时间和空间上差次表达的结果。因此，进行 ES 细胞的分离培养首先需要解决的问题是阻止引起分化的基因的激活与表达，以实现分化抑制，保证细胞的全能性。与此同时给予适当的营养物质或生长因子等以促进其增殖，保证在量上对 ES 细胞的需要。

（一）分化抑制物的选择

目前待用的分化抑制物有三种，包括饲养层（feeder layer）、条件培养基（conditioned medium，CM）和分化抑制因子（DIA）。

1. 饲养层　　饲养层是将所选用的细胞（如成纤维细胞、输卵管上皮细胞、子宫上皮细胞、大鼠肝细胞、睾丸细胞等）以丝裂霉素 C 阻断有丝分裂后制成的细胞单层。在已报道文献中常用的饲养层细胞有 STD（一种建系的小鼠胎儿成纤维细胞）、原代小鼠胚胎成纤维细胞（PMEF）、同源胎儿成纤维细胞（HEF）、子宫上皮细胞（UE）、大鼠肝细胞（BRL）等。其中 PMEF 以其易于取材、抑制细胞分化效果好等特点而被研究人员广泛采用。

饲养层对 ES 细胞分离主要表现为促进全能性（或多能性）细胞的增殖和抑制其分化两方面的作用。促进细胞增殖是由于饲养层细胞可合成并分泌成纤维细胞生长因子（fibroblast growth factor，FGF）等促有丝分裂因子，抑制细胞分化是因为饲养层细胞分泌白血病抑制因子（LIF）等细胞分化抑制因子。这些细胞因子通过与培养细胞表面受体结合而发挥作用。

2. 条件培养基　　条件培养基是将适当的细胞（如 STO、PMEF、BRL、T3、PSA-1等）培养一定时间后回收细胞培养液，经离心、透析、冷冻干燥后重新制成溶液，以微孔滤膜除菌处理后作为贮存液，于 ES 细胞分离时以一定比例加入培养基中。也有学者回收细胞培养液，经离心处理后直接作为贮存液应用。条件培养基是通过培养的细胞分泌到培养基中的生长因子，刺激全能性（或多能性）细胞增殖和抑制其分化而发生作用。使用条件培养基的优点在于其可消除饲养层细胞的干扰，免受丝裂霉素 C 影响，易于操作，并且还可以对 ES 细胞分化的启动和关闭机制进行进一步分析。文献中常用于制备条件培养基的细胞有 BRL、大鼠肝细胞、HBC-5637（human bladder carcinoma cell 5637，人膀胱癌细胞株 5637）、PSA-1（一种小鼠 EC 细胞）、PMEF（LIF 转换的 COS 细胞）、T3 细胞（一种小鼠 EC 细胞）等。除由 T3 细胞制备的 CM 富含 TGF-β（转化生长因子）外，其他 CM 都含有 DIA、LIF 和 HILDA（human interleukin for DA cell）。

3. 分化抑制因子　　分化抑制因子在饲养层细胞培养基中和条件培养基中均含有 DIA、LIF 和 HIDA。这三种因子是同一分子，由于它们具有多向性促生长作用，对不同的细胞有不同的作用，因而有不同的命名。ES 细胞分化抑制是多种因子共同作用的结果，其中起主导作用的是白血病抑制因子，因其可诱导小鼠白血病细胞分化并抑制其增殖而得名。其在 STO、PMEF 饲养层培养液和 CM 中都有相当高的含量，含有 1000～5000IU/mL。将 ES 细胞在此浓度中培养，95%以上细胞表现 ES 细胞表型。目前，已有纯化和重组的 LIF 商品出售，将其以一定浓度稀释后与饲养层共用或单独使用，可用于 ES 细胞的分离和维持。

（二）基础培养基的选择

分离并获得 ES 细胞需要同时满足抑制分化和促进增殖两个条件。因此，进行 ES 细胞分离培养在选择合适分化抑制物的同时，需给予一定的营养物质以满足细胞增殖的需要。这一条件常通过使用一些基本培养基进行。文献报道中常用的基础培养基有 ME、DEME、TCM-199、F12 等合成培养基。DEME 依葡萄糖含量又分为高糖型（4500mg/L）和低糖型，其最初是为肿瘤细胞的培养而设计的，比较适用于生长速度快、附着性差的细胞。目前，DEME 在 ES 细胞分离中应用最为普遍，以其作为基础培养基在小鼠、猪、兔、牛等多种动物均有分离 ES 细胞成功的报道。

ME 与 DMEM 同属于 Eagle's 培养液，从实验结果看，ME 在牛 ES 细胞分离克隆中效果较好。TCM-199 是根据哺乳动物的特点改善的 199 液，适合于多种哺乳动物细胞的培养。以 TCM-199 为基础培养基建立了绵羊和山羊的类 ES 细胞系。F12 特别适合于进行单细胞培养和克隆化培养。但在 ES 细胞培养中常与 DMEM 混合使用。

ES 细胞的体外生长特征与肿瘤细胞有许多相似之处，因此 Evans 和 Kaufman 最早选用了 DMEM 进行小鼠 ES 细胞分离，之后多数研究人员也将 DMEM 作为基础培养基。但是，胚胎有自己的生长特点，不同动物的胚胎生长也存在差异，因此 DMEM 或其他选用的基础培养基的成分并不可能保证 ES 细胞处于最佳生长状态，还需要添加其他成分以满足 ES 细胞生长需要。

（三）添加物的选用

目前常用作细胞培养基添加成分的物质有血清、生长因子、抗凋亡剂和其他添加物等。

1. 血清 血清是细胞培养中最常用的天然培养基，含有丰富的营养物质，包括大分子的蛋白质和核酸等，其对细胞 DNA 合成、细胞生长和黏附有很大促进作用，并且对培养液中的某些毒性物质的毒性起着一定中和作用。细胞培养所用的血清种类很多，主要有小牛血清、胎牛血清、马血清、兔血清和人血清等，其中使用最为广泛的是小牛血清和胎牛血清。目前国内外多家单位均有小牛血清和胎牛血清商品出售。一般外购血清多只做过灭菌处理，使用前应进行补体灭活处理（56℃，30min）。血清可以自行制备。

在一定范围内，提高培养基中血清的浓度，细胞最大密度也随之增加。但动物血清个体差异很大，每批血清质量也有一定差异，因此不论是外购还是自制血清，均应对每一批进行严格检测。优质血清外观应为透明、无溶血、淡黄色、无沉淀物（灭活后颜色稍深），必须保证血清无细菌、病毒、支原体等微生物污染，血清总蛋白含量 3.5～4.5g/100mL，球蛋白不高于 2g/100mL（球蛋白在补体或其他物质作用下产生细胞毒性物质而对细胞有损害）。此外为保证血清质量，还可用细胞集落形成率和连续传代培养、生长曲线等方法进行检测。对用以进行 ES 细胞分离培养的血清，可通过小鼠胚胎培养，以胚胎贴壁时间、贴壁率、ICM 获得率等参数进行质量评价。

ES 细胞分离培养中，一般加 10%小牛血清和 10%胎牛血清，也有的只加 15%胎牛血清或 15%小牛血清。

2. 生长因子 目前常用于 ES 细胞分离培养的生长因子有表皮生长因子（epidermal growth factor，EGF）、胰岛素（insulin）和胰岛素样生长因子（insulin-like growth factor，IGF）、成纤维细胞生长因子（fibroblast growth factor，FGF）等。EGF 是一种广谱促细胞分裂因子，可促进细胞 DNA 合成和 mRNA 转录，并使细胞 S 期提前，从而缩短细胞周期。胰岛素和 IGF 在结构和功能上均相近，在 ES 细胞培养中二者可以互相替代。其对滋养层和 ICM 细胞均有促进增殖作用，可增加胚胎细胞 DNA 和蛋白质的合成，增强细胞分裂，增加胚胎细胞数目。

外源性生长因子对附植前胚胎的生长并不是至关重要的，因为在没有外源生长因子的条件下，小鼠、仓鼠、兔、牛和人的胚胎均可发育，但是这些胚胎在体外培养发育较体内发育差，因此，生长因子可能对胚胎保持最佳的发育速度有一定作用。例如，Tsuchiya 在分离绵羊类 ES 细胞时，只有在加入胰岛素或 EGF 的培养基中得到了 ES 细胞克隆，

Tillmann 也仅在含外源 EGF 的培养基中得到了绵羊和山羊的类 ES 细胞。

除以上各种因子外，白血病抑制因子（LIF）和干细胞因子（stem cell factor，SCF）常作为添加因子。LIF 抑制 ES 细胞分化的作用，在前面已加以叙述，此外其还具有抑制细胞程序性死亡的作用。SCF 是一个多功能因子，对于细胞生长具有调控作用，可诱导干细胞进入细胞周期，对干细胞有显著促分裂作用，同时，其也可通过抑制细胞程序性死亡而促进细胞生存。无血清培养基中维持猪 ES 细胞克隆必须有高浓度 LIF（100ng/mL），对猪 PGC 培养中不同细胞因子的作用进行比较，指出 LIF 和 SCF 对猪 PGC 的培养极为重要。在猪 PGC 分离培养中，STO 饲养层或者是培养的 PGC 本身产生的生长因子足以支持猪 PGC 的存活和增殖，而添加 LIF 和 SCF 并非必需。

3．抗凋亡剂　在分离培养 ES 细胞时，ES 细胞或 PGC 容易发生凋亡，α2 巨球蛋白和抗氧化剂能抑制 PGC 凋亡。

4．其他添加物　在培养基中除添加血清、多种生长因子之外，还常添加非必需氨基酸、核苷酸、柠檬酸、亚硒酸钠、丙酮酸钠、谷氨酰胺、β-巯基乙醇等，这些物质大多作为细胞合成蛋白质的原料或作为细胞的能量物质。β-巯基乙醇是一种还原剂，可使血清的含硫化合物还原成谷胱甘肽，以消除细胞在培养过程中产生的过氧化物的毒害作用，此外，其还可以促进 DNA 合成，具有诱导细胞增殖和促进胚胎贴壁的作用。从猪囊胚分离 ES 细胞时认为，传代时若缺少 β-巯基乙醇，则从 ICM 中分离到的 ES 细胞克隆会分化成内胚层和外胚层细胞。对水貂 ES 细胞分离研究还证明，添加催乳素可诱导分化终止，克服水貂囊胚体外培养的专性滞育，进而提高 ES 细胞的分离成功率。

三、ES 细胞系的建立及保存

（一）ES 细胞的分离

传统分离 ES 细胞的方法是将完整胚胎在饲养层上进行分化抑制培养，培养一定时间之后使其发育至相当于体内附植后的胚泡阶段，同时获得增殖的内细胞团（ICM）。然后在解剖镜下用毛细吸管挑取 ICM，经消化液（含 0.25%胰酶和 0.08%EDTA，无 Ca^{2+}、Mg^{2+} 的 PBS）处理后，打散接种于新的饲养层上进行分化抑制培养，即可获得 ES 细胞。为了提高 ES 细胞的分离效率，许多学者在总结前人大量工作的基础上，研究并设计了不同的分离 ES 细胞的方法。通过免疫外科法或者机械剥离法除去胚胎的滋养层细胞，仅将获得的 ICM 进行分化抑制培养，再对增殖的 ICM 进行消化，并接种于新的分化抑制物上，分离得到了 ES 细胞。此外，对胚胎进行脱带处理，热休克处理之后进行培养也取得了较好效果。ES 细胞分离的另一个方法是对桑椹胚卵裂球或 PGC 进行分化抑制培养，以获得增殖的 ES 细胞克隆。Eistetter 等对小鼠桑椹胚卵裂球进行培养分离 ES 细胞取得了明显优于直接培养囊胚或桑椹胚的效果。以 PGC 分离 ES 细胞是随 PGC 在早期胚胎中的迁移取得相应组织后，对所取得组织进行消化，接种于饲养层上培养，从而获取 ES 细胞克隆。

（二）ES 细胞的克隆及常规培养

分离到 ES 细胞克隆后，需要对 ES 细胞克隆进行扩增或继代培养。ES 细胞最初的继代培养，是将 ES 细胞克隆以胰酶-EDTA 消化液消化，并辅以机械方法将其离散成小细胞块后进行分化抑制培养，此过程也是对分离到的 ES 细胞进行筛选的过程。经最初几次继代培养筛选至出现大量增殖的 ES 细胞克隆时，则将 ES 细胞消化成单细胞进行继代培养。

ES 细胞系一旦建立，便迅速生长增殖，18～24h 分裂一次。ES 细胞培养时需保持较高的密度以维持较高的分裂率，同时减少细胞自发分化。培养的 ES 细胞一般需每两天更换一次培养液，并且间隔 3～4d 即需传代一次。在传代过程中尤其应注意将细胞消化成单细胞悬液，因为细胞团的存在可刺激细胞分化并产生内皮样细胞克隆。

（三）ES 细胞的冷冻与解冻

与其他建系的细胞一样，经长期培养，ES 细胞会出现变异，核型出现异常，细胞存活数目与克隆率也相应减少和降低。因此在 ES 细胞建系后及早期传代中，需要不断加以冻存，到使用时再将其解冻。

1. 冷冻方法　用胰酶消化获取 ES 细胞，进行细胞计数后低速离心（1000g，5min）。将细胞重新制成悬液，并等量加入冷冻培养基（20%DMSO，20%FBS，60%DMEM），使细胞浓度为 5.0×10^2 个/mL。迅速将悬液装入冷冻管并置于液氮罐气相中（$-70\,^{\circ}\mathrm{C}$）。24h 之后，再将冷冻管投入液氮。

2. 解冻方法　由液氮中将冷冻管取出并直接投入 37℃ 温水中，以 70% 乙醇消毒冷冻管外壁后，将内容物移入 10mL 离心管中。在离心管中缓慢加入 5mL 细胞培养液，低速离心（1000g，5min）之后吸出上清，以培养液重新制成悬液。将悬液移入培养皿中置培养箱中培养。

四、影响 ES 细胞分离的因素

ES 细胞的分离培养的关键，是在促进 ES 细胞大量、快速增殖的同时有效抑制其分化，因此 ES 细胞分离培养成功与否直接受这两个因素影响。促进 ES 细胞增殖可以通过设计合理的培养基配方实现，抑制其分化则需从选择合适的分离材料和分化抑制物方面加以考虑。

（一）培养基组成

从文献报道中看，应用最多的 ES 细胞分离培养配方多沿用 DMEM＋10%FCS＋10%SCS，在此基础上，分别添加 β-巯基乙醇、非必需氨基酸、核苷酸、亚硒酸钠、丙酮酸钠、柠檬酸等物质和各种生长因子。这样的培养基配方在小鼠取得了较好效果，用于其他动物 ES 细胞分离培养也有成功的报道。有些学者也尝试使用其他基础培养基并辅以添加成分进行 ES 细胞分离培养。使用 CRL 培养基添加亚硒酸钠、胰岛素、转铁蛋白和 5%FCS 获得了牛类 ES 细胞系，以 DEME 在牛 ES 细胞分离克隆中效果较好，以 TCM-199 为基础培养基建立了绵羊和山羊的类 ES 细胞系。尽管使用不同培养基在其他多种动物均有分离 ES 细胞成功的报道，但与小鼠相比成功率相对较低。仅从培养基而言，培养基组分与培养的胚胎所需营养成分及含量的不协调可能是其中原因之一。胚胎在体内的生长营养物质来源于母体，体外培养过程中培养基的组分多模拟体内环境，而胚胎在体内生长所处内环境，在一定范围内存在变化，体外培养环境模拟体内环境不可能尽善尽美。因此，在 ES 细胞分离培养中，尤其是对小鼠以外的其他动物，在培养基配方组成上还需作进一步研究，以最大程度上满足 ES 细胞的营养需要。

（二）胚胎因素

主要包括胚龄和胚胎遗传背景两方面因素。

从理论上讲，用于 ES 细胞分离的胚胎胚龄越小，分化程度越低，越具有全能性。但也许是因为目前所应用的培养系统尤其是培养基配方并不完善，过早地把胚胎培养在体外，建系成功率很低。在小鼠，一般选用囊胚期胚胎分离 ES 细胞。有人选用桑椹胚或桑椹胚卵裂球来进行 ES 细胞分离，也取得了较好效果，其原因可能在于，培养的桑椹胚处于比囊胚更早的发育阶段，有更多的细胞保持发育的全能性，从而利于形成更多的 ES 细胞克隆。但是在小鼠以外的其他动物，尽管很多学者做了大量工作，对选用不同胚龄胚胎分离 ES 细胞有很多报道，对分离 ES 细胞所用胚胎胚龄存在着很多争议。以猪为例，一般认为取 6~7d 胚胎最好，但有人认为只能在 10d 胚胎中分离得到 ES 细胞，即使 9d 胚胎也不行。分析其原因，一方面不能排除各位学者选用的培养系统和个人操作上存在差异，另一方面应该从胚胎胚龄加以考虑。因此在这一方面还需做更多的探索。

胚胎细胞的遗传背景，也是影响 ES 细胞分离成功与否或成功率高低的重要因素。使用正常囊胚经过 ICM 增殖后离散，比较了'C57BL/6''129''C57BL/6×129'三个不同品系小鼠形成 ES 集落的差异，结果 ES 细胞克隆率分别为 17.4%、41.0% 和 75.0%。并且在研究中发现'129'品系正常囊胚在培养过程中生长缓慢，但形成 ES 细胞集落相对多些，也易于维持，可是'129'品系小鼠生活力低，约 20%小鼠无胚。'C57BL/6'小鼠胚胎多、生长快，但 ES 细胞形成率低，而采用'C57BL/6×129'品系所产生胚胎多，也易于获得较多 ES 细胞克隆。这一结果提示，利用一定的杂交组合方式产生的胚胎类型，可能利于提高 ES 细胞的分离成功率。同时，对不同种动物或不同品系动物而言，胚胎培养时间长短及传代时机对 ES 细胞的分离成功率也有很大影响。

（三）分化抑制物

不同动物对饲养层细胞有特殊要求，不同饲养层对胚胎的作用也不同，对不同类型羊、猪和小鼠胚胎在不同饲养层细胞上的生长行为进行了系统比较，发现绵羊全胚或分离的 ICM 在 STO 饲养层上不扩展，而在同源胎儿成纤维细胞上可扩展，但不能形成 ES 细胞克隆。猪全胚或分离的 ICM 在 BRL、PEF（猪上皮成纤维细胞）、PH3A（猪 H3A 细胞系）、PU（猪子宫上皮细胞）等饲养层上不附着不能生长，只有在 STO、BRL 或 TCM 上可附着并增殖，转移到饲养层上形成类 ES 细胞，传两代后丢失。猪胚胎早期培养使用猪子宫成纤维细胞饲养层可以促进胚胎贴壁和 ICM 克隆的形成，使用 STO 饲养层猪胚胎可以附着但 ICM 不发生增殖，在此后的培养过程中则可选用 STO 饲养层。

不同学者使用相同的材料而得到不同结果，除操作方面因素外，也可能与饲养层质量好坏有很大关系。STO 在不同实验室效果存在差异，就是因为其在反复冻存及操作过程中或不同培养条件下细胞内部发生进行性变化，从而导致功能降低或丧失。这一点在很多学者或实验室的研究中均得到了证实。关于以原代小鼠胚胎成纤维细胞（PMEF）制备饲养层，通常 PMEF 在培养中经 15～20 次细胞分裂之后即呈现出衰老现象，因此在制备饲养层时，所用 PMEF 不宜超过 5 代。此外还须注意，制作饲养层时的细胞密度 STO 为 $5×10^4$ 个/mL，PMEF 为 1g/mL 为宜。饲养层密度过高或过低，均不利于 ES 细胞的分离。

外源 LIF 对在 ES 细胞的分离和维持中的抑制分化作用在小鼠得到了证实，但对其他动物的作用存在很大争议。认为 LIF 对牛 ES 细胞分离中抑制分化作用不大，且可能利于分化。在绵羊类 ES 细胞分离中只有存在 LIF 时才形成胚体。在人 EC 细胞分离中证实，人的 EC 细胞表现出对饲养层细胞的依赖性，而与纯粹的 DIA 几乎无关。

（四）滋养层细胞

滋养层细胞能够分泌滋养层蛋白-1 和干扰素，有诱导 ICM 细胞分化的作用。同时滋养层由于其扩展速度很快，要消耗培养基中的营养物质，并使代谢产物蓄积加快。因此，应在 ES 细胞分离的初始阶段以胚胎培养法、免疫外科学或显微手术法将滋养层细胞去除。

总之，尽管对 ES 细胞分离做了大量工作，但在除小鼠外其他动物中还未分离到可参与生殖系嵌合体形成的 ES 细胞。即使是小鼠，很多实验室也不能稳定地分离到有发育全能性的 ES 细胞。这表明，目前所采用的培养系统仍有待于进一步完善。不同动物胚胎有不同的发育特点，在体外培养中对环境要求不同。因此，各种影响因素在不同动物中应做相应的调整，以获得更好的 ES 细胞分离效果。

第三节 生物学特性及鉴定

ES 细胞是由早期胚胎原始生殖细胞（PGC）经体外分化抑制培养建立的全能性和多能性细胞系，识别和鉴定 ES 细胞是其分离和进一步应用操作的前提。对 ES 细胞进行鉴定的理论基础是其生物学特性。

一、细胞生物学特性

（一）ES 细胞形态结构及核型

各种动物的 ES 细胞具有与早期胚胎细胞相似的形态结构，胞体体积小，核大，有一个或几个核仁。

ES 细胞在体外分化抑制培养中呈克隆状生长，细胞紧密地聚集在一起，形似鸟巢，细胞界限不清，克隆周围有时可见单个 ES 细胞和分化扁平状上皮细胞。ES 细胞增殖迅速，每 18～24h 分裂增殖 1 次。此外，其还可以在体外进行选择、操作、冻存。冻存的细胞可在需要时随时解冻，继续培养不失其原有特性，并且来自一个克隆的细胞具有同样的特征。

（二）ES 细胞的高度分化潜能

ES 细胞的多能性和全能性是其区别于成纤维细胞等体细胞的显著特点。ES 细胞在体外需在饲养层细胞上培养才能维持其未分化状态，一旦脱离饲养层就自发地进行分化。由于大鼠肝细胞等条件培养基的应用和细胞分化抑制因子 DIA/LIF 的发现、纯化和生产，现在可以用条件培养基或 LIF 代替饲养层细胞，使培养的 ES 细胞处于不分化状态，除去这分化抑制物，在单层培养时细胞分化成多种细胞，悬浮培养可形成"简单类胚体"，进一步培养可形成"囊状胚体"，使简单类胚体重新附着于培养皿上生长，可形成不同类型复杂的细胞分化物。ES 细胞在体外某些物质的诱导下可以发生定向分化，如用维生素 A 酸或视黄酸（RA）作诱导剂，辅以双丁酰环腺苷单磷酸，对单层培养的 ES 细胞进行诱导分化，90%以上的 ES 细胞分化为神经胶质细胞，对聚集培养的 ES 细胞诱导分化则可分化为有节律性收缩的心肌细胞。将 ES 细胞以聚集法或注射法与受体胚胎结合，其可参与受体胚胎发育而得到嵌合体（包括生殖腺嵌合）。将 ES 细胞注射到同源动物皮下，可形成组织瘤，其细胞组成可代表三个胚层细胞。用 ES 细胞作核供体进行细胞核移植，可以得到可发育重构胚和动物个体。

（三）碱性磷酸酶的表达

许多资料表明，小鼠、大鼠的桑椹胚细胞和囊胚细胞均有碱性磷酸酶（AKP）表达，小鼠的 EC 细胞和 ES 细胞中均含有丰富的 AKP。而在已分化的 EC 细胞和 ES 细胞中 AKP 呈弱阳性或阴性。猪、兔的桑椹胚和早期囊胚 AKP 呈阳性。因此，AKP 常用来作为鉴定 EC 细胞或 ES 细胞分化与否的标志之一。

（四）胚胎阶段特异性细胞表面抗原的表达

早期胚胎细胞表面均表达胚胎阶段特异性表面抗原（SSEA-1）。在胚胎的原始外胚层细胞、ES 细胞、EC 细胞和原始生殖细胞的表面均可检测到 SSEA-1 的表达。小鼠 SSEA-1 的表达自 8 细胞期开始，直到原始外胚层形成期。赖良学（1995）的研究表明，家兔 SSEA-1 的表达与小鼠基本相似，桑椹胚卵裂球呈阳性，早期囊胚 ICM 细胞全部呈强阳性，晚期囊胚中部分 ICM 呈强阳性，部分呈弱阳性，少部分为阴性，在小鼠也观察到这一现象。因此，SSEA-1 也常作为 ES 细胞鉴定的一个标志。

（五）Oct-4 转录因子表达产物

转录因子 Oct-4 在多能胚胎干细胞和原始生殖细胞中得到表达。当全能细胞分化形成体细胞或胚外组织时，该基因则不再表达。原始生殖细胞是原肠胚形成之后唯一表达 Oct-4 基因的细胞。在体内剔除 Oct-4 基因，胚胎就会出现早期死亡现象，这是原本应该生成 ICM 的滋养外胚层细胞分化的结果。这一结果表明 Oct-4 基因对维持 ES 细胞和原肠胚阶段原始生殖细胞全能性表型起着非常重要的作用。这提示人们 Oct-4 基因的存在与否也可以作为 ES 细胞鉴定的指标之一。

（六）ES 细胞的端粒酶活性

研究表明，人 ES 细胞高度表达端粒酶活性，其他动物 ES 细胞是否高度表达端粒酶活性有待进一步研究。

二、ES 细胞的鉴定

（一）ES 细胞形态学鉴定

即依前述 ES 细胞的形态结构（胞体体积小、核大、有一个或几个核仁）和生长特性（呈克隆状生长，细胞紧密聚集，形似鸟巢，界限不清等）对 ES 细胞进行鉴定。此方法是最基本和简单易行的方法，但其只能作为 ES 细胞鉴定的初步方法。对所得细胞系是否为真正 ES 细胞还需依其他特性进一步判断。

（二）碱性磷酸酶（AKP）染色

1. 作用液 固绿（fast green）5g，双蒸水 0.08mL，HCl（36%）0.02mL，萘酚 AS-TR 磷酸钠 10mg，DMSO 0.5mL，PBS（pH 8.6）5mL，以 1mol NaOH 将 pH 调至 8.4。

2. 染色 以作用液处理 20min 后，双蒸水洗 3 次，再以甘油 PBS 封片。

3. 对照 以已建系 ES 细胞（或小鼠的桑椹胚或囊胚）作为阳性对照，作用液中不含萘酚为阴性对照。

4. 结果 阳性对照 ES 细胞染成红棕色，阴性对照无色。小鼠 3.5 日龄胚胎 ICM 为强阳性。

（三）SSEA-1 免疫荧光标记（间接免疫荧光法）

1. 试剂 ①第 1 抗体，SSEA-1（鼠抗 F9 细胞单克隆抗体），1∶100 稀释；②第 2 抗体（羊抗鼠-Rhodamine），1∶10 稀释；③封闭液，羊抗兔 IgG。

2. 步骤 ①杜氏 PBS 洗 3 次，2%Triton 作用 20min；②再以杜氏 PBS 洗 3 次，封闭液中置 20min；③以杜氏 PBS 洗 3 次，加一抗于 4℃过夜；④以杜氏 PBS 洗 3 次，加二抗置于 30℃温箱 30min；⑤再以杜氏 PBS 洗 3 次后用甘油-PBS 封片。样本在激光共聚焦图像系统下观察。

3. 结果 依细胞是否出现荧光做出判断。

（四）Oct-4 转录因子表达产物的检测

许新等（1990）将小鼠原始生殖细胞接种于盖玻片上，1%多聚甲醛固定 15min，甲醇后固定 5min，PBS 洗涤三次，加兔抗小鼠 Oct-4 抗血清（作为一抗）保温 45min，PBS 洗涤后加羊抗兔 FITC-IgG（作为二抗），室温避光 45min，PBS 洗涤，后以 PBS∶甘油（2∶1）封片，荧光显微镜下观察拍照。阴性对照用 PBS 代替一抗。结果表明，EG 细胞连续传代多次仍持续表达发育多能性的标志性基因 *Oct-4*，分化细胞和饲养层细胞则为阴性。

（五）分化能力检测

1. 体外分化实验　　将所得细胞系制成悬液培养在铺有明胶的培养皿中。如所得细胞系为 ES 细胞，则在培养过程中部分细胞聚集贴壁，培养一段时间后将分化为神经、肌肉、软骨等不同组织的细胞，同时还有部分不贴壁悬浮生长，其先形成简单类胚体，后进一步培养形成囊状胚体。在 ES 细胞传代过程中也可能有不贴壁 ES 细胞分化形成类胚体。

2. 体内分化实验　　以一定量所获得细胞注射到同源动物的皮下，如该细胞为 ES 细胞，经过一段时间以后，动物皮下注射处可见有组织瘤生成。手术取瘤，常规制作切片观察，一般可见代表三个胚层的不同组织细胞。

3. 嵌合体形成　　将 ES 细胞通过注射法或聚合法与受体胚胎结合并将胚胎移植同期化受体可以得到嵌合体动物，嵌合体动物可以通过毛色、皮肤色素等进行判断，或取器官组织进行同工酶（如 GPI，磷酸葡糖异构酶）检测。ES 细胞是否参与生殖系嵌合且形成功能性配子可以通过是否形成同种或同品种后代确定。

4. 核移植　　以 ES 细胞作核供体注射到去核卵母细胞中，观察重构胚是否正常发育并经移植受体产生个体。

（六）核型分析

ES 细胞与 EC 细胞不同的是，ES 细胞具有稳定正常的二倍体核型，这是其能够进行体外一系列操作的一个重要特征。核型分析所需用品及步骤可参考有关文献资料。

第十章 转 基 因

为特定产物编码及与转录和翻译有关的 DNA 序列称为基因。染色体指细胞有丝分裂中期和后期,以一定数目和形态着色的物体。在真核细胞分裂间期,在光学显微镜下其呈不定型的颗粒状,此时被称为染色质。在有丝分裂的前期最早阶段,它以线的形状出现,所以叫染色线。在真核细胞里染色线的组成部分,包括一条 DNA 双链及与其紧密联系的几种组蛋白和若干酸性或中性蛋白质。此外,还有各种不同含量的 RNA 和若干酶,尤其是与 DNA、RNA 有关的酶类。

第一节 转基因技术原理

转基因技术被称为"人类历史上应用最为迅速的重大技术之一"。操作和转移的一般是经过明确定义的基因,功能清楚,后代表现可准确预期。自然界中同样广泛存在自发的转基因现象,如植物界的异花授粉、天然杂交及农杆菌天然转基因系统等。转基因技术应用在社会各个领域中,较为常见的包括利用转基因技术改良农作物,生产疫苗、食品等。含有转基因作物成分的食品被称为转基因食品,其与非转基因食品具有同样的安全性。各国对转基因生物的管理不同,世界卫生组织及联合国粮食及农业组织认为:凡是通过安全评价上市的转基因食品,与传统食品一样安全,可以放心食用。转基因技术是现代生物技术的核心,运用转基因培育高产、优质、多抗、高效的新品种,能够降低农药、肥料投入,对缓解资源约束、保护生态环境、改善产品品质、拓展农业功能等具有重要作用。世界许多国家把转基因生物技术作为支撑发展、引领未来的战略选择,转基因已成为各国抢占科技制高点和增强农业国际竞争力的战略重点。

基因操作是指将一段核酸(通常是 DNA)插入一个小的载体的过程。载体一般来源于病毒、原核生物或真核生物的质粒。后者有助于外源 DNA 整合到受体细胞的基因组(染色体)中,确保外源 DNA 的继续繁殖。

一、重组 DNA

重组 DNA 是指将两个不同的 DNA 分子特异性地结合为一个新分子的一系列技术。最初的两个 DNA 分子,一个是载有所需基因信息的序列,通常是真核生物的病毒基因或细胞基因,另一个是受体克隆载体,通常是一种病毒或质粒分子。

限制性内切酶的发现打开了特异性切割 DNA 分子的大门。这类酶识别核苷酸上的特殊序列,在该序列内两个特殊的碱基之间切断 DNA 的磷酸二酯键骨架,现市售的限制性内切酶数以百计,商品目录提供了许多质粒的限制性图谱和各种酶的识别序列。限制性图谱是环状或线状的,上面有每种限制性内切酶按 5′→3′方向或顺时针方向的相对切割位点,可根据需要选用。

PBR322 质粒是一个克隆载体，其复制独立于大肠杆菌的细菌染色体，有 4382 个碱基对长度，包括 DM 复制起点，一个四环素抗性基因（*Tet-R*），一个氨苄青霉素抗性基因（*Amp-R*）。Backman 等于 1983 年发表了该粒子的全部序列，限制点的确定允许科学家在理想位置打开质粒，去除部分质粒 DNA，插入一段所需要的 DNA 序列再重新闭环。重组的 DNA 分子可能比原始质粒要大，在 10kb 以上，但不会影响它在宿主细胞里的扩增。通常外源 DNA 不是插入 *Amp-R* 基因就是插在 *Tet-R* 基因上，以便分辨重组质粒与非重组质粒（Cohen et al.，1973）。如果外源 DNA 插入 *Tet-R* 基因中，则所得重组体就是对四环素敏感的 Amp-R 型。重组 DNA 通过转化技术转移到大肠杆菌中，随着大肠杆菌的生长，质粒进行多轮复制，大量生产重组分子的放大拷贝。待细菌细胞收集后，提取 DNA，再用密度梯度离心法,分离低分子量的质粒 DNA 和高分子量的宿主细胞 DNA。重组 DNA 经过纯化，再溶于甲基氨基甲烷（Tris）缓冲液。然后取出一份 DNA 试样用限制酶消化分析，再用凝胶电泳法鉴别插入片段的大小，验证是否达到实验设计所预期的重组效果。

二、所需基因的分离

克隆所需基因或分离所需基因有很多方法可供选择，最常用的为建立一个 cDNA 文库和一个基因组文库。cDNA 文库由所需细胞类型中分离的 mRNA 及由这些 mRNA 反转录成的双股、互补性 DNA 组成。因此收集所生成的全部序列，就包括了所有 mRNA 的互补 DNA，因而称为 cDNA 文库。基因组文库通过用限制酶消化基因组 DNA，然后再将 DNA 片段随机克隆到质粒载体来构建，两个文库里收集的基因片段与载体 DNA 重组，连接后闭环，再转化到宿主细胞里生长、扩增。这些细菌被培养在琼脂糖培养基上，然后根据菌落来筛选所感兴趣的重组克隆体。有些分子在许多菌落里存在，有些分子只存在于某个菌落。因此，下一步就是建立一种检测方法来筛选克隆体，寻找所需序列。

三、探针的制备

聚合酶链式反应（PCR）已成为用化学发光剂、抗生素蛋白或放射性 P 主链为标志，合成特定 DNA 序列的最流行的方法之一。模板 DNA 加热解链后加入引物，每条引物与模板的互补链碱基配对。*Taq* 多聚酶是从一种生活在温泉中的微生物体内分离出来的，它的热稳定性独特，最佳温度是 72℃。*Taq* 多聚酶还可催化 DNA 双链任意一股互补链的合成，从引物开始直到模板的末端。在一个合成周期的结束，温度升高到 94℃维持数秒，就使双股 DNA 分离，这样每条单链又成为下一周期合成的模板。如此循环反复，就生产出所需序列成千上万的拷贝。

四、筛选克隆

筛选就是从随机文库里制得的重组 DNA 分子中，检测出特定的基因或基因产物。菌落印迹是一项将细菌菌落复制到滤膜上的技术，菌落转运后，将滤膜放入溶解缓冲液里，使蛋白质和核酸释放到滤膜上的菌落类似物的圈内。然后应用免疫学检测方法对表达的蛋白质进行特异性抗体检测，或用特异性探针对所期望的序列进行分子杂交。

分子杂交需要使用由 P 标记的核苷酸合成的 DNA 探针,以便单链序列也具有放射性,杂交反应需要使用加热或生物碱使单个克隆体的 DNA 变性,从而分开双链 DNA。探针加入后与退火的序列互补。不反应的 DNA 分子经洗脱除去,含有杂交反应的滤膜直接拍 X 线片,胶片上含有杂交反应的菌落显示出一暗点,据此可以鉴别出含有所需基因的菌落。然后从原培养皿上分离出该菌落,扩增后提纯 DNA。如果核苷酸序列未知,要想合成 DNA 探针可用的方法是,通过筛选特异性的蛋白质来鉴定基因产物,建立另一个文库,将菌落涂抹在琼脂糖培养基上,然后再转移到硝酸纤维滤膜上。用抗体检测溶解细菌中有关的蛋白质,然后分离扩增与抗体反应的菌落,进一步研究其 DNA。

五、DNA 及序列分析

分离的克隆体可用 Maxam 和 Giibert 或 Sanger 等创立的方法进行序列分析。每种方法都需要那些确知其在限制性酶切图谱上的位置、已经纯化的 DNA 片段。确定每个片段在限制性酶切图谱内的位置,将允许每个序列正确地连接到相邻片段上。计算机程序可以辅助这个连接过程。基因库及其他 DNA 序列数据库可以用来鉴别启动子和转录起始位点。

六、功能基因的分析

欲确定所需基因的功能和表达,即需检测其 mRNA 或蛋白质产物。Northern 印迹技术是一种确定基因的 mRNA 是否存在的方法。从细胞中提取 RNA,通过电泳在琼脂糖凝胶上分离,然后印迹转移至硝酸纤维滤膜,再与预先制备的由 P 标记的 cDNA 探针杂交,洗脱去除非特异性探针,制成 X 线片,显示 RNA 与 cDNA 杂交的暗带。暗带的大小通过 RNA 在凝胶上的迁移距离相对于 marker 在同一凝胶另一电泳道上的距离来确定。

Western 印迹技术与其相似,只是用来分析细胞蛋白质。蛋白质用凝胶电泳分离,再用电泳转录至硝酸纤维滤膜,所需的蛋白质与抗体间的反应,通过与抗生素蛋白——生物素、碱性磷酸酶、辣根过氧化物酶等结合的第二抗体,或同位素标记的第二抗体鉴别。这两种体系鉴别所需蛋白质均有效,如果分离的克隆体不产生预期的基因 mRNA 或蛋白质,那么整个基因连同调控区域都不可能存在。为了重新分离所需基因,则需再进行克隆。

第二节 哺乳动物转基因

转基因动物(transgenic animal)就是用实验室方法将人们需要的目的基因导入动物基因组内,使外源基因与动物本身的基因整合在一起,并随细胞的分裂而增殖,在动物体内得到表达,并能稳定地遗传给后代的动物。整合到动物基因组上的外来结构基因称为转基因,由转基因编码的蛋白质称为转基因产品,通过转基因产品影响动物性状。如果转基因能够遗传给子代,就会形成转基因动物系或群体。转基因的研究建立在经典遗传学、分子遗传学、结构遗传学和 DNA 重组技术的基础之上。随着转基因技术的发展,转基因动物育种、改良与繁殖,转基因药物生物反应器,转基因动物组织器官移植,疾病模型及基因治疗和免疫等研究广泛地开展起来。在家畜家禽和鱼类的应用研究中,特别是对乳畜生物反应器的研究，均显出巨大经济意义和社会价值。例如，在鱼类，通过向受精卵导入生长激素基因或与抗寒有关的基因，已育成生长速度快、个体大或耐寒鱼种，为水产养殖业带来了巨大效益，被人们称为"蓝色革命"。在家畜，已开展了以加快生长速度、提高畜产品质量和抗病为目的的所谓"基因育种"。随着转基因技术的完善，人类可能会以前所未有的速度创造动物新品种。动物的转基因技术还培育了一种新的产业，将编码具有生物活性的肽类或蛋白质的基因与乳腺特异性表达的基因启动子重组，转入乳畜，如果转基因获得表达，这类物质就可以从乳汁中大量、持久地生产出来，然后再用简单的蛋白质提取技术从乳汁中分离出这些活性物质。这要比用发酵技术生产这类物质简单得多。人们把这种能生产蛋白质类药物的转基因动物称为"药物家畜"或由四条腿泌乳动物组成的"药物工厂"。科学家和企业界人士预测，药物动物的产生和培育，十几年后将成为一个新兴产业。

一、转基因动物的研究历史与现状

长期以来人们一直希望实现物种间遗传物质的交换，以克服种间不育的障碍，从而有可能培育出动物新品种，但由于受传统技术条件的限制，始终未能实现。直到20世纪70年代，重组DNA技术的问世和胚胎体外操作技术的进步，使人类有能力用实验的方法进行外源基因的转移，从而使人们能够有目的、有计划和有预见地改变动物遗传物质的组成。转基因动物的培育成功，表明不同动物间遗传物质的转移得以实现。

转基因哺乳动物自20世纪80年代诞生以来，一直是生命科学研究和讨论的热点，随着研究的不断深入和实验技术的不断完善，转基因技术得到了更广泛的应用，几乎每年都有令人瞩目的研究成果报道，有些转基因成果已经进入实用化和商业化的开发阶段。1972年和1980年，Gordon将其他基因分别注入爪蟾卵母细胞和小鼠受精卵，并于1980年首次报道用DNA显微注射法获得了转基因小鼠，在所产小鼠的组织细胞内检查到了外源基因的整合，并将带有外源基因的小鼠称为转基因小鼠（transgenic mice）。1982年，美国科学家Palmiter首次将大鼠生长激素基因导入小鼠受精卵的雄性原核中，获得了转基因小鼠，其个体比对照鼠增大一倍，称为"超级小鼠"。由此激发了许多生命科学研究者的浓厚兴趣，相继有转基因猪、转基因鱼、转基因兔、转基因羊和转基因牛等问世。特别是一些国家希望能在转基因动物方面形成医药产业，因而竞相研究，这已成为生物技术研究领域的一大热点。目前，人们已成功地获得了转基因鼠、转基因鸡、转基因山羊、转基因猪、转基因绵羊、转基因牛、转基因蛙及多种转基因鱼。转基因动物培育的成功，给畜牧业和医学领域带来了一场新的革命。Dolly的问世，又启发人们产生通过体细胞基因转移改造和利用动物的种种设想。

科学发展史告诉我们，一项影响深远的基础研究成果转化为应用技术，一般都需要经历几十年，一旦获得首创性突破，就会呈现迅猛发展的趋势，转基因技术也正是如此。1911年Johannsen创立了"基因"这个名词，1980年Gordon等才获得转基因小鼠，间隔长达69年。可是，此后转基因技术的研究犹如雨后春笋，国内外竞相研究，设想与成果不断出现，形成了科学设想与现实同行之势。我国转基因动物研究起步于1984年，最早是中国科学院遗传与发育生物研究所陆德裕等将人β-珠蛋白基因注入小鼠受精卵，得到了转基因小鼠，以后北京、上海、兰州、长春等许多实验室都陆续开展了小鼠和家畜的转基因研究。

自从 20 世纪 80 年代初期出现"超级小鼠"之后，一些动物遗传育种科学家特别重视，希望转基因技术对动物个体改造和品种改良产生革命性影响，于是各国纷纷开展基因育种及其相关技术研究。

二、转基因的方法

哺乳动物转基因主要是将外源基因转移到胚胎细胞内的染色体上，并进行整合、表达和遗传等。

（一）DNA 显微注射法

DNA 显微注射法又称微注射直接转移 DNA，是将高浓度的目的基因用显微注射仪注射到受精卵的原核中，原理是原核的核膜在一定阶段发生破裂，使其 DNA 裸露，将外源基因整合到其基因组中去，外源基因可表达和遗传。在小鼠，由于雄原核较大并且 DNA 处于脱凝集状态，一般将 DNA 注入雄原核中。实验结果表明，外源基因可以整合到转基因动物的基因组中。苟德明（1996）用显微注射法转移人血清白蛋白（HSA）基因给小鼠，转基因阳性率为 11.4%，总效率为 0.7%。王敏华（1996）报道用显微注射法转移抗猪瘟病毒核酶基因，获得了转基因兔。但根据目前的报道，利用显微注射产生转基因家畜的成功率低于小鼠的成功率，其原因是小鼠受精卵原核容易看到，而其他哺乳动物卵内含有大量脂滴，使镜下所见原核模糊不清。如果在体外培养卵细胞并且体外受精，就可以克服以上困难。Krimpenfort 运用体外培养胚胎再实施显微注射获得了转基因牛。

显微注射的优点如下：①外源基因在宿主动物染色体上的整合效率高，尤其在小鼠达到 30%；②因外源基因导入先于雌雄原核融合，故外源基因可以整合到宿主细胞染色体内，由此产生的转基因动物所有组织和细胞常常都带有这一外源基因，且整合的位置和拷贝数基本上都一样；③不需要载体，并能以预测的方式表达；④对导入的基因大小要求不严格，甚至可以导入 50~100kb 的 DNA 片段。

缺点：①要求使用显微注射仪等精密设备，操作技术复杂、效率低、费用高；②某些动物受精卵脂滴丰富，原核难以辨认，常需超速离心，增加了操作的复杂性，受精卵的成活率也受到影响；③转基因往往串联整合，有时整合的基因拷贝达数百个，无法确定哪一个拷贝是功能性的；④整合是随机的，且宿主染色体常在整合部位发生突变，宿主基因常被插入灭活，从而导致许多转基因个体发育障碍、不育、死亡，甚至早期胚胎死亡。尽管如此，显微注射仍可能是近期内获得转基因动物的主要办法。

（二）精子载体法

利用精子作为载体转基因能较好地克服显微注射对卵子造成的损伤，以及不易控制整合进入宿主基因拷贝数的缺点。

在正常受精过程中，精子入卵后不久，精子和卵子分别形成雄原核和雌原核，随后两个原核融合而完成受精过程。用获能精子吸附外源目的基因，然后与成熟卵母细胞完成受精过程，获得整合有外源目的基因的个体。原理是精子在受精时的穿卵过程中要发生顶体反应（acrosome reaction），精子顶体外膜和头部质膜脱落，使精子能够作为载体而携带外源基因整合到受精卵的基因组中。

精子作为载体介导外源基因转移的研究最早始于 1971 年，Bracchetti 等用同位素标记的 SV40 病毒 DNA 与家兔的精子共孵育后，通过放射自显影在精子头部检测到放射性物质，说明 SV40 病毒 DNA 确实进入了精子内，这首次证实精子可以作为载体进行外源基因转移。然而这项研究成果及其重要的应用潜力不可思议地被忽略了近二十年，直到 1989 年，几乎是同时发表的 2 个独立研究结果再次证实精子可作为外源 DNA 转移的载体。Arezzo 等用海胆精子与外源 pRSVCAT 或 pSV2CAT 质粒在 37℃ 共孵育后，经过体外受精将外源基因带入卵母细胞，在发育的早期胚胎中检测到外源 CAT 基因的表达。Lavitrano 等用线形或环状的 pSV2CAT 质粒与获能小鼠附睾精子 37℃ 共孵育 30min 后，通过体外受精将发育到 2 细胞的胚胎移植给受体，产生的后代中有 30%（75/250）为转基因鼠，同时还发现转入的 pSV2CAT 质粒整合在阳性个体后代的染色体中，并在其尾、肌肉等组织中检测到外源 CAT 基因的表达。Lavitrano 等发表在 Cell 杂志上的"精子能作为外源基因载体，从而获得转基因动物"的报道，在生物界引起很大轰动。显而易见，用此方法生产转基因动物，不仅可以不使用复杂而昂贵的设备，且可省略不少繁杂的操作和条件准备，遗憾的是当时不少实验室无法重复 Lavitrano 等的实验。就在 Lavitrano 的文章发表不久，Brinster 等（1989）也在 Cell 上撰文对精子载体表示疑问，因为他们用近 10 种结构基因、6 个不同品系的小鼠、多种培养液和不同基因浓度，在 1500 只实验小鼠中未获得一只阳性后代。Brinster 指出利用精子与 DNA 混合培养法生产转基因动物的难度要比 Lavitrano 报道的困难得多。同时又肯定这种方法在生物学上具有相当重要的应用价值，因而有必要开展更进一步的研究。由此人们对精子载体法生产转基因动物的看法变得谨慎和怀疑，同时也促使人们围绕精子载体法在不同动物（主要在家畜）上开展了大量的应用基础研究。

之后不久，Gandolfi 等（1989）成功地用精子载体将 pSV2CAT 基因导入猪卵，整合率达 21%，被整合的外源基因全部具有表达能力。为了证实上述精子作为外源基因载体的实验结果，近年来，国内外学者进行了不少工作，人们应用放射自显影技术成功地观察到了 pSV2CAT 质粒、SV40 DNA 可以存在于精子赤道段、顶体后区和核内，并发现精子在与外源 DNA 孵育时，必须充分洗涤，否则精浆内的精胺、聚酰胺类物质或体外获能剂中的肝素会阻止精子对 DNA 的吸附，至少在人、小鼠、猪、牛、兔的精子都是这样。从精子来源看，在鼠类以附睾内精子吸附能力较好，而家畜则相反；以射出精子好。精子吸附外源 DNA 的量可达 30%～40%。在小鼠用同样的方法证实，外源 DNA 可以吸附在顶体内膜下和核内；同样的研究在仓鼠也发现放射标记的 DNA 主要存在于精子中段和尾部，外源基因可通过尾部带入，并于精子膨大时整合到雄原核内（因尾部入卵后多位于精核附近），实现转基因。这些研究无疑为精子作为外源基因载体进行基因转移提供了科学依据。这种用精子作为载体的基因转移方法，一旦技术成熟，有可能成为动物转基因方法中的一个重大突破。小鼠精子能够捕获加入精子悬液中的外源 DNA 分子，以精子作为载体，通过受精将外源 DNA 导入卵子的实验经 Southern 杂交、DNA 序列分析及 F₁代 GMT 酶活性检测均表明，用这种方法确实能获得转基因动物并可得到转基因系，以精子作为载体在转基因猪上运用较广泛。以精子为载体采用人工授精方法分别获得 82 只和 145 只仔猪，其中阳性猪分别为 5 只和 8 只。

1. 精子摄取外源 DNA 的研究 许多研究者通过实验证实，只有成熟的动物活精子具有结合外源 DNA 的能力。动物精子的高分辨率电子显微放射自显影、Southern 印迹及荧光原位杂交结果证明，即便是对精子经过多次清洗及过量核酸酶的消化，只能部分除去精子结合的外源 DNA，这表明有外源 DNA 分子进入了精子的细胞核内，同时发现精子结合外源 DNA 分子的部位并不是随机出现的，似乎是选择性地局限在精子头部的赤道部或顶体后部两个区域，这种结合一般不会出现在精子的尾部。所采用的外源基因绝大部分是含报告基因（如 *CAT*、*LacZ*、SV40 DNA、卡那霉素磷酸转移酶、*GFP* 等）的质粒，大小在 1～23kb，应用了精子与外源 DNA 共孵育、电穿孔和脂质体转染的处理方法。一系列的研究结果证明，昆虫、鱼类、鸟类、哺乳类（鼠、兔、猪、牛、水牛、山羊、绵羊、人）、禽类（鸡）等的活精子都具有这种摄取外源 DNA 的能力，只是精子摄取外源 DNA 的孵育处理时间因动物种类而略有差异。鸟类精子与 DNA 的结合在共孵育后 1h 内发生，反刍类则需 30～40min，与人精子结合约需 20min，但对鱼类而言仅在几分钟内完成。尽管有采用精子载体法在几乎各种动物上成功进行外源基因转移的报道，但也有相当一部分实验室在一些动物（小鼠、鸡、鱼、牛、猪）上的实验结果却为阴性，这被解释为是实验条件、技术方法的差异所造成的。

精子载体法最初是在受精前将获能精子与外源 DNA 混合孵育培养，以后逐步发展了电穿孔法和脂质体转染法。现有的研究结果证明，并非精子载体法处理的每个精子都会与外源 DNA 结合，而是其中的一部分精子携带有外源 DNA。从掌握的资料上来看，由于使用的培养条件、研究手段和实验方法的不同，精子载体法处理同种动物精子对外源 DNA 的携带率变化幅度较大。在小鼠为 65%～80%、人为 26%～39%、兔为 30%～35%、鸡为 6.3%～25%、牛为 39%～47%、羊为 27%～30%、猪为 0.3%～78%（也有 12%～30%的报道）。也有报道采用 DMSO 和热休克处理可显著提高兔精子的携带率，从而获得 61.7% 的 β-半乳糖苷酶基因的胚胎。研究结果还提示获能精子与 DNA 混合培养一般不会影响精子的活力和受精能力，但采用电穿孔和脂质体转染法可大幅度地提高携带外源精子的比例。电穿孔法是用高电场使外源 DNA 更容易穿过精子质膜而进入核区，多用于鱼类和鸡，一般能将精子对外源 DNA 的携带率提高 10%～15%，在鱼上转基因效率达 23%～37%，在鸡上高达 59.3%。虽然对精子的活力影响不变，但受精率却明显下降，表明高电场可能引起精子顶体不可逆转的损伤。脂质体转染法则是通过阳离子脂质体包埋外源 DNA，依靠其静电吸附于精子表面而与细胞膜融合，将外源 DNA"内吞"入精子内，但过量的脂质体会对精子产生毒害作用。

所有的哺乳动物精子结合外源 DNA 的实验结果表明，射出精子对外源 DNA 没有透过性，除非彻底地除去精清。对精子的充分清洗可提高其对 DNA 的结合效率，说明精清中存在着某些影响精子膜通透性的因子，这些因子或是直接作用于 DNA 分子，或是竞争性结合于外源 DNA 在精子表面的结合部位而间接起作用。李文蓉等研究发现哺乳动物（绵羊和牛）精清中含有一定量的核酸酶，能够降解加入的外源 DNA 分子。Zani 等则发现一种能强烈抑制精子结合外源DNA、分子质量为30kDa 的糖基化蛋白（IF-1），它产生的抑制作用与其中的多糖成分有关，且能被 N-糖基化酶或 O-糖基化酶废除。该蛋白质广泛存在于哺乳动物的精清及无精清的低等动物（海胆）精子表面，免疫组化分析表明，糖基化蛋白的选择性靶位点是在完整精子的顶体后部位，它对精子结合外源 DNA 的抑制作用没有动物种属上的差异。这些研究结果说明动物精子存在着保护自身免受外源遗传物质侵入的生理屏障，从而确保动物能在长期的进化过程中维持遗传的可靠性和物种的稳定性。

最初人们认为精子结合外源 DNA 可能是依靠这些核酸分子的极性，但随后研究结果提示，除 DNA 外，其他一些大分子物质，如多聚阴离子（肝素、硫酸葡聚糖）和低等电点（pH<7）的蛋白质（藻青蛋白、BSA、β-乳球蛋白等）也能有效地与精子结合，其结合部位与外源 DNA 的部位相同，但这些大分子物质与精子的结合是可逆的，并能与外源 DNA 竞争结合位点。Lavitrano 等和 Zani 等则认为在精子膜上可能存在涉及外源 DNA 结合的底物分子。通过精子头部提取蛋白质的 Southern 印迹 Western 分析，发现了 3 种外源 DNA 的潜在结合蛋白，其中一种分子质量为 30～35kDa 的蛋白质在几种哺乳动物（鼠、猪、牛和人）及海胆、鱼类的精子中都是高度保守的，并且在体外能与 DNA 特异性地结合并形成核蛋白复合物而对 DNA 序列没有差异，说明这种蛋白质确实充当着精子摄取外源 DNA 生理底物的角色。更进一步的研究还发现 IF-1 因子可以将外源 DNA 从 30～35kDa 蛋白质与外源 DNA 形成的核蛋白复合体中解离下来，表明 IF-1 因子与该 DNA 结合蛋白似乎是控制精子结合外源 DNA 的一对竞争性的拮抗底物。

2. 精子结合外源 DNA 的核内化过程　　通过放射自显影、原位杂交、PCR 及 Southern 杂交对外源 DNA 在动物（牛、猪、鼠、昆虫、绵羊、山羊）精子中的定位研究结果都提供了详尽而可信的证据，证实有一部分结合的 DNA 分子进入精子细胞内并在其细胞核的区域被发现，这个结论已得到结合外源 DNA 精子的分离细胞核检测结果的强有力的支持。那些外源DNA 核内化的精子占处理精子总数的 1/4 左右，如小鼠为 11%～22%。如果采用脂质体转染法或是电穿孔法，则很容易解释外源 DNA 能够进入精子细胞核内的这种现象，但如果只采用精子与裸露的 DNA 分子共孵育的处理方法则很难解答这个问题。动物精子具有摄取外源 DNA 的能力并使其发生核内化，究竟是一个随机出现的偶然现象还是某个特定的生理过程呢？为此科学家在小鼠上开展了有关机制的研究。Wu 等在研究 Ⅱ 型组织相容性抗原复合体（MHC Ⅱ）敲除小鼠模型时，意外发现 MHC Ⅱ 的敲除小鼠与正常鼠相比，其附睾精子结合外源 DNA 的能力要减弱很多，认为这可能与 MHC Ⅱ 基因的表达有关。之后，Lavitrano 等发现用 Anti-MHC Ⅱ 单抗在精子头部未能检测到 MHC Ⅱ基因的表达，证实成熟精子不存在 MHC Ⅱ 基因。另外通过免疫荧光和 Western 分析发现正常小鼠精子的头部存在 CD4 分子，用 Anti-CD4 的单抗与精子共同孵育后就能阻止精子结合的外源 DNA 发生核内化的现象。而在 CD4 的敲除小鼠上，尽管其精子完全具有结合外源 DNA 的能力，但却无法使结合的外源 DNA 进入精子核内。据此认为外源 DNA 发生核内化是与精子膜上的 CD4 分子有着更直接的关系。这些研究提示 CD4 和 MHC Ⅱ 分子在精子与外源 DNA 结合并引起外源DNA 核内化过程中承担着极其重要的角色，尽管成熟的精子细胞中缺乏 *MHC II* 基因，但在精子发生过程的某个阶段 *MHC II* 基因的表达是其遗传上的需要，直接关系到将来成熟的精子是否具有结合外源 DNA 的能力，只有 *MHC II* 基因表达的精子才具有这种结合能力，同时也是成熟精子头部的 CD4 分子将精子结合的外源 DNA 导入其细胞核内的必要基础条件。

为探索核内化的外源 DNA 在精子内的最终命运，Zoraqi 等研究首先发现核内化的外源 DNA 似乎与精子的核骨架结构产生一定的联系。采用小鼠精子与外源的 pSV2CAT 质粒共孵育后提取精子核 DNA，经酶切、连接、转化、筛选，对随机挑选的 7 个克隆进行 PCR 分析，发现 pSV2CAT 质粒整合到小鼠的染色体上。对插入位点基因测序和比较，发现在插入位点的任一端含有拓扑异构酶 II 的同源序列，这个结果提示外源基因能整合在精子的染色体上可能与拓扑异构酶有关。目前的研究证实拓扑异构酶 II 是细胞核骨架的一个主要的组成部分，在 DNA 重组和异源重组中起着决定性的作用，故推测外源 DNA 在精子核内插入整合的位点可能就是核基质（VIAR）区，在此，外源 DNA 与精子染色体产生基因重组，而拓扑异构酶 II 即是该事件的主角。

根据以上的一些研究结果，Lavitrano 研究小组提出了精子结合外源 DNA 并发生核内化过程的一种可能假说：外源 DNA 与动物精子共培养时，成熟精子表面未被精清里存在的 LF-l 因子所封闭的 DNA 结合蛋白（如 30～35kDa 蛋白）与其发生相互作用，这依赖于精子发生过程 *MHC II* 基因的表达。核内化的发生是在结合的最初几分钟开始并由精子细胞膜上 CD4 分子进行信号转导的，DNA 结合蛋白（DNA binding protein，DBP）与外源 DNA 形成的核蛋白复合体（DBP/DNA）是产生核内化的触发信号，这使得 DNA/DBP/CD4 复合体进入精子内并穿过核孔抵达核基质区，此时 DNA 与 DBP/CD4 解离，DBP 和 CD4 分子返回精子细胞膜，继续介导其他的外源 DNA 进入精子细胞核内，而外源 DNA 则与基质区的染色体在拓扑异构酶 II 的作用下发生外源基因的整合。

3. 精子载体法生产转基因动物的研究　　自意大利的 Lavitrano 等报道利用精子载体法能够获得转基因动物以后，这种基因转移技术由于所蕴藏的重要应用商业潜力，很快于 20 世纪 90 年代初在世界生物技术领域形成了一个令人瞩目的研究高潮，包括中国在内的各国生物学家先后在几乎包括所有种类的动物上（蜜蜂、海胆、沙丁鱼、鲤鱼、鸵鸟、小鼠、大鼠、兔、猪、牛、水牛、山羊、绵羊、人、鸡）采用精子载体法成功获得早期发育的转基因胚胎及转基因个体。在国内多采用精子载体法开展外源基因在特定组织表达的转基因动物应用研究。例如，沈孝宙等用精子载体法将人生长激素基因导入鱼卵内，产出的后代中有 50%以上的个体表达了外源基因。于健康等也利用精子载体法将抗冻基因转移到鲤鱼卵内，得到了整合外源性抗冻基因的转基因鱼。孙永新等用精子与人生长激素基因共孵育后，通过人工授精途径生产转基因绵羊，在获得的 98 只后代中，整合外源基因的阳性羔羊有 3 只。郭志勤等建立了一个较为成熟的精子载体法生产乳腺表达转基因羊的技术路线，转基因效率最高达 9.86%，获得了乳汁中表达人胰岛素原的转基因绵羊。陈学进等用脂质体转染的精子载体法获得了乳汁中表达人干扰素的转基因兔。

在一些研究中，人们得到了用精子载体法转移的外源 DNA 整合在宿主基因组的转基因动物。而在另一些研究中人们却发现外源 DNA 是以游离基因（附加体）的形式存在于染色体之外的，外源基因或是在胚胎发育的某个阶段丢失，或是形成嵌合体动物。有不少的研究工作采用 PCR 技术对精子载体法经过体外受精得到的早期发育胚胎进行检测，尽管能够确定外源 DNA 确实进入了细胞内，但却无法判断导入的外源基因是整合在胚胎的染色体上，还是以附加体的形式存在于核区。Lavitrano 等的研究发现，在染色体整合外源 *pSV2CAT* 基因的转基因小鼠中同样存在附加体形式的外源 DNA，而 Rottmann 和 Nakanishi 用精子载体法得到的转基因仔鸡中未发现外源整合导入染色体，却观察到外源 DNA 以附加体形式存在。在用 DNA 显微注射法生产转基因动物的研究中，外源 DNA 也并不总是整合在宿主基因组中，人们同样得到外源 DNA 以附加体形式存在的转基因动物。

尽管有大量的实验结果证实采用精子载体法是能够获得转基因动物的，但到目前为止，还没有足够的、令人信服的研究证据能够直接肯定在受精过程外源 DNA 进入受精卵以后究竟发生了怎样的变化及在转基因个体中究竟是以何种形式存在的。现有的对受精过程的理解，使得精子载体法介导的外源 DNA，在进入卵母细胞受精的过程后，会遇到许多基因发生交换的障碍。解答导入动物体内或胚胎细胞中的外源 DNA 的存在形式，是今后精子介导外源基因转移技术方法的一个技术难点和研究重点，也是肯定精子载体法能否广泛地适用于各种动物进行基因转移，尤其是乳腺生物反应器研制的理论基础。目前人们对真核生物胚胎发育的详细情况及其调控及对染色体结构与调控等方面缺乏全面深入的了解，加上研究技术手段的限制，还无法阐明应用精子载体法生产转基因动物所遇到的一些疑问，这也是多数生物学者对精子载体法的应用价值持怀疑态度的一个主要原因。但从转基因动物生产的应用研究上看，精子载体法仍不失为一种简便有效的转基因技术方法，因为它可以方便地得到大量可供商业利用的转基因动物。

4. 雄性生殖细胞介导外源 DNA 转移的新方法　　在传统精子载体法的基础上，辅以生精细胞显微受精的基因转移——输精管注射法体内转染成熟精子和精曲小管注射法转染生精干细胞。这些方法的应用将为哺乳动物基因转移提供更为方便和高效的技术手段。

用精子作为载体把外源 DNA 导入后代，有可能简化转基因动物的生产。起初是把成熟的精子在体外与质粒 DNA 共同孵育一段时间，使外源 DNA 进入精子内部并黏附于精子质膜上，然后用携带外源 DNA 的精子进行体外受精。但经过多年探索，其结果不是很稳定，转基因效率波动很大。Lavitrano 等（1998）报道，在总共 75 次小鼠实验中，13 只受体雌鼠产出 130 只转基因后代，占胚胎总数的 7.4%，但各次实验之间的转基因效率却变化很大。外源 DNA 也可用电穿孔法导入牛精子，或用脂质体介导法导入小鼠和家禽的精子。但上述方法都需要把精子与外源 DNA 共同孵育后进行体外受精。以下为精子载体法转基因的一些新方法。

（1）辅以生精细胞显微授精的基因转移　　Brinster 等（1994）将分离到体外的精细胞移植到已除去睾丸中精细胞的小鼠精曲小管内，获得由移植精细胞发育出的精子，由此精子与卵子受精得到活的后代，这是精细胞的体内发育研究进展。若能在体外将精细胞与支持细胞一起培养，使其发育到精子细胞水平，在此过程中导入目的基因，就能利用这些生精细胞及显微受精技术，生产携带外源基因的转基因后代。于是有人开始探索对哺乳动物雄性生殖细胞系进行体内转染以生产转基因动物,但体外培养分化中或分化后的雄性生殖细胞及随后的显微注射都有很大难度。

(2)输精管注射法体内转染成熟精子 Huguet 等(1998)把外源 DNA 直接注入小鼠和大鼠的输精管。在注射后,外源 DNA 可从注射部位扩散至输精管全长,从而使大量精子得以与外源 DNA 接触,注射 6h 后杀鼠收集精子。用紫外荧光法检测,发现(78.8±7.8)%的小鼠精子和(60±4.6)%的大鼠精子表现为阳性,且绝大多数精子的荧光标记位于精子核区。这些荧光标记在精子用 DNA 酶消化后仍然存在,证明外源 DNA 已经进入精子核内。哺乳动物精子对外源 DNA 的结合可能受雄性生殖道分泌到精清中的一些分子所调节,精囊腺和前列腺的一些分泌物可在射精时结合到精子表面,它们可能阻止精子摄取外源 DNA。射出的哺乳动物精子对 DNA 的结合能力,不如附睾中收集到的未射出精子。精子和 DNA 相互作用可被精浆中的因子所阻断,如果这种因子被引入体外孵育系统,会明显抑制精子摄取外源 DNA。精子在附睾中的成熟和贮存过程中,附睾分泌物特异性地与精子质膜结合,这些分子的结合导致精子质膜的一系列变化。而 Huguet 等(1998)的研究结果表明,存在附睾分泌物的输精管液,并不影响精子对外源 DNA 的摄取,这与体外实验的结果不同,说明精子在体内外对外源 DNA 的摄取存在差异,而对输精管精子进行体内转染是可行的。这种方法的局限性在于:转染后如不及时受精,转染了 DNA 的精子将被来自附睾的未转染精子所稀释,而且由于被转染的是已失去增殖能力的成熟精子,该方法难以得到可长期产生转染精子的雄性动物,每次输精管注射只能产生一批转染精子。

(3)向曲细精管中注射外源 DNA 哺乳动物的精子发生涉及生精上皮中受到严格调控的生殖细胞分化、增殖。在转基因动物的生产中,转染睾丸生精干细胞具有更大的应用潜力,因为它们可以自我更新并增殖成大量的干细胞。出于此种目的,Kim 等(1997)先用 Busulfan(一种烷基化试剂)处理,破坏正在发育过程中的雄性生殖细胞。然后用显微注射针向精曲小管中注射脂质体/细菌 Lac-Z 基因复合物,直接转染小鼠精曲小管或猪睾丸中的雄性生殖细胞。结果用 PCR 证实,在小鼠中,8.0%~14.8%的睾丸精子表达 Lac-Z 基因,7%~13%的附睾精子携带外源 DNA。这说明一些精子在发育早期,成功地被脂质体/DNA 复合物所转染。由于猪的精曲小管被厚而不透明的白膜所包围,无法准确把脂质体/DNA 复合物注射进入精曲小管,因此只能把脂质体/DNA 复合物随机注入睾丸,结果外源 DNA 也有效地整合进入雄性生殖细胞,15.3%~25.1%的精曲小管中具有表达基因的生殖细胞。Yamazaki 等(1998)则在精曲小管 DNA 注射之后进行体内电穿孔,把鱼精蛋白 1 增强子(PRM1)区域引导的 Lac-Z 基因注入精曲小管。因为电穿孔可以利用高压电场使各种细胞,包括生精干细胞的细胞膜上产生暂时性孔道,从而使外源 DNA 比较容易地进入细胞内(刘红林等,1997)。转移后的组织化学研究结果表明,Lac-Z 仅在成体睾丸的单倍体精子细胞中表达,与内源性 PRM1 的表达模式相一致。转染的生精细胞可以长期表达转移的基因。一群分化的生精细胞在转染 2 个月以后仍表达 Lac-Z 基因,说明生精干细胞和/或精原细胞也能整合外源 DNA。

上述体内精子转染技术的发展,有可能进一步提高转染效率、稳定性及转染后的精子活力,使精子介导外源 DNA 转移的方法更趋完善。特别是对生精干细胞的体内转染,则有可能发展出一种稳定的转基因系统，为转基因动物的生产提供大量携带目的基因的精子。

（三）反转录病毒感染法

反转录病毒又称逆转录病毒（retrovirus），具有侵入宿主细胞并整合于细胞染色体DNA内的能力。用带有目的基因的反转录病毒感染胚胎，使其发育成的个体不同程度地进行目的基因的表达。原理是利用反转录病毒能够侵入宿主细胞并整合于细胞染色体DNA内，含有RNA的反转录病毒，在感染宿主细胞后，能反转录相应的DNA，并整合入宿主细胞的基因组中。在反转录病毒增殖周期的第一阶段，是当其感染并吸附在细胞表面以后，反转录病毒的一条RNA链反转录成两条DNA链。链状DNA变成环状DNA，并整合到宿主基因组中，这就是前病毒或称原病毒。前病毒可以整合到碱基序列不相类似的宿主基因组的任何部位，所以整合到宿主基因组的部位是复数。反转录病毒增殖的第二阶段，是前病毒利用宿主细胞的转录和翻译系统进行复制、转录和翻译，产生病毒RNA和编码病毒蛋白mRNA，通过病毒蛋白的裂解和修饰，最后装配成病毒颗粒并由宿主细胞表面衍生出来。

反转录病毒具有特殊的基因结构，具有两处大的重复序列（LTR）位于两端，参与宿主细胞基因组和病毒基因组的联系，提供诸如病毒启动子、增强子、终止信号及整合所需的附着位点等。目前常使用的反转录病毒载体包括莫洛尼小鼠白血病病毒（Mo-MLV）、小鼠肉瘤病毒（MSV）、哈维小鼠肉瘤病毒（Ha-MSV）、禽白血病病毒（ALV）和劳氏肉瘤病毒（RSV）等。反转录病毒感染导入的总体技术，是将带有外源目的基因的反转录病毒载体DNA，通过辅助细胞包装成高感染滴度的病毒颗粒，用来感染着床前的胚胎，随后直接移入受体子宫。一般来说，各种基因组DNA和cDNA均可插入载体中，其转录方向可与病毒LTR的转录方向一致，也可以相反。若插入基因的转录方向与上游的病毒LTR的作用方向一致，则常可得到高效表达。所用的启动子（promoter）可以是插入基因本身的，也可以是异源启动子。

利用反转录病毒感染法已成功地获得了转基因小鼠，如将含有细菌 gpt 基因的MSV载体转移到着床后小鼠胚胎中，其结果，含有 gpt 的原病毒被整合到小鼠中，在各种器官中以低水平表达。DNA注入小鼠囊胚腔内，在成年小鼠的细胞中找到了这种DNA，利用含有人 β-珠蛋白基因及自身启动子的重组反转录病毒，感染着床前胚胎产生了转基因小鼠品系，这些小鼠的转基因在造血系统中表达。用没有病毒支持的重组缺陷型反转录病毒感染无透明带的鼠胚，产生了携带突变DNA基因的转基因鼠。但是这种转基因方法在家畜的研究还远远不及小鼠，仅见有在牛、羊胚胎内整合和表达的报道，但尚未有成功的转基因个体诞生，可望在近期有所突破。

反转录病毒感染法具有一些明显的优点：①感染率高，100%的宿主细胞被感染，且可同时感染大量细胞，细胞损伤较小，胚胎成活率较高；②虽然整合也是随机的，但能将单一拷贝的DNA整合到宿主细胞染色体上；③使用方便，既可通过注射有感染性病毒到胚腔内，也可通过无透明带囊胚与能分泌病毒颗粒的细胞共培养，达到转移基因到胚胎中去的目的；④反转录病毒的宿主范围广泛，适用于多种动物；⑤宿主染色体DNA

在整合位点附近较少发生缺失和重排，因此转基因动物中也较少出现不育和其他生理异常现象。

缺点在于：①整合率不高，并易发嵌合型转基因动物，即有的组织细胞中含有外源基因，有的则不含外源基因，也不能保证生育细胞中含有外源基因；②对插入的外源基因大小有限制，一般不超 10kb；③胚胎对病毒侵染有时具有抗性；④反转录病毒会产生有侵染性的病毒颗粒，并且往往是致癌的；⑤反转录病毒的 DNA 序列可能干扰外源基因的表达；⑥重组的反转录病毒不够稳定，外源基因易在病毒复制过程中发生重排或丢失。

（四）胚胎干细胞介导法

胚胎干细胞是从胚胎囊胚期的内细胞团中分离出来的一种尚未分化的多潜能细胞。1981 年，首次成功地分离培养了小鼠的胚胎干细胞，称为 EK 细胞。同年用不同的方式培养成功了小鼠干细胞，称为 ES 细胞（embryonic stem cell）。其实 EK 和 ES 细胞是同一类型的细胞，目前多称 ES 细胞。如果将 ES 细胞植入正常发育的囊胚腔中，它们能很快地与受体的 ICM 聚集在一起，参与正常胚泡的发育。利用电穿孔法、磷酸钙沉淀法、逆转录病毒法等可将外源目的基因导入 ES 细胞。然后再筛选出带有目的基因的克隆导入宿主胚胎腔内，由此发育而成的个体就可能携带有特定的外源基因，并可能出现特异性表达。据统计，外源基因在宿主细胞染色体上的整合率约达 50%，而在生殖细胞中的比例约为 30%。通过对嵌合型转基因动物的筛选，即可获得整合有外源目的基因的转基因动物。

由上可知，用 ES 细胞途径培育转基因动物，关键是建 ES 细胞株。但应该指出的是虽然目前已建立了 30 余株小鼠和仓鼠的 ES 细胞系（有的已商品化），并用此细胞产出了转基因鼠，但是在家畜 ES 细胞系的建立，却一直没有突破性进展，虽然已有不少关于猪、牛、羊等 ES 细胞系建立的报道，但 ES 细胞的遗传特性（形成生殖腺的能力）尚未固定下来，故多认为是一种类 ES 细胞（ES-like cell）。我们可以将外源基因插入 ES 细胞，通过移核技术转移到去核的卵母细胞内，通过对带有外源基因胚胎的筛选和移植来培育转基因动物，这是一种富有极大潜力的转基因方法。

胚胎干细胞介导法的优越性在于可以通过各种方法，对 ES 细胞系进行体外的外源基因导入。转化或转染细胞的鉴定和筛选也较方便。即使外源基因的导入率只有 10%，也可能予以选出。有关外源基因的整合数目、位点、表达水平与其调节及插入基因的稳定性的鉴定等，也均可在细胞水平上进行。因此，预期性和可控程度都明显高于受精卵的显微注射法。此外，注射 ES 细胞到囊胚内在操作上较易进行，且囊胚一般可通过非手术方式植入受体子宫内，胚胎成活率和发育率也较高。同时，注射 ES 细胞系进行转基因还具有定点插入的极大潜力。

此法的缺点是 ES 细胞系的建立困难，保存和维持也不容易。植入受体囊胚后如果发生性嵌合，则将导致生殖机制紊乱和不育。

（五）细胞培养

通过将含有插入基因的单个细胞培养成为一个完整的个体，并使插入基因能够遗传并表达的这种应用细胞培养技术使基因转移的方法，目前已在小鼠上获得成功。

（六）电穿孔法

电穿孔法的原理是细胞膜在高压电场中迅速极化，于 10～100s 内产生许多小孔，通透性也大大增加，此反应为可逆的，在很短时间后立即复原，从而可利用高压脉冲作用将外源基因导入精子、受精卵、胚胎和 ES 细胞内，然后整合于转基因动物的生殖细胞。此项技术在转基因植物研究中应用较多，而在转基因动物中仅有零散报道，尚未有成功的转基因个体诞生。

以上几种方法各有优缺点，且目前成功率均不高。转基因技术目前仍需进一步改进方法，提高转基因的效率。

三、转基因的整合

（一）外源基因整合发生的时间

目前认为，非同源嵌合体转基因动物，外源 DNA 整合发生于第二细胞周期 S 阶段的 DNA 合成之前。转基因同源嵌合体（mosaic）发生于第一、二细胞周期之间。根据对小鼠胚胎发育过程的分析，很多非同源嵌合体转基因动物的整合，很可能发生在第一次 DNA 合成之后。32 细胞阶段的小鼠胚胎中，有 10～11 个细胞在内细胞团，21～22 个细胞在滋养外胚层。小鼠内细胞是胎儿前体，一项有关异源嵌合体（chimera）形成的研究证明，胚胎的前体至少有 4 个细胞。但这一发现可能不典型，因为一些巨大囊胚是由 4 个胚胎聚集而成的。首先，在任何情况下，充其量约有20%的早期囊胚细胞参与小鼠胎儿的形成（有些内细胞团细胞发育成非胎儿组织）。其次，多数胚胎的桑椹胚期胚胎内部的一些细胞可能是唯一的胎儿前体。在多数情况下，胎儿的全部细胞可能都来自 2 细胞期胚胎中的一个细胞。分裂形成 3 细胞胚胎的那个卵裂球比第二次分裂的更有可能形成内细胞团细胞，4 细胞和 8 细胞胚胎分裂时也是如此。从细胞分裂周期看，第一、二周期时间各为20h，随后的细胞分裂周期为10h。很显然，某些或大多数动物的 8 细胞胚胎中形成胎儿的 2～4 细胞可能完全来自 2 细胞期的一个细胞球（带有外源基因）。由于 2 细胞期整合发生在分裂延迟（小鼠）的那个卵裂球及其产生的两个子代卵裂球中的一个，所产生的小鼠只有很少是转基因小鼠。但如果整合发生在 4 细胞阶段（全部带有外源基因），则所产生的很可能是转基因动物，因为该细胞系的分裂没有延迟。应指出的是，这种情况纯属假设，但并不是没有道理。在尚未找到一种测定分裂期胚胎中转基因整合的方法之前，整合发生的时间终究是一个谜。根据推测，整合不大可能发生在 1 细胞阶段的 DNA 合成之前，而比一般想象得要晚很多。从一个转基因卵裂球和一个非转基因卵裂球产生的家畜胎儿，在多大程度上可预期成非同源嵌合体目前尚不太清楚，但是这个原则可能是成立的。

（二）外源基因整合的机制

外源基因进入受体细胞以后有三种命运：①由于受体细胞内酶的作用，被迅速降解而退火；②进入受体细胞后呈游离状态存在；③整合到受体细胞染色体 DNA 上，成为受体染色体 DNA 的一部分。

当用反转录病毒作为外源基因载体转染动物受体细胞（包括胚胎细胞）时，大多数外源 DNA 可以进入大部分动物细胞，但只有极少数整合到染色体上。凡进入受体细胞未整合的外源 DNA，只要有完整的启动子、内含子、外显子剪接信号，一般均能在受体细胞内表达，但这种表达是暂时性的，很快会随细胞衰老而减退和消失，且这种表达也不能传代。只有极少数整合外源 DNA 的细胞，可以随着其分裂和发育传递到子细胞或子代中。外源基因在染色体上整合是一个极其复杂的过程，迄今并不十分清楚。可能的整合机制是：当把外源 DNA 导入受体细胞后，发生分子内和分子间的串联，进行环形分子间、线形分子间和环形、线形分子间的同源重组。然后通过正常的 DNA 修补机制，把基因整合到染色体缺口上，并与整合的基因发生重组，使其排列延长。而未整合的基因最终被降解。

无论外源基因整合的机制怎样，至少现在已知道以下几点：①外源基因在整合之前发生头尾串联状连接；②整合点是随机地广泛分布在染色体的不同部位；③整合的拷贝数随细胞的不同而不同，也与所用载体及转染的 DNA 量有关；④在整合过程中，一部分外源 DH 能保持完整的结构，另外一些 DH 可能发生重排；⑤在整合过程中，受体细胞的 DNA 也发生重排并部分丢失；⑥线性 DNA 比环形 DNA 分子更易整合，线性 DNA 注射后易产生环化；⑦不同 DNA 分子在一起注射时，通常是在一起整合。

鉴于上述原因，由外源基因转化的细胞或转基因动物将发生什么情况很难预测。现在的基因打靶（gene targeting）技术，即将外源基因导入靶细胞染色体的某个确定位点上，或使某一基因发生定点突变的技术。虽然这些都是以体外培养细胞作为基因转移对象，但为转基因动物培育工作中外源基因的定向导入和定位整合提供了经验和方法。

（三）提高外源基因整合效率的途径

外源基因在宿主（受体）细胞染色体上的整合率是受多种因素控制的，因此，单纯地从某一方面或几个方面考虑是很难提高整合效率的。但是从影响因素入手设计有效的途径，对提高整合率是大有益处的。提高整合率的有效途径有：①使 DNA 注入时间和卵子的细胞周期同步化；②通过加入能和基因组重复成分杂交的 DNA 序列，而促成导入基因和基因组的同源重组；③在基因组中制造切口，以利外源基因的结合和重组；④配制合适的 DNA 缓冲液，以促成 DNA 共价键。

四、转基因的表达

（一）组织特异性和非特异性表达

动物体的特性表现，依靠着不同类型细胞内许多基因的不同表达。某些基因可在大多数细胞内表达，即外源基因在所有器官显著表达，改变动物表型和原来性状，这种外源基因目前还不多见，比较成功的例子是将 MrGH 或 MTnGH 基因转移给小鼠，产生"巨型小鼠"。另一些基因在少数几种细胞类型内表达，再有些基因只在一个类型的细胞内表达，就目前所获得的转基因动物，绝大部分属于这一类，其表达量与内源基因相似，甚至超过内源基因。把只能在某些组织细胞内的表达称为组织特异性表达，如把人血清淀粉样蛋白 P（*SAP*）基因导入小鼠基因组，发现它仅能在肝细胞内表达；β-乳球蛋白基因仅能在转基因羊的乳腺细胞中表达；鸡运铁蛋白基因，在转基因鼠的肝脏表达；骨骼肌肌动蛋白和肌动蛋白基因，在转基因动物的骨骼肌中表达；大鼠弹性蛋白基因，在胰腺外分泌细胞中表达；人 β-珠蛋白基因，在红细胞内表达；大鼠 κ-L 链基因，在 B 淋巴细胞内表达等。

基因表达的组织特异性，可能是基因内部或其侧翼序列中的某些顺式调节序列（如增强子）与细胞中一定的反式调节因子相结合，使其转录效率提高的结果。然而，在转基因小鼠中所取得的支持这个论点的证据，主要是发现了许多能够控制组织特异性表达的顺式调节序列。例如，将细菌的 *CAT* 基因作为目的基因，使它与鼠类 2A 晶体蛋白基因启动子所在区域的不同长度片段相连接，构成不同的融合基因，再分别观察它们在转基因小鼠内的表达特性，发现含有一个（88±46）bp 片段的融合基因能够特异性地在小鼠晶体内表达，这说明了鼠类 2A 晶体蛋白基因的组织特异性表达是由一个（88±46）bp 区域内的某些序列所决定的。又如将小鼠的 *MPL* 基因的编码序列切除后，插入一个人生长激素基因的编码序列，然后做成转基因小鼠，并观察它的表达。发现了 5′端的侧翼序列能够控制转录的起始，3′端的侧翼序列能够控制 mRNA 的翻译。同时也发现，在早期的圆形精细胞内转基因的表达局限于顶体，而在后来拉长的精细胞内，则仅在细胞内表达，而不在顶体表达。

对于能在多种组织细胞内表达的基因，其调控机制要比组织特异性表达复杂得多。这些基因大多有多个增强子，它们分别在不同的组织细胞内与某种反式调节因子相作用而提高其转录水平，故表现为能够在多种组织内表达。例如，转铁蛋白基因可以在肝脏、睾丸和脑等组织中表达；肌酸激酶基因能同时在心肌和骨骼肌中表达；小鼠的 *MT-1* 基因几乎可在所有细胞内表达，但表达水平有所差异；MT 融合基因在肝脏、肠管、肾脏、心脏、胰脏和睾丸中均能高效表达等。

生长激素、干扰素、Ⅰ类胶原、Ⅰ类 MHC 分子、球蛋白等许多人类的基因已经成功地导入了小鼠，人的生长激素基因还导入牛、猪、羊、兔等哺乳动物及鱼类，且在这些转基因动物中获得了一定的表达。应用源自其他动物乃至细菌和病毒的基因，也成功地培育出可以表达的转基因小鼠。从而说明，转移基因的表达没有种属特异性。

（二）发育表达

外源基因在动物发育的适当时期与内源基因一起激活。通过转基因小鼠，已经证实了一些基因在发育过程中的阶段特异性表达。例如，在比较早期的研究中，证实了甲种胎儿球蛋白基因在转基因小鼠内的活动与内源性基因的活动是一致的。即先在卵黄囊内表达，再在肝、肠中表达。人 β-珠蛋白基因在造血红细胞组织内能够表达，但在不同的发育阶段，其表达特性有差异，主要出现于骨髓细胞内。最近研究发现了人胎儿 γ-珠蛋白向成人 β-珠蛋白过渡的发育调节"开关"。在 β-珠蛋白基因上游有一段所谓的座位激活区域（LAR），当它分别与 γ-珠蛋白基因或 β-珠蛋白基因连接时，它们在转基因小鼠的整个发育过程中都能表达。但当它与 γ-珠蛋白基因和 β-珠蛋白基因同时连在一起时，这两个基因便能按照正确的时间顺序进行表达，即先表达 γ-珠蛋白基因，然后再表达 β-

珠蛋白基因。研究认为，从胎儿珠蛋白基因表达转为成人珠蛋白基因表达的发育调节开关，是由 LAR 与 γ-珠蛋白基因或 β-珠蛋白基因的相互竞争作用所决定的，从而表现为在一个发育阶段仅表达一种基因。另外，*HOX* 基因也是与发育分化调节相关的基因，它能在胚胎发育中发生"差次表达"，即在不同阶段不同区域表达。将 *HOX* 基因与 *LacZ* 基因组成融合基因，导入小鼠后，获得转基因小鼠。结果发现，在胚胎发育的最初阶段，融合基因与内源性 *HOX* 基因一样，能在外胚层和中胚层的一些区域内特异性地表达。一个阶段之后，在有些来源于中胚层的组织内，内源性 *HOX* 基因的表达已经停止，融合基因则仍然处于持续表达的状态，这表明 *HOX* 基因的组织特异性表达调节序列存在于两端的侧翼序列内，与时间特异性表达有关的负调节序列存在于结构基因的内部。此外，对肌动蛋白基因、2A-晶体蛋白基因、鼠类免疫球蛋白基因等的发育表达也有所研究。关于发育表达的调控机制，可能是由与调控组织特异性相似的增强子所控制。但它是在发育过程中的不同阶段、在不同的组织细胞内才出现相应的反式调节因子，使得转录活动发生，从而表现出时间特异性，或者是存在对转录活动起负调节的顺式调节。

（三）诱导表达

某些基因在转基因动物体内的转录活动可被环境中的某些因子所诱导，使其表达水平明显提高，有的甚至高出几百倍，如胰岛素基因、*MT-1/TK* 基因和 *MT-1/hGH* 基因等。如转癌基因（*c-myc*）的小鼠，*c-myc* 基因的转录和表达可以被鼠类白血病毒所诱导。其诱导的机制，可能是环境诱导物以直接或间接的方式激活了细胞内的某种 DNA 结合蛋白，使得转录活动明显提高的结果。

（四）表达的几种特殊情况

在转基因动物中，有时可以发现转基因的一些表达现象并非它的本来特性，而是实验体系对它的影响，常出现的情况有以下几种。

1. 不表达或低水平表达　　指同一个目的基因，有时可见在一些转基因动物（如鼠）品系内能正确地表达，而在另一些品系内（如鼠）则不表达或低水平表达。这种现象一般不能用所整合转基因拷贝数的多少来解释，因为转基因的表达水平与其拷贝数之间没有很好的线性关系。其主要原因是：①导入 DNA 的甲基化，造成转基因表达功能的降低或丧失；②染色体有位置效应，因转基因的插入是随机的，故认为如果它（或它们）插到一个不利于基因活动的区域（如异染色质区域）内，便可造成低水平表达或不表达；③原核载体 DNA（RNA）序列的抑制作用，是指细菌质粒或病毒的 DNA（RNA）序列，随目的基因整合到小鼠基因组中，可能会影响目的基因的表达，故应尽量将载体 DNA（RNA）序列切去。

2. 在不适当的组织内表达　　这种情况比较多见，但其表达水平一般很低，如大鼠弹性酶基因在一些不适当的组织中的表达水平，要比适当组织内低 1/100。这种不适当的表达可能是因为转基因整合到某些内源性增强子附近，使其受到了部分激活，故表现为不正常的低水平表达。

3. 同品系个体间的表达差异　　在同一转基因动物品系中，子代个体间的转基因表达水平可能会出现差异。如果这种差异存在于基础动物和子代之间，那么，基础动物（通过转基因操作所产生的动物）很可能是嵌合体或杂合体。如果存在于子代个体间，那就很难解释，或许与前述的甲基化等因素有关。

（五）转基因表达系统

转基因动物生产是否成功的关键还得看外源基因在动物体内是否表达及效率如何。因此采取何种表达系统提高转基因动物的外源基因表达效率始终是转基因动物领域内一个研究热点。目前研究的主要表达系统为乳腺表达系统及血液表达系统。由于哺乳期动物的乳腺能合成大量蛋白质，且不进入循环系统而直接分泌至乳汁中，因此选择乳腺作为特异表达重组蛋白的器官，能方便收集产品而不损害动物体。

五、转基因的生理效应与遗传

在外源基因整合和表达的影响下，转基因动物的生理状态发生了相应变化，不仅可能出现插入突变的种种表现，而且还有外源基因表达产物所致的各种良性或病理效应。

（一）生理代谢状态

哺乳动物生理代谢受复杂的遗传、内分泌等因素的影响。在转基因动物体内，外源的生长激素（*GH*）和生长激素释放因子（*GHRF*）等结构基因可在 MT 启动子等的控制下表达，从而促进相应的多肽激素产生。实验证明，在大鼠、小鼠、牛、猪、羊导入 *GH* 基因后均能呈现较明显的生理改变，如促生长、促泌乳等。但如果导入基因发生异位表达，会出现其表达产物靶组织或细胞的增生、肥大，如 *GHRF* 基因的异位表达，能明显促进促生长细胞的增殖和肥大，使脑垂体的总重增高约 15 倍，DNA 量增加 5 倍。*GH* 基因的异位表达，可以提高转基因动物的饲料利用率，但有抑制雌性转基因动物（如鼠）生育及出现成熟前老化症状等生理、病理后果，通过反馈，还可抑制内源 *GH* 的合成。

（二）生殖与遗传

当外源基因以单一位点形式整合于生殖细胞时，一般都可按孟德尔遗传定律（在配子中的分离比为 1∶1），外源基因通常可以稳定遗传给其后代，但也曾见转移基因发生重排、缺失或部分缺失的情况。如果外源基因（DNA）整合发生于受精卵的单细胞期，则转基因动物的所有细胞包括体细胞和生殖细胞，都可能含有导入的外源基因，因而也能遗传给子代。如整合发生于细胞卵裂后，则将产生嵌合体转基因动物，其生殖细胞内可能不含外源基因，因而不能遗传给子代。但是，事实上，卵单细胞期导入外源基因，外源基因的整合也不一定发生在卵裂前，也会产生嵌合体转基因动物，在小鼠有时多达30%。用转基因小鼠与正常小鼠进行回交，其 50%的子代中将遗传有外源基因。但是也存在一个转基因小鼠有多个外源基因整合位点的例子。在这种情况下，与正常小鼠回交后产生的子代中，携带外源基因者就常超过 50%。如果外源基因整合于 X 或 Y 染色体的 DNA 上，则可能因插入突变而导致不育。某转基因小鼠虽有生育能力，但却不能将外源基因垂直遗传给后代，这可能是外源基因破坏了一个必须在精子发生单倍体期表达的基因。将人类干扰素基因导入小鼠，表达性转基因公鼠大多表现不育。相反，将 *hGH* 基因导入小鼠，表达性转基因母鼠不育，一般认为高效表达的 *hGH* 抑制催乳激素的分泌，造成黄体萎缩，而致流产。发生上述这些生殖障碍的原因，一是外源基因引起的插入诱变，尤其是性染色体的突变，往往导致不育；二是激素类外源基因的高效表达干扰了机体的激素平衡，导致内分泌生殖功能障碍。

六、基因转移的鉴定

基因转移鉴定包括对转基因动物外源基因整合测定、表达产物测试和生物效应观察。前者应用斑点杂交和 DNA 印迹法（Southern blotting），后两者包括动物性状观察、RNA 印迹法（Northern blotting）、Western 印迹法（Western blotting）、免疫酶标荧光技术、中和试验和基因回收等。测试样品包括动物组织的 DNA、RNA、血清、体液、乳、尿及组织和细胞等。对转基因动物进行性状观察分析，包括代谢变化、生长速度、体型、毛色改变、泌乳数量和质量及生殖能力等。这些不仅可以了解外源基因在机体的表达水平，还可以确定机体对外源基因表达产物的效应状况。检测动物转基因是否成功，最可靠的办法是检测外源基因是否表达，但由于生产转基因动物的步骤较多，仅用这一指标进行检测，显然不利于提高转基因动物的成功率。因此，检测转基因动物常用的办法是进行核酸检测，其结果同样具有科学性，也便于提高转基因动物生产效率。

第十一章 基因编辑

自从人们认识基因的本质是 DNA 以来，就尝试着采用各种方法对基因进行一系列的改变，以期通过创造相应的突变体，获得对人类有益的微生物和动植物性状或应用于人类的疾病治疗。在这个过程中，人们运用了物理方法、化学方法、分子生物学方法等，对基因的改变也从当初的不定向突变发展为定向改变。

第一节 基因编辑原理

一、非定向诱变技术

1. 理化诱变　　非定向打靶技术主要包括物理方法和化学方法。物理方法主要是通过各种射线来处理生物材料，造成生物体 DNA 的断裂或交联等损伤。常用的射线有 X 射线、γ 射线、中子、电子束、紫外线等。辐射可导致 A-T 或 C-G 之间的氢键断裂、在 1 或 2 条 DNA 链中糖与磷酸基之间发生断裂、同一 DNA 上相邻胸腺嘧啶之间形成二聚体及 DNA 链的断裂和交联等多种结果。这些损伤如果得不到正确修复，就会产生突变。化学方法主要是使用能引起 DNA 序列改变的化学试剂，包括：①烷化剂类，它们能置换 DNA 分子的 H 原子（烷化作用），改变基因的分子结构；②核酸碱基类似物，在不妨碍 DNA 复制的情况下，用代替 DNA 的成分参入 DNA 分子中，引起 DNA 复制时碱基配对的差错；③吖啶类嵌入剂，诱发移码突变；④亚硝酸，能使核酸、核苷酸和核苷中的嘌呤和嘧啶上的氨基转变为羟基，造成 DNA 复制的紊乱。

理化诱变仅造成个别或者一些位点的 DNA 结构发生变化，总体的遗传背景是一致的，因此在生物学研究特别是基因克隆和功能研究中，该技术受到高度重视。理化诱变方法简便，突变效率高，突变由 DNA 点突变、缺失、重排引起，已广泛应用于拟南芥和水稻突变体库的构建。但其诱变过程难以控制，一个突变体经常包含多个点突变，突变表型可能由多个点突变引起，增加了基因功能鉴定的难度。

2. DNA 插入突变技术　　插入突变是 T-DNA（transfer DNA）、转座子标签（transposon tagging）或反转座子标签（retrotransposon tagging）插入基因组中，相应位点基因的功能可能受到抑制而产生基因敲除（knock-out）突变体，插入元件同时又可用作标签从基因组中分离出相应位点的基因并鉴定其功能。T-DNA、反转座子标签和转座子标签是构建插入突变体库的 3 种主要方法，经常用于模式生物的突变体构建。

二、定向打靶技术

人类基因组计划开展以来，基因组测序技术得到了飞跃式的发展，越来越多生物的基因组得到了测定与解析。除了人类基因组，重要的模式生物（如线虫、酵母、小鼠、拟南芥）、农作物（如水稻、玉米、大豆）及牲畜（如猪、牛）等生物的基因组都得到了测定。在此基础上，人们希望对生物的单个基因进行精确操作以期研究基因的功能，进而控制基因的表达，获得有益的生物性状。在这种需求下，人们逐步发展了以下几种基因定向操作技术。

1. ZFN 编辑技术　　锌指核酸酶（zinc finger nuclease，ZFN）技术是将具有锌指结构且能够识别特定碱基序列的多肽与Ⅱ型核酸酶的 FokⅠ结构域融合表达，分别结合于互补双链 2 个融合蛋白形成二聚体，对 DNA 双链进行切割。该技术的构思最早来源于人们对小鼠锌指蛋白 Zif268 结构的解析。Pavletich 等发现小鼠 Zif268 蛋白共有 90 个氨基酸，每 30 个氨基酸构成一个锌指单体，一个锌指单体可识别 3 个相邻的碱基。将多个锌指单体串联后，就可以结合多个相邻的碱基，与Ⅱ型核酸酶的切割结构域融合后，形成二聚体，即可切割 DNA 序列，产生 DNA 双链断裂（double strand break，DSB）。由于断裂的产生，生物就会启动自身修复系统进行断裂的修复，主要通过同源定向重组（homology-directed recombination，HDR）和非同源末端连接（non-homologous end joining，NHEJ）2 种方式修复。无论哪种修复方式，都会造成在断点附近的 DNA 插入或缺失，从而引入突变。该技术主要在人类细胞，以及烟草、斑马鱼、果蝇、线虫等模式生物中得到应用。ZFN 技术是最早被应用于基因定向打靶的技术，由于三联体识别序列的种类较少、技术存在专利保护及当时测序的物种较少等，该技术的应用并不十分广泛。

2. TALEN 编辑技术　　TALEN，即转录激活因子样效应物核酸酶（transcription activator-like effector nuclease，TALEN），其构建思路与 ZFN 相似，将转录激活因子样效应物（TALE）与Ⅱ型核酸酶的 FokⅠ结构域融合表达，2 个不同的融合蛋白分别结合互补双链后形成二聚体，对 DNA 双链进行切割，产生双链断裂（DSB），然后又用上述方式进行修复产生突变。

TALE 是从黄色单胞菌属细菌中发现的蛋白质类的毒力因子，在侵染植物时，该因子通过Ⅲ型分泌途径注入植物的细胞质中，然后在核定位信号的引导下进入细胞核，与核 DNA 结合而激活寄主细胞的基因转录。TALE 的结构分为 3 部分，即中心串联重复结构域、核定位信号区（NLS）和酸性转录激活区（AAD）。中心串联重复结构域是识别并结合 DNA 的位点，由多个 TALE 单体组成，单体的个数为 1.5～28.5，每个单体由 34～35 个氨基酸组成。TALE 单体的 34 个氨基酸中，只有第 12 和第 13 个氨基酸是重复可变双残基（repeat variant di-residue，RVD），决定了单体所识别的 4 种 DNA 碱基的类型，如 NI 识别 A 碱基，NG 识别 T 碱基，HD 识别 C 碱基，NN 识别 G 或 A 碱基。根据对应关系，可以人为设计 TALE 各单体的组成，对特定基因的 DNA 序列进行识别，然后用和 TALE 融合的核酸酶对 DNA 双链进行切割，产生 DSB。对 TALE 的利用分为两类：第一类将 TALE 与转录激活结构域融合，形成 TALE-TF，通过激活转录，提高基因的表达水平，这在人类全能细胞系中得到了验证；第二类将 TALE 与Ⅱ型核酸内切酶的催化结构域 FokⅠ融合表达，形成 TALEN，TALEN 二聚体切割 DNA 双链，产生突变，达到基因功能敲除的目的。美国明尼苏达大学的研究人员首先将 TALE 与 FokⅠ融合，并在酵母中进行表达，验证了其活性。之后 TALEN 的功能在人类细胞系，以及斑马鱼、大鼠、线虫等模式动物中得到了验证。

3. CRISPR/Cas9 编辑技术　　2012 年之后，一种新型的基因编辑技术 CRISPR/Cas9

被广泛应用于不同物种的基因靶向编辑，该技术同 ZFN 及 TALEN 技术一样，都用特异性核酸酶对特定基因 DNA 序列进行编辑，但其操作简单方便，效率相对较高，已广泛应用于基因功能研究中，对生命科学的发展起到较大的推动作用。

根据 CRISPR 中的独特居间序列与噬菌体和质粒片段同源的事实，Makarova 等提出 CRISPR/Cas 可作为原核中的 siRNA 起作用（psiRNA），通过与靶标 mRNA 碱基配对，促使其降解或翻译终止，并推测这个系统包含将外源基因片段整合到自身染色体上，以产生对相应成分的遗传免疫等步骤。按照该假说，CRISPR 序列首先被转录成原初 RNA 前体，之后进一步剪切变成成熟的 siRNA 起作用，但催化其变成成熟 siRNA 的酶是什么、如何切割成熟仍然未知。在此假设基础上，法国微生物学家 Barrangou 等证实了居间序列与相应噬菌体之间的对应关系。研究者以乳制品生产中的工程菌嗜热链球菌为对象，用 2 种基因组序列有 93%一致性的近缘噬菌体 858 和 2972 进行侵染，得到了一些对其不敏感的嗜热链球菌株。测序发现，抗性突变体菌株中含有噬菌体来源的居间序列，当居间序列与噬菌体基因组 DNA 存在单核苷酸多态性（SNP）时，即居间序列突变与噬菌体基因组 DNA 序列不一致时，则抗性丧失。细菌中 CRISPR 位点整合的噬菌体来源的居间序列越多，对噬菌体的侵染越不敏感。对于已经获得噬菌体抗性的菌株，将居间序列删除后，抗性即丧失，将居间序列替换后，也改变了其抗性，这说明居间序列与细菌获得的抗性具有紧密的对应关系。同时，Barrangou 等还研究了与 CRISPR 序列相联系的 Cas 基因与居间序列的关系。改变 Cas 基因与居间序列之间的距离，则抗性也会丧失。抑制 Cas5 的转录，抗性丧失，抑制 Cas7 的转录，抗性不受影响，但删除 Cas7 序列，则抗性丧失，这可能是因为 Cas7 参与了新的居间序列的插入。这些实验进一步表明了与噬菌体序列一致的居间序列的存在，为菌株提供了抗性。Mojica 等通过对多种细菌的多个 CRISPR 位点进行比较，发现居间序列所对应的噬菌体或质粒上有一个通用的 NGG 结构，该通用结构对于 Cas 蛋白识别特异居间靶向序列具有重要作用。为了进一步揭开 CRISPR 序列的作用机制，科学家开始研究与 CRISPR 序列相联系的 Cas 蛋白。荷兰 Wageningen 大学的 van der Oost 研究组以大肠杆菌 K12 菌株为材料，研究了 Cas 基因的功能。他们从 K12 中得到 8 个编码 Cas 的基因，分别编码 Cas3（1 个预测的 HD 核酸酶融合 1 个 DEAD 螺旋酶）、CasA、CasB、CasC、CasD、CasE、Cas1（预测的整合酶）和 Cas2（核糖核酸内切酶）。通过对 Cas 蛋白进行标记后纯化，发现了由 CasA、CasB、CasC、CasD 和 CasE 5 个蛋白质组成的复合体，命名为 Cascade。以单链居间序列（spacer）为探针进行 Northern 杂交，发现了一个 57nt 的非编码 RNA 产物，命名为 CRISPR RNA（crRNA）。进一步研究发现，CasE 是催化 pre-crRNA 为成熟的 crRNA 所必需的蛋白质。CasE 的晶体结构显示，它包括 2 个结构域与 1 个类铁氧化还原蛋白折叠，与其他的 RNA 结合蛋白具有高度的结构相似性。点突变实验表明，CasEH20A 丧失了切割活性。他们进一步研究装载了 crRNA 的 Cascade 能否产生对 λ 噬菌体的抗性发现，Cascade 在 Cas3 存在的时候才起作用，并且 pre-crRNA 以 DNA 为模板时效率更高。5 个 Cas 蛋白组成的复合体在对 pre-crRNA 到 crRNA 的成熟过程中起作用，crRNA 的两端侧翼序列都是重复结构中的序列，后者可能是 Cascade 亚基结合的保守位点。crRNA 引导复合体靶向噬菌体的核酸，由于与靶向的方向无关，没有极性，因此认为靶标是 DNA。之后多个研究表明，Cas6、Csy4 等核糖核酸内切酶类 Cas 蛋白切割 pre-crRNA 的重复序列产生 crRNA。以上研究确切表明了 Cas 蛋白复合体是 CRISPR 序列成熟变成小的功能 crRNA 的核酸酶，而且它可以靶向外源 DNA，对外源 DNA 进行切割。至此，人们对 CRISPR 的作用机制有了一个较为明确的认识。

随着 CRISPR 作用机制的解开，科学家发现现有的 CRISPR 加工系统（需要较多的 Cas 蛋白复合体）非常复杂，不利于 CRISPR 的应用，因此希望找到较为简单的 CRISPR 系统以便于应用。Deltcheva 等发现，在一些细菌的 CRISPR/Cas 中，缺少加工 crRNA 的核糖核酸内切酶（CasE、Cas6）。研究者以人源致病菌化脓性链球菌（*Streptococcus pyogenes*）为研究对象，通过差异化 RNA 测序发现了反式编码的小 RNA，它有 24nt 与 CRISPR 前体 RNA 中的重复序列互补，称为 tracrRNA（trans-crRNA）。他们在化脓性链球菌中发现了与 CRISPR 序列相联系的 Csn1（后来命名为 Cas9）蛋白，揭示出 tracrRNA 是通过广泛保守的 RNaseⅢ和 Csn1 蛋白指导 crRNA 的成熟，所有这些成分都是防御所必需的。Deltcheva 发现的 CRISPR/Cas 系统就是后来被广泛使用的 CRISPR/Cas9 系统。为了方便 CRISPR/Cas 系统的应用，来自多个国家和实验室的研究人员一起协作，对 CRISPR/Cas 系统的进化关系和分类进行了系统论述。CRISPR/Cas 系统的主要元件是 Cas 操纵子，被分布其上成簇的重复序列居间隔开。CRISPR/Cas 免疫过程大致分为 3 个阶段：第 1 个是适应阶段，当有外源病毒或质粒入侵时，Cas 操纵子捕获带有 PAM（proto-spacer adjacent motif，序列为 NGG）结构特征的外源 DNA 片段，整合到操纵子的重复序列之间；第 2 个是表达阶段，整合了外源 DNA 片段的 Cas 操纵子转录为 RNA，与相应的 Cas 蛋白形成复合体并切割为较短的 crRNA，crRNA 中含有外源片段及重复序列；第 3 个是干扰阶段，在 crRNA 的引导下，Cas 蛋白将与 crRNA 中外源片段同源的双链 DNA 切割，达到防御目的。根据 crRNA 加工的途径和必要的 Cas 蛋白的数目，CRISPR/Cas 系统分为 3 类。其中第 1 类和第 3 类 crRNA 需要装载到多个蛋白质构成的复合体中，不方便工程化；第 2 类只需要一个 Cas9 蛋白起作用，利用宿主的 RNaseⅢ使 crRNA 成熟。Cas9 也可以单独起切割作用，通过位点突变分析发现，免疫作用依赖于 Cas9 蛋白的 HNH 结构域和 RuvC 结构域。

CRISPR/Cas 系统原理简单，设计方便，已在多种动物中得到了应用。与 ZFN 和 TALEN 比较，CRSPR/Cas 系统具有以下优势。①设计更为方便。ZFN 和 TALEN 需要考虑 DNA 双链的结构特征，还要考虑 2 个位点之间 spacer 的距离，CRISPR/Cas 系统则只需一条链上带有 PAM 结构。②构建更为便捷。TALEN 需要多个串联重复单体的组装，CRISPR/Cas 系统只需构建长度约为 100 碱基的 gRNA。③CRISPR/Cas 系统可多次作用，一旦将 Cas 蛋白整合到染色体上，再次利用时，只需重新导入短片段的 gRNA。④可对多个基因打靶。由于 gRNA 序列很短，容易构建，因此可一次实现对多个基因的编辑。

第二节　基因编辑操作

Cas9 核酸酶在 sgRNA 的引导下，在特定基因组位点产生 DNA 双链断裂，随后 DSB 通过易错的非同源末端连接和高保真同源介导修复（homology-directed repair，HDR）机制进行修复。NHEJ 可导致插入或缺失（insertion or deletion，InDel），利用此修复方式可以通过一个 sgRNA 在靶基因编码区引入移码突变或通过两个 sgRNA 删除关键外显子或转录调控元件，从而构建基因敲除（knock-out，KO）小鼠模型；HDR 是当供体模板存在时，能够产生精确的基因修饰，因此被用来构建敲入（knock-in，KI）模型，但是效率较 KO 低。单链寡核苷酸（ssODN）适用于向靶位点引入短片段，如小的融合标签（HA、Flag、V5）或点突变，而 dsDNA 则主要用于引入长片段，如大的标签或荧光标记（GST、GFP、mCherry）。但 dsDNA 作为修复模板容易发生随机整合（尤其是线性 dsDNA），并且其会对细胞产生毒性。相较于 dsDNA，ssODN 具有更高的修复效率。点突变小鼠是转录因子结合、磷酸化位点功能分析和单核苷酸多态性（single nucleotide polymorphism，SNP）作用检测重要的体内研究工具。

一、sgRNA 和 ssODN 的设计

1. sgRNA 的设计　　设计 sgRNA 之前，考虑到 SNP 会影响 Cas9 的结合和切割，因此应扩增靶位点附近片段，并将靶片段的 Sanger 测序结果与 GenBank 中的参考序列进行对比，确认靶位点附近是否存在 SNP。随后将靶序列导入在线网站设计 sgRNA，并预测潜在脱靶位点。由于还没有一种预测工具能够保证 sgRNA 的效果，通常选择设计多个 sgRNA，并利用体外切割实验和细胞内切割实验来验证多个 sgRNA 的有效性，最终选择效率较高的 sgRNA 进行后续受精卵注射。

2. ssODN 的设计　　获得 KI 的成功率依赖 sgRNA 的特异性和效率，但更大程度上依赖供体 ssODN 的设计，其同源臂长度、对称性、方向等均影响 HDR 效率，原因如下。①同源臂长度一般为 40~80bp。不同研究中所使用的同源臂最优长度不一致，但供体总长度须在 200bp 以内，否则合成难度增大且价格较高。但也有研究利用长单链 DNA（single-strand DNA，ssDNA）成功实现点修复和长片段的敲入。②通常对称 ssODN 效率最高，即 Cas9 切割位点位于中间，并且选择距离突变位点最近的 sgRNA（少于 25bp）进行。有研究证明相较于对称供体，非对称供体介导的 HDR 效率更高。③与 sgRNA 互补的 ssODN 效率更高，但并未在所有位点观察到这种链偏好。④为了避免 Cas9 切割供体及修饰后的靶序列（突变位点在 sgRNA 序列及 PAM 外），在供体的前居间序列邻近基序（protospacer adjacent motif，PAM）序列 NGG 或 PAM 近端的 sgRNA 序列引入一个同义突变（NGG 不能突变成为能被 Cas9 识别的 NAG）。⑤引入上述同义突变后，确保靶基因的氨基酸序列不变，特别是突变位点位于外显子和内含子交接处。总之，可能由于不同研究中所使用的细胞系、靶位点等不同，ssODN 的设计有所差异。

二、sgRNA 和 Cas9 的体外转录及活性检测

携带由 T7 启动子驱动的 *Cas9* 基因的质粒可用来体外转录产生 Cas9 mRNA，这是一种无须连接反应的 PCR 法，也可作为体外转录产生 Cas9 mRNA 的模板。sgRNA 可以利用质粒或 PCR 产物进行体外转录。另外，一种无须克隆而是利用共享一段重叠区域的两个长寡核苷酸进行重叠 PCR 后的产物也可以作为 sgRNA 的体外转录模板。向胚胎注射有活性的 sgRNA 对于基因编辑的成功非常重要，利用小鼠细胞进行活性检测是很好的

方法，但需要考虑转染效率。体外切割实验，即在转录得到 sgRNA 后，Cas9 重组蛋白诱导包含靶位点在内的 PCR 片段，产生双链断裂（DSB）。体外切割实验也可以用来检测 sgRNA 活性，但无法保证检测到的 sgRNA 在体内仍然具有活性。

三、受精卵显微注射

将 Cas9 mRNA/sgRNA 和 ssODN 共同注射入受精卵可以对胚胎进行高效的基因组编辑。原核 RNA 注射和胞质 RNA 注射产生的整体编辑效率相当。由于原核注射对胚胎的损害更大，因此胞质注射产生的活仔更多，并且胞质注射更方便和更简单。其介导的 InDel 采用胞质注射时，在较高的 Cas9 mRNA（100ng/μL）和 sgRNA（50ng/μL）注射浓度时，产生的大部分胚胎也是健康的。由于 ssODN 需在核内发挥作用，因此 HDR 介导的修复采用原核显微注射或者在原核注射退针时进行胞质注射，效果可能会更好。

四、子代基因鉴定

考虑到多个位点同时突变及基因型嵌合的存在，表型分析之前需要进行详细的基因分型。多种分型策略已应用到 CRISPR/Cas9 介导的基因修饰的鉴定。最常用的 Surveyor 核酸内切酶可以检测并切割野生型链和包含 InDel 的扩增子链形成的异源双链分子，从而确定是否发生编辑；通过 PAM 或 sgRNA 识别位点内限制位点的丢失/获得或者 PCR 扩增子在凝胶电泳中可辨别的大小变化也可判断是否发生编辑。但以上两种方法均无法确定突变的准确序列。由于存在两个或多个不同的等位基因，直接 Sanger 测序扩增子也存在问题。因此，可以将 PCR 产物克隆入质粒载体，挑取足够数量的单克隆进行 Sanger 测序，但这种方法费时而且可能无法覆盖所有等位变异，尤其是无法覆盖嵌合体。另外一种方法是利用深度测序，对 PCR 扩增靶片段进行分析，同时检测潜在脱靶位点，但二代测序中使用小片段扩增子，因此无法检测到某些片段的缺失/修饰。以上鉴定方法各有优缺点。对于点突变和小的标签插入，可以通过扩增靶位点附近的序列并将 PCR 产物与 T 载体连接，挑取数个单克隆进行 Sanger 测序，从而获得所有基因型，但对于较大的插入或缺失，则需要进行侧翼 PCR（flanking PCR）和 Southern blotting 实验。

第三节　胚胎基因编辑

目前，在 CRISPR/Cas9 基因编辑技术的基础上衍生出了两种制备基因编辑大动物的技术方法，分别是 CRISPR/Cas9 系统结合体细胞克隆技术及受精卵注射 CRISPR/Cas9 系统。相比于 CRISPR/Cas9 系统结合体细胞克隆技术的方法，受精卵注射 CRISPR/Cas9 系统技术环节相对简单，操作难度小，且由受精卵发育而来的基因编辑个体具有较高的成活率和良好的健康状况，利于基因编辑动物群体的组建。此外，对于体细胞克隆技术体系不成熟的动物来说，该方法是唯一高效的基因编辑手段。因此，受精卵直接注射 CRISPR/Cas9 系统是不可替代的基因编辑动物研制方法。

一、基因打靶位点的设计

将 NCBI 数据库中目标基因序列导入 Vector NTI 软件中，利用软件"Find Motif"功能搜索"5′-N（20）-NGG-3′"序列结构特征，具有此特征的序列可作为 sgRNA 位点。选取第二外显子的 3 个 sgRNA 序列作为打靶位点。

二、sgRNA 体外转录载体的构建

化学合成编码 3 个 sgRNA 的 Oligo DNA，经退火后形成具有黏性末端的 DNA 双链。新鲜提取的 pUC57-sgRNA 质粒经过 Bsa I 酶切和回收后用于插入 sgRNA。退火后 sgRNA 与 Bsa I 酶切回收的 pUC57-sgRNA 载体混合，在 Solution I 的作用下将 Oligo DNA 克隆至 pUC57-sgRNA 质粒中，构建 pUC57-sgRNA-BG-sgRNA1 混合孵育。然后转化至 Kan$^+$（50μg/mL）抗性的平板上。菌液 PCR 验证阳性克隆，正确构建 pUC57-sgRNA-BG-sgRNA1、pUC57-sgRNA-BG-sgRNA2 和 pUC57-sgRNA-BG-sgRNA3 质粒用于后续体外实验。

三、sgRNA 和 Cas9 mRNA 体外转录

以 pUC57-sgRNA-BG-sgRNA1、pUC57-sgRNA-BG-sgRNA2 和 pUC57-sgRNA-BG-sgRNA3 为模板，用 PrimerStar Taq 酶扩增 sgRNA 体外转录模板。PCR 产物利用 RNAsecure™ Reagent 处理以去除 RNA 酶，然后将产物纯化，纯化产物作为模板，进行体外转录、纯化。

利用 Age I 酶切质粒 pST1374-NLS-flag-linker-Cas9，使其线性化，然后将酶切产物纯化，纯化产物用作体外转录模板。

四、供体胚胎获得及显微注射

采用超数排卵处理，发情后配种并收集胚胎。

配制 Cas9 mRNA 和 sgRNA 的混合液用于胚胎注射。混合液分装至 RNase-free 的 PCR 管中，液氮保存。在体式显微镜下收集通过外科手术获得的胚胎，然后将其置于 15μL 的 Medium 199 微滴中，清洗 3 遍，转移至新的 Medium 199 微滴中。注射时，冰上解冻注射混合液，并利用 Microloader 将液体加在 Femtotips 注射针内，然后将注射针装载到微量注射泵上，下针到注射微滴内，开始向胚胎胞质内注射液体，注射参数 P_i、T_i 和 P_c 分别为 300、0.5 和 60。注射完毕后，转移胚胎至微滴中培养，24h 后进行移植。

主要参考文献

白照岱. 2004. 小鼠体细胞核移植和胚胎分割相关问题研究 [D]. 济南：山东大学博士学位论文.

陈大元. 2000. 受精生物学 [M]. 北京：科学出版社.

陈永福. 2002. 转基因动物 [M]. 北京：科学出版社.

冯怀亮. 1994. 哺乳动物胚胎工程 [M]. 长春：吉林科学技术出版社.

黄冰，陈系古，邓新燕，等. 2001. BALB/c 小鼠胚胎干细胞系的建立及其嵌合体小鼠的获得 [J]. 细胞生物学杂志，23（1）：28-32.

贾宝瑜. 2014. 共轭亚油酸对猪卵母细胞体外成熟、胚胎培养和冷冻保存的作用机制 [D]. 北京：中国农业大学博士学位论文.

宋震涛，李秋棠. 1993. 从早期胚胎多能干细胞生成的嵌合鼠 [J]. 遗传学报（英文版），20（6）：499-503.

陶涛，陈永福，马玉昆，等. 1996. 人工生产同卵孪生猪的研究（综述）[J]. 农业生物技术学报，4（4）：37-43.

王建辰. 1993. 家畜生殖内分泌学 [M]. 北京：中国农业出版社.

谢成侠，刘铁铮. 1993. 家畜繁殖原理及其应用 [M]. 南京：江苏科学技术出版社.

谢启文. 1999. 现代神经内分泌学 [M]. 上海：上海医科大学出版社.

徐晨，周作民. 2005. 生殖生物学理论与实践 [M]. 上海：上海科学技术文献出版社.

严云勤，李光鹏，郑小民. 1995. 发育生物学原理与胚胎工程 [M]. 哈尔滨：黑龙江科学技术出版社.

杨钢. 2000. 内分泌生理与病理生理学 [M]. 天津：天津科学技术出版社.

袁梦珂. 2022. 基于 CRISPR/Cas9 系统优化提高抗病克隆牛基因编辑效率的研究 [D]. 杨凌：西北农林科技大学博士学位论文.

曾溢滔. 1999. 基因和转基因动物 [M]. 上海：上海科技教育出版社.

张志人. 2018. 猪体细胞核移植早期胚胎的合子基因激活及表观遗传修饰的研究 [D]. 长春：吉林大学博士学位论文.

朱士恩，曾申明，吴通义，等. 2002. OPS 法玻璃化冷冻牛卵母细胞的研究 [J]. 中国农业科学，35（6）：700-704.